"十三五"普通高等教育本科部委级规划教材

U0174601

纺纱新技术

邹专勇　主　编

赵　博　姚江薇　副主编

中国纺织出版社有限公司

内 容 提 要

本书介绍了现代纺纱技术的分类与发展趋势,每种纺纱新技术的纺纱原理、装置、工艺与成纱特点等,重点阐述了环锭纺纱新技术、喷气涡流纺纱、转杯纺纱、摩擦纺纱等,同时也介绍了自捻纺纱、平行纺纱、喷气纺纱、静电纺微纳米纤维纺纱、色纺纱等技术。书中内容既有基础理论与应用研究,也有生产实践总结,可操作性较强,具有较高的参考价值。

本书既可作为高等院校纺织工程专业及相关专业的教材,也可作为纺织领域技术人员、管理人员和科研人员的参考用书。

图书在版编目(CIP)数据

纺纱新技术/邹专勇主编. --北京:中国纺织出版社有限公司,2020.6(2024.1重印)
"十三五"普通高等教育本科部委级规划教材
ISBN 978-7-5180-7306-1

Ⅰ.①纺… Ⅱ.①邹… Ⅲ.①纺纱工艺—高等学校—教材 Ⅳ.①TS104.2

中国版本图书馆 CIP 数据核字(2020)第 060749 号

策划编辑:沈 靖 孔会云 责任编辑:沈 靖
责任校对:寇晨晨 责任印制:何 建

中国纺织出版社有限公司出版发行
地址:北京市朝阳区百子湾东里 A407 号楼 邮政编码:100124
销售电话:010—67004422 传真:010—87155801
http://www.c-textilep.com
中国纺织出版社天猫旗舰店
官方微博 http://weibo.com/2119887771
北京虎彩文化传播有限公司印刷 各地新华书店经销
2020 年 6 月第 1 版 2024 年 1 月第 2 次印刷
开本:787×1092 1/16 印张:12.75
字数:277 千字 定价:58.00 元

凡购本书,如有缺页、倒页、脱页,由本社图书营销中心调换

前言

　　纱线加工技术最早可追溯到新石器时代,距今七千余年,我们的祖先就开始利用纺轮或纺专原始工具进行纱线加工。发展至今,纺纱技术经历了手工纺纱、手工机械纺纱、动力机械纺纱阶段,成纱原理与纱线加工方法不断推陈出新,纺纱设备不断更新换代,技术不断升级。未来纱线生产将信息技术、物联网技术与纺纱设备、工艺和管理深度融合,逐步将棉纺行业转变成技术密集型产业。

　　面对传统纺织产业转型升级新形势,纺纱领域也越来越注重纺纱设备与技术的转型升级,重视纱线加工技术多样化与纱线产品差异化。为了让纺织专业从业者更全面和更系统地了解各种纺纱新技术、新方法、新工艺、新设备,以及对应的纱线结构与性能,编写了《纺纱新技术》一书。由衷希望读者通过本书能深入理解各种新型纺纱技术,从而扩大新型纱线加工技术在棉纺加工的应用。

　　本书主编为邹专勇(绍兴文理学院),副主编为赵博(中原工学院)、姚江薇(绍兴文理学院)。本书的第一章、第三章、第六章第五节由邹专勇编写;第四章、第五章、第六章第二节由赵博编写;第六章(除第二节、第五节外)由姚江薇编写;第二章由邹专勇、赵博、姚江薇共同编写。此外,景慎权(中国棉纺织行业协会)、田光祥(杭州春辉纺织有限公司)、董正梅(喜临门家具股份有限公司)、卫国(百隆东方股份有限公司)、方斌(浙江吉麻良丝新材料股份有限公司)、李进堂(浙江七色彩虹控股集团有限公司)等人也参与了相关章节部分内容的编写与资料整理等工作。全书由姚江薇统稿,由邹专勇修改、定稿,程隆棣(东华大学)审稿。本书引用了纺织业界学者公开发表的学术文献和学术著作,在此对相关作者表示衷心感谢! 同时,本书的出版得到了国家自然科学基金项目(51573095)的资助,在此一并表示感谢!

　　由于纺纱加工技术高速、多元化发展,加之编者水平有限,书中难免存在疏漏与不足之处,敬请广大读者批评指正,多提宝贵建议,以便下次修订改进。

作者

2019 年 10 月

课程设置指导

本课程设置意义　纺纱新技术是相对传统环锭纺纱技术而言,代表了现代棉纺领域的重要技术进步,且丰富了纱线加工原理与方法。通过本课程的设置,可以使纺织工程专业的学生进一步了解传统环锭纺纱技术的局限与纺纱技术的发展趋势,深入掌握各类新型纺纱技术的成纱原理、装置与工艺控制要点和纱线结构与性能特点,为从事纺织生产、纺织品贸易、纺织科研等工作打下良好的基础。

本课程教学建议　本课程可以作为纺织工程专业学生的专业平台课,也可作为专业方向或选修课程,建议学时为 32~48 学时。每章节讲授课时控制在 4~12 学时不等,每课时讲授字数控制在 4000 字左右。

本课程教学目的　通过本课程的学习,学生应了解传统环锭纺纱机的局限、新型纺纱技术的产业现状和技术优势与不足,掌握各类纺纱新技术的成纱原理、纺纱特点与加工工艺控制要点,熟悉不同纺纱技术获得的纱线结构与性能特点,具备一定的新型纱线设计与开发能力。

该课程设置指导仅供参考,各学校可根据实际教学情况进行适当调整。

目录

第一章 概述

本章知识点

1. 纺纱技术的发展过程。
2. 纺纱新技术的由来及特点。
3. 纺纱技术的分类。
4. 纺纱新技术的发展趋势。

第一节 纺纱技术发展历程回顾

一、原始手工纺纱

新石器时代，我们祖先就开始利用纺轮或纺专原始工具进行纱线加工，开启了原始手工纺纱时期，距今已七千余年。

纺轮主要用来纺纱，纺专则用于把细纱并合、施捻合股成线。两者功用有别，前者如同现代的纱锭，有牵伸作用；后者如同线锭，无牵伸作用。

纺轮又称纺坠、纺锤，有石质、骨质、陶质、玉质和木质等，以陶质居多，形状有圆形、球形、锥形、台形、蘑菇形和齿轮形等。图1-1为郑州大河村遗址出土的新石器时期纺轮。

纺轮由砖盘和砖杆组成，纺轮中的圆孔是插砖杆用的，当人手用力使纺盘转动时，砖自身的重力使纤维牵伸拉细，砖盘旋转时产生的力使拉细的纤维加捻；在纺砖不断旋转中，纤维牵伸和加捻的力也就不断沿着与砖盘垂直的方向（即砖杆的方向）向上传递，纤维不断被牵伸加捻，当砖盘停止转动时，将已完成加捻的纱缠绕在砖杆上即完成"纺纱"过程。该纺纱方法是很原始的手工劳动，既吃力又缓慢，且捻度不均匀，产量和质量也很低。

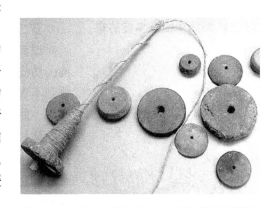

图1-1 郑州大河村遗址出土的新石器时期纺轮

二、手工机械纺纱

（一）手摇纺车

单锭纺车最早的图像见于山东临沂考古发现的西汉帛画和汉画像石，上面刻有纺车图，

图1-2 手摇单锭纺车示意图

距今有两千多年的历史。江苏铜山出土的画像石更为生动，上面刻有几个人物正在纺纱、织布，展示了汉代纺织生产活动的场景，说明早在汉代，纺车已经成为普遍的纺纱生产工具。

图1-2所示为手摇单锭纺车示意图，车架由两组横木相连在一起的左大右小两个木框架构成，大木框架内放着绳轮，小木框架内置锭子，曲柄装在绳轮的轮轴一端，锭子垂直于绳轮所在的面，绳轮和锭子则靠绳弦或皮带相连。手摇单锭纺车是以手作为动力驱动，操作时，一手摇动纺车，一手从事纺纱工作，即右手转动曲柄，使绳轮旋转起来，通过做循环运动的绳弦或皮带摩擦锭杆，带动锭子旋转，从而给绕在锭子上的纱线加捻；同时左手牵伸锭子上的纱线。该纺车的特点是：锭杆可连续回转，捻度可人为控制；纺纱质量、劳动生产率得以提高。

16世纪以后，欧洲手工纺织机器开始有了较大的改进。1533年，德国J.于尔根制成装有翼锭和筒管的手工纺车，使加捻和卷绕动作可以同时连续进行，使纺车的生产效率大大提高。1764年，英国哈格里夫斯发明珍妮手摇纺纱机，如图1-3所示，把预先制成的纤维条用罗拉喂入，从而摆脱了喂入纤维时的手工方式，一次可以纺出许多根棉线，极大地提高了生产效率，但纺纱过程因纱线比较细而易断。珍妮纺纱机的发明是棉纺织业中第一项有深远影响的发明，标志着工业革命的开始。不久，手工操作的翼锭式罗拉纺纱车和走锭纺纱车也相继出现。

图1-3 珍妮纺纱机示意图

（二）脚踏单锭及多锭纺车

图1-4 脚踏单锭丝纺车

据史料记载，大约东晋时期出现脚踏纺车，该纺车结构由纺线和脚踏两部分组成，纺线部分与手摇纺车的结构差别不大，脚踏部分与手工织布机的脚踏部分类似，即由踏杆、曲柄等机件构成。脚踏纺车是利用脚踩动踏杆，通过曲柄带动绳轮和锭子转动，完成纺线的全部动作，加捻、卷绕交替进行。

脚踏纺车有单锭、多锭之分。绢纺只用脚踏单锭纺车（图1-4），棉纺、麻纺既可用单锭，也可用多锭，脚踏三锭及五锭纺车分别如图1-5、图1-6所示。脚踏纺车较手摇纺车有了较大的进步，使劳动生产效率大幅度提高。

图1-5　脚踏三锭纺车

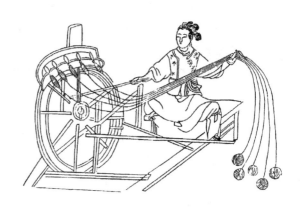

图1-6　王帧《农书》中的脚踏五锭纺车

三、动力机械纺纱

（一）多锭水转大纺车

水转大纺车是以水作为驱动力，发明于南宋后期，元代盛行于中原地区，专供长纤维加捻，主要用于加工麻纱和蚕丝。水转大纺车结构比较复杂和庞大，有转锭、加捻、水轮和传动装置等四个部分，如图1-7所示。水转大纺车的水轮即发动机部分，接受现成的自然力的推动；传动机构由两个部分组成，一是传动锭子，二是传动纱框，分别用来完成加捻和卷绕纱条的工作。水转大纺车拥有32枚锭子，具备了

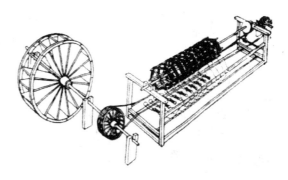

图1-7　水转大纺车

近代纺纱机械的雏形，显著提高了纺纱效率，适应大规模的专业化生产，据王帧《农书》记载，每车每天可加捻麻纱50kg。以水转大纺车为代表的中国纺机技术西传到欧洲后，对1769年英国出现的阿克莱特水力纺纱机产生了重要的促进作用。

（二）走锭纺纱机

图1-8　塞缪尔·克朗普顿发明的走锭纺纱机

1779年，塞缪尔·克朗普顿结合珍妮纺纱机与水力纺纱机的优点，发明了走锭纺纱机，被称作"骡子"纺纱机，纺出的棉纱柔软、精细且结实（图1-8）。18世纪末，纺织厂开始利用蒸汽机，从而开启了纺织工业的机器化时代。1825年，英国R.罗伯茨制成动力走锭纺纱机，后经不断改进，逐渐推广使用。

走锭纺纱机的工作原理是：罗拉将纤维条一端夹住，锭子一边回转一边拉着纱条向外侧移动，将罗拉钳口与锭子间的纱条抽长拉细并加上捻回，然

后锭子一边回转一边向罗拉方向退回，将加上捻度的纱绕到纱管上。其显著的特点是加捻和卷绕由同一零件（锭子）完成，两个动作交替进行。

（三）翼锭纺纱机

18世纪，英国产业革命后出现了水力拖动的翼锭纺纱车。随后1828年，J. 索普发明翼锭精纺机，将"骡子"纺纱机的间断性生产进一步改进为连续性环形生产。

翼锭纺纱机的成纱原理是：拉细的纤维条由罗拉钳口出来，先绕过锭帽的下缘，再绕到筒管上；筒管回转时，罗拉钳口至锭帽下缘间的一段纱也随着回转，从而给纱条加上捻度。翼锭纺纱机的加捻和卷绕由同一套机构翼锭完成，两个动作可以同时连续进行，与走锭纺纱机上加捻和卷绕交替进行的模式相比，生产效率提高。

（四）环锭纺纱机

走锭纺纱机传入美国后，1828年，美国人J. 索普发明环锭纺纱机，因采用连续纺纱使生产效率提高数倍，开创了环锭纺纱新纪元。尽管后续环锭纺纱经历无数次改进与完善，但环锭纺细纱机的基本结构和工作原理并未改变，如图1-9所示。

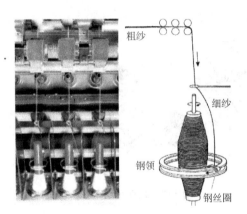

图1-9　环锭纺细纱机

环锭纺纱机的成纱原理是：在锭杆四周套放固定环形轨道（钢领），轨道上骑跨下部有缺口的卵圆形钢丝圈；纤维条从罗拉钳口下来，先穿过钢丝圈，再绕到套在锭杆上的纱管上；锭子一回转，钢丝圈沿着钢领飞转，给纱条加上捻回，同时把纱条绕到纱管上。环锭纺加捻和卷绕由同一零件（锭子）完成，两个动作同时进行。

环锭纺目前市场占有率极高，原因如下。

（1）机构简单，维修保养方便，设备投资成本小。

（2）具有较强的纱线加工适应性，对纺纱原料要求相对较低、适用于各种纤维材料，且可纺纱线线密度范围广，满足各种应用领域。

（3）环锭纺纱具有较高的纱线品质，如成纱强力高、条干较均匀，适用于制线以及机织和针织等各种产品。

第二节　纺纱新技术的概述

一、纺纱新技术的由来

环锭细纱机是利用罗拉进行纤维须条牵伸，采用锭子和钢领、钢丝圈进行加捻的一种机械纱线加工设备，存在的局限或制约可归纳如下。

（1）加捻和卷绕组件合一，限制了运转速度，纺纱速度无法大幅度提高；锭子高速运转引起钢丝圈高速运转，而高速回转的钢丝圈因线材截面小，产生的热量不易散失，容易烧毁，从而产生飞圈，造成细纱断头；钢丝圈离心力与锭速的平方成正比，而纱线张力与钢丝圈离心力成正比，故锭速提高，纱线张力急速增加，导致纱线断头增加；此外，加捻卷绕过程中，导纱钩和钢丝圈之间的纱线会形成气圈，锭子高速后，使得纱线张力及其波动增加，影响气圈的稳定性，也会导致纱线断头增加。

（2）受钢领直径限制，成纱卷绕尺寸受到限制，卷装容量不可能大幅度提高。

此外，传统环锭纺还存在用工人数多、生产环境噪声大、纱线有害毛羽较多等问题，这些局限或制约促使人们研究新的纺纱技术，以提高纺纱效率并改善纱线品种。

二、纺纱新技术的发展

鉴于传统环锭纺纱技术的缺陷及纺纱设备的限制，各种纺纱新技术应运而生。1949年，美国 E. S. 肯尼迪申请了世界第一台静电纺纱装置的专利，1971年，美国电纺公司在国际纺织机械展览会上展出一台20锭 ESPⅢ型静电纺纱机。1965年，捷克研制成功第一台 KS-200型转杯纺样机，大幅度提高了纺纱效率，在国际上引起轰动。被视为纺纱技术的一次革命。1963年，美国杜邦公司发明了单喷嘴加捻包缠纺纱法，之后于1981年在第二届国际纺织机械展览会上日本村田公司首次商业化展出了 MJS No. 801喷气纺纱机。1971年，在巴黎展出了由澳大利亚研制的 MKⅠ型自捻纺纱机。1973年，奥地利费勒尔博士提出了摩擦纺纱概念，并于1974年研制成功世界上第一台 DREF-Ⅰ型摩擦纺纱机。1973年，瑞士立达公司在国际纺织机械展览会上展出了一款基于帕维纳纺纱法工艺的无捻纺纱机。1975年，意大利米兰国际纺织机械展览会上展出一台波兰制的 PF-Ⅰ型涡流纺纱机。奥地利费勒尔博士于1988年2月首次提出消除纺纱三角的集聚纺纱工艺，国际知名的各大纺机制造商、研发机构纷纷投入大量人力、物力研制集聚纺纱，在1999年巴黎国际纺织机械展览会上，瑞士立达（Rieter）和德国青泽（Zinser）和绪森（Sussen）等设备厂商首次展出带有集聚纺纱技术的细纱机。1997年，在大阪国际纤维机械展览会上展出了日本村田公司研制的 MVS型喷气涡流纺纱机。

各种纺纱新技术的出现，在成纱原理、成纱过程控制及优化方面丰富了原有纺纱技术，拓展了传统环锭纺纱线加工技术，为后续纺纱新技术发明、完善与发展指引了方向。

三、纺纱新技术的分类
（一）按成纱原理分

成纱原理是指纱线加工过程中，纤维受控状态及过程。因此，按成纱原理，纺纱技术可分为非自由端纺纱、自由端纺纱和半自由端纺纱三类。

1. 非自由端纺纱

非自由端纺纱是指喂入点与加捻点之间的纤维须条是连续的，须条两端被握持，须条中纤维受到控制而不自由，借助假捻、包缠、黏合等方法使纤维抱合到一起，从而使纱条获得强力的一种纺纱方式。常见的非自由端纺纱的代表有环锭纺、喷气纺、平行纺、自捻纺、DREF-Ⅲ型摩擦纺、嵌入纺、低扭矩纺等。

非自由端纺纱加捻示意图如图1-10所示，该加捻过程其实是假捻，分静态加捻和动态加捻两种。当喂入端受到一对罗拉握持，另一端绕在卷装 C 上，若 A、C 两端握持不动 [图1-10（a）]，加捻器 B 回转，给 AB 纱段加上捻回数 n，则 BC 段获得同样的捻回数，但方向相

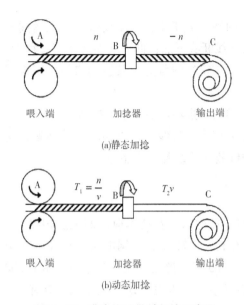

(a)静态加捻

(b)动态加捻

图1-10 非自由端纺纱加捻示意图

反，为$-n$。若A端输入，C端输出（卷绕）时，纱条传递速度为v，加捻器B回转，给AB纱段加上的捻回数为n，BC纱端加上的捻回数为$-n$，则单位时间内由AB纱段输出，进入BC纱段的捻回数$T_1 v = n$，那么同一时间由BC段输出的捻回数$T_2 v = T_1 v - n = 0$。因此，动态加捻时，纱条仅在输入区纱段获得捻度，输出纱条无捻，即称"假捻"，使得最终产品没有捻度。为使产品获得真捻，需改变纱条输入和输出的捻度矢量，卷绕的握持点必须旋转90°，这样输入区段所获得的捻度不会被输出区抵消。

2. 自由端纺纱

为了突破非自由端纱线成纱原理，将加捻与卷绕分开，以大幅提高加捻速度，加大卷装尺寸，从而产生了自由端纺纱。自由端纺纱是指喂入点与加捻点之间的纤维须条是断开的，形成自由端，而后自由纤维又重新聚集成连续的须条，纤维自由端随加捻器一起回转使纱条获得真捻的一种纺纱。常见的自由端纺纱的代表有转杯纺、涡流纺、静电纺、DREF-Ⅱ型摩擦纺等。

图1-11为自由端纺纱加捻示意图。AB为自由端须条，当加捻器回转时，纤维自由端A随加捻器同向同速转动，故AB纱段不产生捻度，即$T_1 = 0$；单位时间加在BC纱段且输出的捻回数为$T_2 v = n$，故$T_2 = \dfrac{n}{v}$。故加捻器的转速n越大或输出速度v越小，纱线捻度越多；反之，越少。

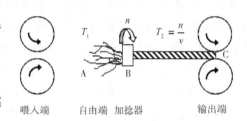

图1-11 自由端纺纱加捻示意图

3. 半自由端纺纱

半自由端纺纱是指纤维须条在成纱过程中既具有非自由端纺纱的特征，又具有自由端纺纱的特征。例如，喷气涡流纺，纤维头端离开前罗拉的控制后，在喷嘴入口负压及导引针的引导作用下，迅速滑入空心锭子入口处的纱尾，使得须条的中心存在未断裂的一定量的连续纤维，具有非自由端纺纱的特征；当纤维尾端脱离前罗拉的控制后，在喷嘴内旋转气流作用下，纤维尾端倒伏在空心锭子入口表面，形成自由端纤维，并在高速旋转气流作用下，绕纱尾旋转，从而获得真捻的纱线外观，具有自由端纺纱的特征。

（二）按成纱方法分

根据如何使纱线加捻成具有一定力学性能和独特的结构外观特征，可分为加捻成纱、自捻成纱、包缠成纱和无捻成纱。

加捻成纱是指给纱段中纤维施加捻度而成纱，常见的有环锭纺、转杯纺、涡流纺、嵌入纺等；自捻成纱是指靠两根单纱的假捻自捻成纱，如自捻纺纱；包缠成纱是指依靠纤维的包缠成纱，如喷气纺、摩擦纺等；无捻成纱是指通过黏合、熔融黏结及缠结等方式成纱，如黏合纺纱、熔融纺纱和缠结纺纱等。

四、纺纱新技术的特点

与传统环锭纺纱相比，纺纱新技术在成纱机理及成纱工艺控制方面得到了发展，且融入了新的微电子及自动化控制技术，从而使产品的质量保证体系由人的行为进入电子监测控制阶段。不同的纺纱方法具有不同的优势，新的纺纱技术具有以下某个或多个典型特点。

（1）生产环境得到改善。微电子技术及自动化控制的广泛应用，使新型纺纱机的机械自动化程度较传统环锭细纱机大幅提高，能够实现纱线质量的在线监控，且飞花少、噪声低，有利于降低工人劳动强度，改善工作环境。

（2）纱线结构及品质得到提高。通过对传统环锭纺成纱过程及工艺的完善，新的纺纱技术可纺纱支、成纱强力不断提升，纱线毛羽减少，纱线条干不匀及扭应力降低，纱线品质进一步提升。

（3）卷装容量大幅提高。由于加捻与卷绕分开进行，使卷装不受气圈形态、钢领尺寸的限制，同时卷装尺寸大小不影响纺纱速度及纱线断头率，实现纱线直接卷绕成大容量的筒子，且筒子尺寸大幅提高，卷装容量由环锭纺的 70~75g 提高到 1500~7000g。

（4）纺纱产量及效率大幅提高。采用了新的加捻方式，加捻器转速不再像钢丝圈那样受线速度的限制，输出速度的提高可使产量成倍地增加；且大容量的筒子减少了因络筒工序增加及络筒次数较多而造成的停车时间，使时间利用率得到很大的提高，提高了生产效率。

（5）缩短成纱流程。采用条子喂入、筒子输出的成纱过程，省去粗纱、络筒两道工序，集粗纱、细纱、络筒与卷绕于一体，使成纱工艺流程大幅缩短，减少了设备占地面积与万锭用工量，同时提高了生产效率。

第三节　纺纱新技术的研究发展趋势

目前，棉纺行业呈多种纺纱技术并存、各种纺纱技术相互补充的发展模式。与传统的环锭纺纱技术相比，一些纺纱技术，如转杯纺、喷气涡流纺、喷气纺等，在高速高产、大卷装、短流程等方面存在优势，但在原料及产品方面存在局限，如存在可纺纱支受限、对原料及纺纱环境要求高及纱线强力不高等问题；而另一些纺纱技术，如集聚纺、赛络纺、嵌入纺及低扭矩纺等，在纱线结构及性能方面表现出优势，但在纺纱速度、纺纱效率及纱线加工环境等方面并未得到改善，仍存在纺纱速度低、万锭用工量大、车间工作环境恶劣等问题。因此，未来纺纱新技术的研究与发展应注重以下几个方面。

（1）加大微电子技术及自动化技术在纺纱设备的应用力度，将粗细联、自动落纱、基于自动喂纱的全自动络筒机等技术融入环锭纺新技术，提高纱线加工效率，降低万锭用工量和劳动强度。

（2）深入各类纺纱新技术的成纱机理，继续优化与完善新型纺纱机械机构和工艺，改善纱线强力不足、手感偏硬等缺点，提高设备在原料多样化、可纺纱支宽域化等方面的适纺能力，拓展纺纱新技术的应用领域。

（3）推广单锭控制技术，提升设备在小批量、多品种的产品开发趋势，满足消费者追求个性化、多样化、短交期的产品需求趋势。

（4）加大多元、差别化结构、功能纱线的研究、设计与开发，拓展纱线产品的应用领域与层次，提高纱线产品开发的含金量。

（5）各种纺纱新技术的大量出现及应用，导致了纱线结构的多样化，因此，需进一步加大对成纱质量评价指标、方法及体系的研究与构建，注重纱线品种的生产在线监控与质量反馈，提高纱线品质。

思考题

1. 简述纺纱新技术产生的背景及特点。
2. 纺纱新技术如何分类？各分类中典型的纺纱方法有哪些？
3. 分析阐述自由端纺纱与非自由端纺纱的原理。
4. 思考纺纱新技术的研究发展趋势。

参考文献

［1］袁建平．湖南出土新石器时代纺轮、纺专及有关纺织问题的探讨［J］．湖南省博物馆馆刊，2012（9）：125-138.

［2］http://b2museum.cdstm.cn/ancmach/machine/jb_10.html.

［3］李伯重．楚材晋用：中国水转大纺车与英国阿克莱水力纺纱机［J］．历史研究，2002（1）：62-74.

［4］周启澄，屠恒贤，程文红．纺织科技史导论［M］．上海：东华大学出版社，2003.

［5］谢春萍，徐伯俊．新型纺纱［M］．2版．北京：中国纺织出版社，2009.

［6］张超．涡流纺流场模拟及机理研究［D］．青岛：青岛大学，2008.

［7］邢明杰，郁崇文．喷气涡流纺（MVS）自由端纺纱特征的研究［C］．第十四届全国新型纺纱学术会论文集．2008：44-49.

［8］李强，李斌，孙小明．中国古代手摇纺车的历史变迁［J］．丝绸，2011，48（10）：41-46.

第二章　环锭纺纱新技术

本章知识点

1. 环锭纺纱新技术的成纱机理。
2. 环锭纺纱新技术的成纱装置特点。
3. 环锭纺纱新技术的成纱工艺控制要点。
4. 环锭纺纱新技术的纱线结构与性能特点。
5. 环锭纺纱新技术的纱线产品开发趋势。

第一节　集聚纺纱

一、集聚纺纱原理

传统环锭纺纱有许多优点，但是毛羽多，尤其是有害毛羽过多，这一问题不仅影响纱线外观质量，还会影响织造质量和生产效率，是影响喷气织机喷射受阻断头的主要原因，同时也会影响所制成织物的外观、手感。控制和降低环锭纺的纱线毛羽已成为环锭纺纱生产中亟待解决的问题之一，并受到各国纺织专家和纺织机械制造商的普遍重视，瑞士立达公司、德国绪森公司和青泽公司、意大利马佐里公司和日本丰田公司等相继开发研制了集聚纺纱技术，又称紧密纺纱技术。

通过成纱过程分析发现，加捻三角区的存在是引起传统环锭纺成纱毛羽较多的主要原因。传统环锭纺纱机前罗拉钳口处须条以片状形态输出，使输出的须条较松散，横向宽度较大，然而加捻过程形成加捻三角区宽度无法很好地覆盖前钳口处的须条宽度，导致加捻三角区不可能把所有纤维须条都凝聚在一起，许多边缘自由端纤维在加捻之前脱离纱体，失去控制，造成部分边缘纤维脱落形成飞花，或使不受约束的纤维端突出于纱线，形成纱线毛羽。同时，前罗拉钳口处须条宽度较宽，须条间纤维黏附力和抱合力明显降低，处于自由松散纤维状态，加捻过程形成较长的加捻三角区，且加捻三角区强力较低，易受纺纱张力波动的影响，造成断头数量增多；再者，加捻过程中，纤维因受纵向张力作用，使三角区域的须条中外侧纤维受力最大，中间纤维受力最小，加捻后纱线中纤维受预张力差异变大，当受到拉伸时预张力大的纤维先断，从而影响纱线的强力。

因此，成纱过程，对前罗拉钳口输出的须条宽度进行控制是关键，减小和消除加捻三角区是集聚纺纱技术的精髓。集聚纺纱技术是指在环锭纺细纱机上，利用气流、机械或两者的联合作用，对输出的比较松散的须条进行集聚，使纤维向须条中心集聚，尽可能减小输出须

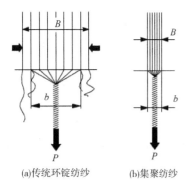

图 2-1 传统环锭纺纱与
集聚纺纱技术原理对比

(a)传统环锭纺纱 (b)集聚纺纱

条的宽度，从而减少或者消除加捻三角区，最终几乎将须条中所有的纤维捻入纱体，实现毛羽减少，并使纱体结构致密的新型环锭纺纱技术。传统环锭纺纱与集聚纺纱技术原理对比如图 2-1 所示。

二、集聚纺纱装置与特点

目前，集聚纺纱装置国外主要有瑞士立达公司的 Com4 型和 ComforSpink44 型集聚纺细纱机，德国绪森公司的 Eliter 型集聚纺细纱机，德国青泽公司的 Air-Com-Tex-700 型集聚纺细纱机，意大利马佐里公司的 Olfil 集聚纺纱系统和日本丰田公司生产的 Rx240-New-Est 型集聚纺细纱机。国内主要有同和纺织机械制造有限公司的 TH598 系列集聚纺细纱机，浙江日发纺织机械股份有限公司的 RFCS 型集聚纺细纱机，山西鸿基实业有限公司的 SXFl588 型集聚纺细纱机，经纬纺织机械股份有限公司榆次分公司的 JWF1536A 型集聚纺细纱机等。根据对须条实现集聚的不同形式划分，典型的集聚纺纱装置可分成以下几类。

(一) 气流式集聚纺纱

1. 网眼（打孔）罗拉型集聚纺纱

当须条从前胶辊 1 与网眼罗拉 3 组成的前钳口输出后，经过网眼罗拉 3（内装有吸风插件 4），须条在网眼罗拉 3 表面运动时被吸风插件 4 的吸风槽集聚、转动，须条变成圆柱体，然后从阻捻胶辊 2 与网眼罗拉 3 组成阻捻钳口输出，圆柱体须条再经加捻成纱。为进一步提升吸风槽的气流聚集效果，可添加气流导向装置 6，引导气流并提升气流向吸风槽流动的速度，从而加强集聚区气流对纤维的凝聚。立达公司 Com4 型集聚系统结构如图 2-2 所示。

网眼罗拉型集聚纺纱前罗拉为钢质空心网眼滚筒，内安装有异形吸风狭槽，从而在阻捻钳口和前钳口之间产生气流负压作用，当须条进入该区域时，纤维受到气流负压作用而产生凝聚，向须条的中心收拢，再加上巨大的负压作用，使须条凝聚加强，且须条宽度逐渐变小，因此，加捻三角区长度明显变小，加捻三角区得以最大程度消除，这将使边缘纤维和中间纤维的强力差异明显减小，同时使边缘纤维在负压作用下，几乎被捻入纱体，纤维束得到理想的控制，便形成结构良好、毛羽较少的细纱。实际产品开发过程中可根据产品开发需要，选择不同结构形状的异形吸风狭槽，如图 2-3 所示。

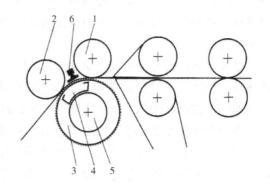

图 2-2 立达公司 Com4 型集聚系统结构示意图
1—前胶辊 2—阻捻胶辊 3—网眼罗拉
4—吸风插件 5—滚筒钢轴 6—气流导向装置

网眼罗拉型集聚纺纱系统的特点如下。

（1）由于前胶辊和阻捻胶辊由网眼罗拉摩擦驱动，在前钳口和阻捻钳口之间的须条没有

图 2-3　Com4 型的不同结构的吸附单元

张力牵伸。

（2）在前钳口至阻捻钳口区域内网眼罗拉借助空气负压对纤维进行集聚，集聚作用直抵输出罗拉钳口线，加捻三角区可减至最小。

（3）吸风槽和须条运动方向成一倾斜角度，这样被集聚的须条可以绕其自身轴线转动，保证纤维头端完全卷入须条。

（4）可纺纤维的最短长度，即胶圈控制钳口线到前钳口之间的距离，受到网眼罗拉直径的限制；网眼罗拉直径越大，主牵伸区的浮游区长度越长，这不利于对纤维尤其是短纤维的控制。

（5）单纤维必须有足够的硬度以防过多的纤维在集聚过程中被吸风吸走。

（6）结构紧凑，集聚部件寿命长，但结构较复杂，难以在老机上改装。

2. 打孔胶圈型集聚纺纱

打孔胶圈型集聚纺纱系统的典型设备代表是德国青泽公司的 Air-Com-Tex-700 型集聚纺纱系统，是在传统前罗拉 1、前胶辊 2 前面增加一个输出控制罗拉 3、输出控制胶辊 4，控制胶辊 4 被打孔胶圈 6 覆盖，同时打孔胶圈 6 内部装有异形吸风管 7，支撑填块 5 对须条进行必要的托持，其集聚系统结构如图 2-4 所示。该集聚系统输出罗拉由车头牵伸传动装置经一组中间齿轮传动，和前罗拉同步，并依靠摩擦使打孔胶圈及控制胶辊回转，同时在胶圈表面配置若干的定位孔（圆孔和椭圆孔，如图 2-5 所示），为了增加单列小孔对横向发散纤维的凝聚，特意间隔设置了横向加宽的椭圆孔。从主牵伸区输出的须条经过打孔胶圈的下方时，纤维受胶圈上小孔的负压吸引而产生集聚，由于打孔胶圈的孔距较小，使加捻前的须条宽度明显减少，加捻三角区几乎消失，从而实现纱线毛羽减少，提高成纱质量。

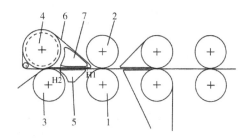

图 2-4　德国青泽公司 Air-Com-Tex-700 型
集聚系统结构示意图

1—传统前罗拉　2—传统前胶辊　3—控制罗拉
4—控制胶辊　5—支撑填块　6—打孔胶圈
7—异形吸风管　H1、H2—异性吸风管直槽的两个端点

打孔胶圈型集聚纺纱系统的特点如下。

（1）如图 2-4 所示，在 H1—H2 之间，利用打孔胶圈配置的定位孔借助气流的负压对须条进行集聚，且集聚吸风部位在纺纱须条的上部，对可加工的纤维没有任何限制。

（2）加捻三角区没有减小到最理想的程度，因为在 H2 与 3—4 钳口线之间的区域，已集聚的须条又重新失去束缚，从而失去一部分先前已集聚的效果；纤维越短，不理想的加捻三角区就越严重。

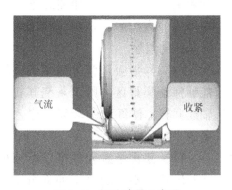

图 2-5　打孔胶圈示意图

（3）定位孔不能和须条前进的方向成一倾斜角度，集聚时须条不能绕其自身轴线回转，纤维头端不能完全嵌入须条内，从而影响成纱的毛羽。

（4）在钳口线1—2与3—4之间，可对须条施以张力牵伸。

3. 网格圈型集聚纺纱

采用网格圈型完成须条集聚的有德国绪森公司的Eliter型集聚纺纱机、意大利马佐里公司的Olfil集聚纺纱系统、浙江日发纺织机械股份有限公司的RFCS型集聚纺机等，但最成功的设备代表是Eliter集聚纺纱机。Eliter纺纱系统是在传统细纱机牵伸装置的前罗拉1出口处，加装一个由前胶辊2与控制胶辊4组成的可拆装组合件，前胶辊2与控制胶辊4通过过桥齿轮5得到相互齿合；此外，增加了一个气动集束区，凝聚系统安装在牵伸系统前，它由异形

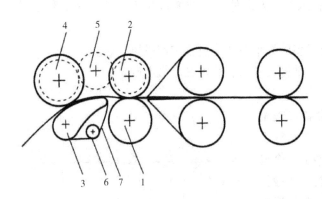

吸风管3、网格圈7、撑杆6组成，网格圈7通过控制胶辊4摩擦传动，如图2-6所示。异形吸风管3开有一个一定倾斜角度的狭槽，狭槽区域处于负压状态，当纤维须条从前罗拉钳口输出，须条受巨大负压而产生聚集和转动，从而使纤维束相互凝聚和紧密地排列在一起，须条宽度也得以大幅变窄，最终减小了加捻三角区的宽度和长度，使纱线毛羽数量减少。

图2-6　德国绪森公司的Eliter纺纱系统结构示意图

1—前罗拉　2—前胶辊　3—异形吸风管
4—控制胶辊　5—过桥齿轮　6—撑杆　7—网格圈

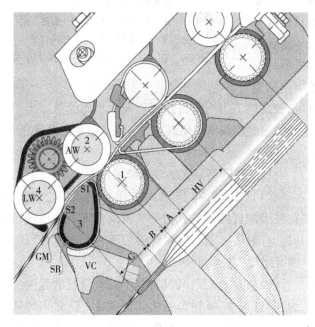

网格圈型集聚纺纱（Eliter纺纱）系统的特点如下。

（1）在异形吸风管的狭槽S1—S2区域（图2-7），借助空气负压对网格圈上的须条进行集聚。

（2）对可加工的纤维没有任何限制，集聚区结束点S2可直达控制胶辊钳口线，加捻三角区可减至最小，集聚效果较好。

（3）在钳口线1—2和S2之间的集聚区内，张力牵伸使纤维获得适当地伸直与平行取向，利于加捻三角区的消除。

（4）异形吸风管上的倾斜狭槽能够保证集聚区内的须条绕其自身轴线回转，使纤维头端完全嵌入须条内，提升集聚效果。

（5）集聚装置元件可以单独拆装及维修，不影响总牵伸部分，操

图2-7　德国绪森公司的Eliter纺纱装置

作便捷。

（二）机械式集聚纺纱

机械式集聚纺纱的典型设备代表是
瑞士罗托克拉夫（Rotorcraft）RoCoS 集聚
纺纱设备。RoCoS 集聚纺纱是在前罗拉 1
上用引纱胶辊 2 和控制胶辊 3 代替原来
的前胶辊，在前罗拉上组成前钳口和控
制钳口，两钳口之间装有 SUPRA 磁铁陶
瓷集聚器 4，如图 2-8 所示。该集聚系统
是利用磁性集聚器 4 的渐缩形状实现纤
维须条的集聚，集聚过程如图 2-9 所示。
纱的紧密程度由集聚器凹槽出口的尺寸
大小决定，可分三档更换凹槽尺寸不同

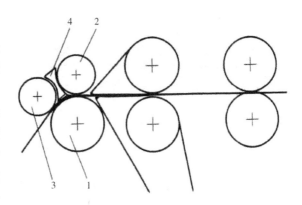

图 2-8　瑞士 RoCoS 集聚纺纱系统结构示意图
1—前罗拉　2—引纱胶辊　3—控制胶辊　4—磁性集聚器

的集聚器，以满足不同类别纱线的加工需求。此外，该系统结构简单，适应于新机与老机改
造，安装方便；无须外加风机产生负压，成本低，但须条中纤维易受集聚器摩擦形成飞花，
使用不当会破坏成纱条干。

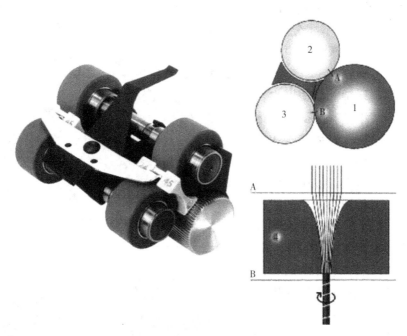

图 2-9　瑞士 RoCoS 集聚纺纱集聚过程示意图

（三）气流—机械式集聚纺纱

气流—机械式集聚纺纱是指集聚过程采用气流与机械两种方式对须条进行集聚，典型设
备代表是山西鸿基实业有限公司的 SXF1588 型集聚纺细纱机，是在保持原牵伸装置不变，在
前罗拉 1 和前胶辊 2 加装一个 V 形沟槽的集聚胶辊 3，使其紧压在前罗拉表面上，受前罗拉
的摩擦阻力传动，如图 2-10 所示。V 形槽的两侧为人字形引导沟槽，沟槽底部有密集的吸风

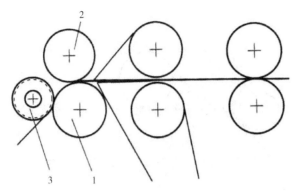

图2-10 山西鸿基SXF1588型集聚纺纱系统结构示意图
1—前罗拉 2—前胶辊 3—沟槽集聚胶辊

方便，适用于细纱机改造。

孔眼，使得须条被吸附在V形沟槽的底部，从而完成须条的集聚。该集聚系统的特点如下。

（1）集聚胶辊兼有集聚和阻捻的作用，但受集聚区域和集聚方式的限制，该系统对须条的集聚作用不够充分，集聚效果不佳。

（2）集聚胶辊和前胶辊均由前罗拉摩擦传动，集聚区域不能设置牵伸张力，对须条无牵伸作用。

（3）该集聚系统结构简单，安装方便，适用于细纱机改造。

三、集聚纺纱线结构与性能

（一）集聚纺纱线结构

以天丝为原料，在相同的粗纱准备工艺前提下，分别选择德国绪森公司Fiomax 1000型环锭纺细纱机和绪森公司Fiomax E1型集聚纺纱机纺制19.7tex纱线。借助扫描电子显微镜（SEM），并应用图像处理技术分析集聚纱的纵横向结构，如图2-11所示，结果表明：与传统环锭纺纱线相比，集聚纱有更加均匀、更加紧密的纱线结构，且毛羽较少。纱线横截面的纤维堆砌密度也表明，集聚纱比环锭纱具有更高的纤维堆砌密度（图2-12），纱体结构相对更致密，但差异并不明显。

为进一步研究集聚纺纱中纤维内外转移与捻度分布情况，采用新疆长绒棉137为原料，混入0.8%的示踪纤维，在相同粗纱准备工艺前提下，分别在国产FA506型环锭细纱机和德国绪森公司的E1ite型集聚纺纱机上以相同的工艺参数纺制11.7tex细纱。集聚纱中的纤维存在类似传统环锭纱中的纤维内外转移。但不同在于：传统环锭纱中纤维运行轨迹的规律性较差，集聚纱中纤维的螺旋线较为规则，更接近于理想的纤维螺旋曲线，且集聚纱的纤维内外转移程度较传统环锭纱弱，如图2-13所示。集聚纱

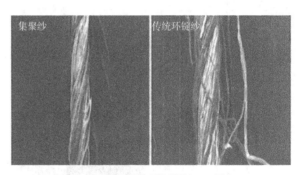

(a)集聚纱和传统环锭纱纵向SEM图

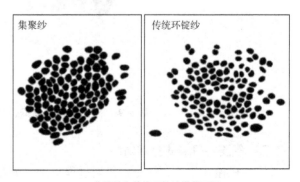

(b)集聚纱和传统环锭纱横截面图

图2-11 传统环锭纱与集聚纱纵横向结构对比图

与传统环锭纱的径向捻度分布规律存在一定的相似性，即捻度都是沿着半径方向由内向外递减。但不同在于：传统环锭纱内外层之间的捻度差异较大，而集聚纱的捻度在纱线内外层的分布较为均匀，这是由于集聚纱中纤维的平行顺直程度较高所致，如图2-14所示。

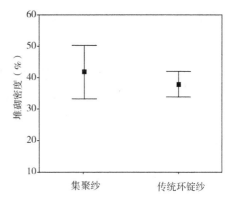

图2-12　集聚纱与传统环锭纱

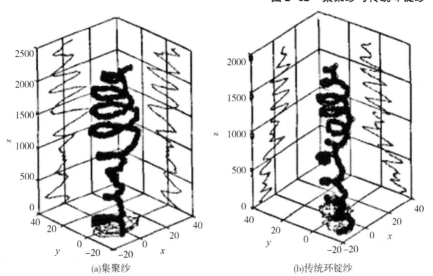

(a)集聚纱　　　　　　　　　(b)传统环锭纱

图2-13　集聚纱与传统环锭纱的示踪纤维空间构象

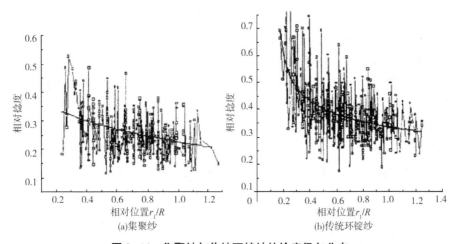

(a)集聚纱　　　　　　　　　(b)传统环锭纱

图2-14　集聚纱与传统环锭纱的捻度径向分布

（二）集聚纺纱线性能

采用新疆137级长绒棉为原料，在相同粗纱准备工艺前提下，分别在国产FA506型环锭细纱机和德国绪森公司的 Elite 型集聚纺纱机上以相同的工艺参数纺制 11.7tex 细纱，纱线性能测试数据见表 2-1~表 2-3。

表 2-1　集聚纱与传统环锭纱强伸性能比较

性能指标	强度（cN/tex）	强度 CV 值（%）	断裂伸长率（cN/tex）	断裂伸长率 CV 值（%）	断裂功（cN·cm）	断裂功 CV 值（%）
集聚纱	25.62	8.10	6.63	7.13	513.10	13.00
传统环锭纱	22.28	8.36	6.29	7.72	429.01	14.88

表 2-2　集聚纱与传统环锭纱条干均匀度比较

性能指标	条干 CV 值（%）	−50% 细节（个/km）	+50% 粗节（个/km）	+200% 棉节（个/km）
集聚纱	12.10	0.00	11.30	41.30
传统环锭纱	12.56	1.70	21.70	55.60

表 2-3　集聚纱与传统环锭纱毛羽指数比较

性能指标	毛羽指数（根/10m）								
	1mm	2mm	3mm	4mm	5mm	6mm	7mm	8mm	9mm
集聚纱	795.04	66.56	10.76	3.92	1.07	0.33	0.16	0.07	0.04
传统环锭纱	1179.56	203.08	49.36	18.18	8.62	5.06	2.60	1.34	0.58

由表 2-1 可知：与传统环锭纱相比，集聚纱的强度、断裂伸长率、断裂功均有所提高，且各指标的不均率均有所下降，原因在于集聚纱具有较高的纤维取向度，纱线结构更加紧密，纱中纤维内外层捻度分布更加均匀，且一定程度上减少了纱线弱节。

由表 2-2 可知：集聚纱的条干 CV 值略优于传统环锭纱，粗细节和棉节数量显著减少，原因在于集聚纱中纤维平行顺直程度较传统环锭纱高。

由表 2-3 可知：集聚纱的毛羽指数较传统环锭纱大幅度下降，3mm 及其以上的有害毛羽下降幅度较大，下降幅度达 81%，原因在于集聚纺加捻三角区的夹角和长度都明显小于传统环锭纺的加捻三角区，确保了加捻过程中边缘纤维尽可能被捻入纱体，故毛羽数量大幅降低。

此外，集聚纺纱线的耐磨性也较传统环锭纱大幅提高，有数据表明：同线密度集聚纱的耐磨性比传统环锭纱提高 40%~50%。原因在于：集聚纱紧密的纱线结构使纤维间的空隙率大大降低，在纤维的摩擦系数和加捻产生的向心力相同的情况下，纤维间的接触面积较大，其相互摩擦力也较大，从而阻止了纤维的滑脱，这也间接提高了纱线的耐磨性能。

四、集聚纺纱技术特点与产品开发

（一）集聚纺纱技术特点

集聚纺纱技术可显著提高成纱强伸性能和耐磨性能，降低纱线条干不匀及纱线毛羽数量，从而提高成纱质量。这不仅提升了最终织物的品质，如使织物布面洁净、光洁美观和较好的染色性与抗起毛起球性，可弥补免烫整理导致的织物强力损失，而且在成纱过程及后道加工上也展现出诸多优势，具体如下。

（1）据统计，在传统环锭纺纱中细纱车间85%的飞花在加捻三角区中产生，集聚纺成纱过程因减小或消除了加捻三角区，使车间飞花减少。

（2）在传统环锭纺纱中，加捻三角区的强力比有捻纱段低40%，大多数断头发生在加捻三角区，由于减小或消除了加捻三角区，和传统的环锭纱相比，集聚纱的断头率可降低50%。

（3）集聚纱经过络筒工序后，纱线毛羽、棉结上升量较传统环锭纱少。

（4）纺同等质量的纱线，集聚纱捻度可比传统环锭纱低20%的捻度，这将提高细纱机的产量，这也使后道生产股线需要加的捻度减少，从而降低生产成本。

（5）与采用传统环锭纱相比，保持同样水平的经纱断头率，采用集聚纱，可使上浆量减少50%；采用集聚纱，整经断头降低30%，提高了整经机的效率与产量。

（二）集聚纺纱产品开发

集聚纺纱具有纱线结构均匀、毛羽少、强力高等诸多优良的纱线品质，但企业的设备投入与运行费用均较高，故集聚纺纱的产品定位应从聚焦纯棉精梳纱线生产向以生产高附加值的精、特、新的纱线为主体转变。在集聚纺纱线产品开发方面，应注重开发优质高档次，如毛精纺的精梳产品；注重充分利用各种天然纤维（如彩棉、改性羊毛、羊绒、绢丝、改性麻等）与新型化学纤维（如功能涤纶、天丝、莫代尔、竹浆纤维等），采用纯纺、混纺工艺相结合，生产多组分的特色纱线；注重将集聚纺与其他技术如赛络纺、赛络菲尔纺、包芯纱、色纺纱等技术相结合，生产差别化结构、多样化风格的新型纱线，以提高集聚纺纱线产品附加值。

第二节　低扭矩纺纱

一、低扭矩纺纱原理与装置

环锭纺纱技术作为目前最主要的纱线生产技术，成纱具有较高的强力、均匀的纱线条干、良好的手感等。然而传统环锭单纱存在一个重要缺陷，即在传统环锭纱加捻过程中由于纤维被拉伸、弯曲和扭转，单纱中储存的能量一部分在纺纱过程中被释放，但仍然有相当一部分能量被保留下来，成为单纱的残余扭矩。残余扭矩使单纱有退捻、释放内部扭应力的趋势，被认为是造成织物纬斜、螺旋线纹以及影响机织物表面光洁平整等的最基本原因。降低捻度可降低单纱残余扭矩，并提高细纱机产量，但会导致纱线强力低，不能同时实现环锭单纱的低扭矩、低捻度、高强力。因此，传统环锭纺纱技术不能通过降低单纱捻度而显著减少残余扭矩。

降低成纱的扭矩或残余扭矩有多种方法，包括物理定捻（干热定捻、蒸汽定捻和湿定捻等）、化学介质定捻、两条同捻向单纱反向加捻形成股线和用两条不同捻向单纱针织等，但这些方法有的需要在后道工序中进行定型处理，这将增加能耗并造成纤维损伤及废气、废水和化学品的排放；有的生产成本较高；有的容易损伤纤维；有的不能得到低扭矩单纱。在环锭纺纱过程中，通过假捻装置降低环锭细纱扭矩，具有高效低能耗的优势。因此，这里将基于假捻的环锭纺纱技术称为低扭矩纺纱技术。

（一）低扭矩纺纱原理

低扭矩纺纱的过程：粗纱牵伸→假捻器→加捻成纱，即将粗纱经过细纱机的牵伸装置进行牵伸，而后进入安装于前罗拉与导纱钩之间的假捻器，最后经传统的钢领钢丝圈加捻和卷绕成纱。如图 2-15 所示，由于假捻装置的引入，传统环锭细纱机的纺纱区被分为两个部分：第一部分从前罗拉钳口到假捻器为 A 区；第二部分从假捻器到导纱钩为 B 区。当纤维经过牵伸从前罗拉引出后，在 A 区被假捻器加以一定数量的假捻（Z 向），使在 A 区的纱具有远高于正常纱的捻度，捻度的增加使低扭矩纺纱过程中的成纱三角区在长度方向大大减小，图 2-16 显示出利用高速摄影机在传统环锭纺纱和低扭矩纺纱过程中观察到的纺纱三角区。当纱离开假捻器进入 B 区，又被假捻器加以相反而且同数量的捻度（S 向），因此该区中纱的捻度显著降低。在假捻作用的同时，钢领和钢丝圈产生的真捻从气圈区（C 区）传递上来，真捻和假捻之间的相互作用改变了传统纺纱过程中纱的捻度和张力分布，使低扭矩纺纱过程不同于传统的纺纱过程。综上可知：与传统环锭纺纱相比，低扭矩纺纱关键在于成纱过程的假捻器对纱线产生假捻，影响纺纱三角区的纤维张力分布，从而改变纤维在单纱中的形态和排列分布，使纱中纤维产生的残余扭矩相互平衡，最终使成纱结构不稳定情况得到改善，从而大大降低纱线扭矩，实现单纱低捻、低扭、高强加工。

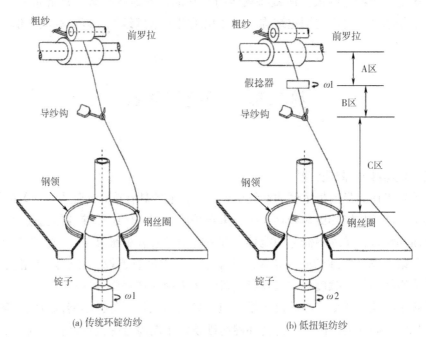

图 2-15 低扭矩纺纱原理示意图

（二）低扭矩纺纱假捻装置

低扭矩纺纱是通过在传统环锭纺纱机上假装加捻机构的方式实现的，因此，其纺纱装置中，牵伸机构和加捻机构与传统环锭纺纱没有区别，其特点在于多了假捻机构。

　　假捻器泛指控制纱条两端不转而在中间施加捻回的器具。目前应用中的假捻器包括摩擦型假捻器、胶圈式假捻器、轮盘搓捻式假捻器、龙带式假捻器、喷气式假捻装置等。常见的假捻器如图2-17所示，三轴摩擦盘假捻器由三个回转的摩擦盘通过摩擦接触面转动，带动纱条回转加上假捻，特点在于摩擦件一转可产生多个捻回，假捻效率高；胶圈式假捻器由两组互相交叉成一定角度的胶圈构成，因胶圈对纱条

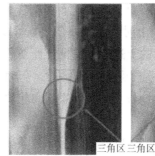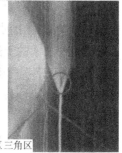

三角区 三角区

(a)传统环锭纺纱 　　　(b)低扭矩纺纱

图 2-16　高速摄影仪下纺纱三角区形态比较

摩擦因数大，接触面宽，加捻效率高，但结构较复杂；轮盘搓捻式假捻器通过外加压来控制加捻和纱线张力，轮盘速度和纱线速度可以调整，保持纱条捻度稳定；龙带式假捻器通过龙带沿机台方向运动，给纱线加上假捻，接触面相对有限，假捻效率不高，但机构相对简单，维护成本较低。此外，还有一种利用喷气气流使纱条旋转的假捻器，可以在传统细纱机每个锭位的前罗拉钳口与导纱钩之间附加一套喷气假捻装置，改善纺纱性能，不降低产量和质量的同时降低成纱捻度，提高产量和不降低纺纱性能的同时改善成纱外观，从而可以通过纺制低捻纱而提高产量，或纺制更细的或更高品质的纱等。

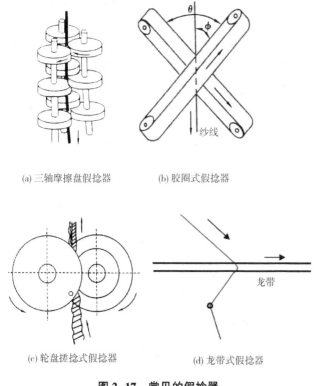

(a) 三轴摩擦盘假捻器　　　(b) 胶圈式假捻器

(c) 轮盘搓捻式假捻器　　　(d) 龙带式假捻器

图 2-17　常见的假捻器

二、低扭矩纺纱工艺控制与成纱质量

　　以香港理工大学提出的假捻纺纱技术为例，分析低扭矩纺纱过程中假捻工艺参数的配置。由于该技术附加了直接作用于纱条的假捻元件，引入了一个纺纱工艺参数，即假捻元件线速度 D 与纺纱速度 Y 之间的比值，称为 D/Y 值。成纱捻系数和 D/Y 值成为影响假捻纺纱性能的主要因素。

　　通过分析和计算，可以知道 D/Y 值与理论假捻螺旋角 β_f 及理论假捻捻系数 α_f 的关系。当 $D/Y=1$，即假捻元件线速度等于前钳口输出速度时，理论假捻螺旋角 $\beta_f = 45°$，对于纯棉纱线理论假捻系数 $\alpha_f = 860$。即任何线密度的纱线，以及任何捻系数、纱条输出速度或锭子速度等工艺参数，该值基本上为定

值，除不同纤维原料因密度不同而稍有变化外。初步实验表明，α_f/α_y（理论假捻捻系数/成纱捻系数）为 3 以上时，成纱残余扭矩可以基本消除。

假捻纺纱技术的上述工艺特征使此纺纱工艺有如下三大优势效应。

尽管假捻元件给予纱条的是假捻，但对于这个区段来说，真捻是客观存在的。真捻提前、超额地施加到该段纱条上，使原来强力较弱的纺纱段三角区附近动态强力显著增强，这是第一个优势效应。

纱条纺纱动态张力的降低是第二个重要的优势效应，纺纱断头发生的主要原因是动态张力大于动态强力，而气圈段纺纱动态张力对原本就是强力弱环的三角区纱条来说，不利影响十分显著，假捻元件的设置，基本阻断了气圈段张力的向上传递，三角区张力显著降低并趋于稳定。上述两个优势效应的叠加使纱条三角区显著缩小、动态强度增加、动态张力降低、纺纱断头显著减少。更进一步，上述纺纱条件的改变使得在给定的断头率条件下，成纱可纺最小捻度降低、纺纱锭速可以提升，满足了产能提升和纺制低捻纱的生产需求。在传统的纺纱纱条路径上，任何导纱元件，如导纱钩、导纱杆等对纱条张力的抑制和对捻度的阻滞总是同时发生的，假捻技术中假捻元件的设置打破了这种格局。

第三个优势效应是纱条中纤维结构形态的有益改变，这可以从纱条表面和内部结构两个层面分析。从纱条表面来看，由于高捻系数使纱条的三角区大幅缩短，使走出钳口线的纤维端迅速有效地卷入纱条，明显减少成纱外层的缠绕纤维，也减少了三角区纤维尾端外露数量并缩短了毛羽长度；同时牵伸假捻后的纱条受到假捻元件对纱条轴体表面切向的摩擦滚动驱动，纱条与假捻元件之间存在着正压力，纱条表面的毛羽被这种滚压作用强制缠绕在纱体上，使假捻纱的毛羽特别是长毛羽显著降低，并使纤维与纱条轴体紧密度提高。

对纱条内部来说，一方面纱体径向密度增大，另一方面当假捻捻度（局部真捻）超额地施加到纱条上后，使纱条乃至其中纤维轴向产生过度的预扭转，纤维排列结构受到较大的改变，纤维扭转角成倍地增大使纱条经历一个"矫枉过正"的作用过程，导致成纱扭矩降低甚至消失的状况，即扭矩平衡效应。纱条表面和内部结构形态的改变使纱条多项品质和性能得到改善。

三、低扭矩纺纱特点与产品开发

(a) 低扭矩纱

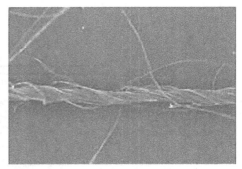
(b) 传统环锭纱

图 2-18 低扭矩纱与传统环锭纱 SEM 对比图

（一）低扭矩纺纱特点

图 2-18 给出了低扭矩纱与传统环锭纱的 SEM 对比图，低扭矩纱具有较少的纱线毛羽，且表面更光洁。进一步利用基于示踪纤维技术，对比研究传统环锭纱和低扭矩纱的结构，结果表明：在传统环锭纱体内的示踪纤维轨迹接近理想同心螺旋线，且有较清晰稳定的螺距和螺旋半径；而在低扭矩纱中，大多数纤维轨迹并不是同轴螺旋线结构，而是一个"非同轴异形螺旋线"，如图 2-19 所示。在低扭矩纱形成过程中，纺纱三角区内会出现束状纤维，这可能是导致低扭矩纱中纤维出现这种非同轴异形螺旋结构的一个原因。同时由于低扭矩生产装置的引入，三角区内的纤维束虽然以一定形态进入纱线，但在经过扭矩减小装置时，原已成型的纱线会被拆开重组，这造成了大量纤维在纤维束间穿插交织，形成这种独特的类似于多股纱的结构。但是与股纱结构最大的不同是：在低扭矩纱中，除整根纤维呈现出转移趋势外，还有一些小的转移存在于这条整体的转移路线里，整条纤维轨迹类似几段圆锥形螺旋线的叠加堆积，但是这些圆锥形螺旋线的中心轴大多与纱线的中心轴向不一致。螺旋半径也不断无规则地变化，这增加了纤维与纤维间的接触机会，增大了纤维间的摩擦，减小了纱线受拉伸时纤维滑脱的机会，从而提高了纱线强力。低扭矩纱中的纤维在纱线中心到纱线表面间发生内外转移幅度比传统环锭纱中的纤维大得多。另一种存在于低扭矩纱中的纤维构型特点是纤维片段的局部反转现象，即纱线中纤维某些片段的螺旋轨迹与纱线实际捻度方向相反。这些反转纤维片段的存在有助于平衡纱线中存在的扭应力，降低纱线残余扭矩。

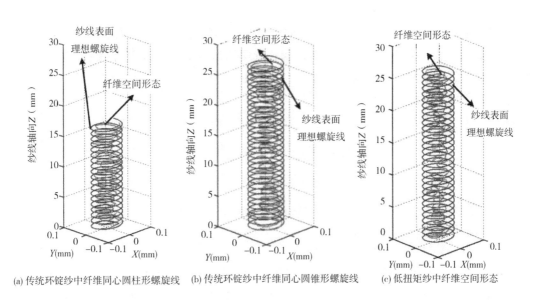

(a) 传统环锭纱中纤维同心圆柱形螺旋线　(b) 传统环锭纱中纤维同心圆锥形螺旋线　(c) 低扭矩纱中纤维空间形态

图 2-19　纱线中纤维空间形态

采用同一批 535tex 棉条纺制线密度为 29tex、捻度为 440 捻/m 的低扭矩纱和传统环锭纱，纱线物理性能测试结果见表 2-4。在同样条件下，与传统环锭纱相比，低扭矩纱的强力约提高 43%，湿扭结数降低 46.5%，100m 纱线上 3mm 以上毛羽根数减小 77.5%，但低扭矩纱条干与传统环锭纱条干差异并不明显。

表 2-4　纱线物理性能

纱线样品	断裂强度		湿扭结数		3mm 以上毛羽根数		条干	
	cN/tex	CV 值（%）	个/25cm	CV 值（%）	根/100m	CV 值（%）	质量变异系数（%）	CV 值（%）
低扭矩纱	17.79	5.7	23	7.1	543	8.47	9.78	8.4
传统环锭纱	12.45	9.8	43	7.3	2415	16.30	9.97	2.3

（二）低扭矩纺纱产品开发

低扭矩纺纱采用较低捻度纺纱，因产量可大大提高，具有显著的省电节能优势，且属于绿色环保生产技术，无废水、废气排放。与其他纺纱方法相比，低扭矩纱具有传统环锭纺纱、集聚纺纱、索罗纺纱、喷气涡流纺纱等其他纺纱技术不具备的独特产品特征，例如，既使纱线毛羽减少，又使纱线残余扭矩较小，由此开发的织物表面光洁，手感柔软，洗后基本没有扭转变形，坚固耐用。由于单纱扭矩较小、强力高，这种纺纱技术可以使传统的棉纱进入高档针织面料领域，织出的棉针织毛衫歪斜减轻，具有独特的毛绒手感，且生产过程具有明显的节电节能优势。用低扭矩纱织制的牛仔布可以显著提高织物表面的光滑平整度，减少织物蛇形纹的出现；低扭矩纱可明显改善针织物的歪斜，同时具有较高的顶破强力、良好的透气性和抗起毛起球性能。高支低扭矩纱织制成的机织布具有较好的断裂强力、撕裂强力和耐摩擦性能。

此外，低扭矩纺纱生产技术已经成功应用在棉纺和精梳毛纺细纱机上，未来应更多关注该技术与集聚纺纱、赛络纺纱、索罗纺纱和长丝赛络纺纱等其他新型环锭纺纱技术的结合，引入多样化的纤维原料，开发低扭矩竹节纱、弹性包芯纱、集聚纱等新型原料与结构的纱线品种，丰富低扭矩纱线的品种类别。

第三节　竹节纱纺纱

一、竹节纱纺纱原理与装置

竹节纱是一种新型花式纱线，在长度方向上，与普通纱线相比，具有竹节式粗节，但竹节有一定的要求和标准范围。竹节纱按竹节粗度分为细竹节（粗度是基纱 1.1~2.0 倍）、中竹节（粗度是基纱 2.1~3.0 倍）和粗竹节（粗度是基纱 3.1~4.0 倍）；按竹节长度分为短竹节纱（竹节长度为 2~3cm）、中竹节纱（竹节长度为 3~5cm）、长竹节纱（竹节长度为 5.1~150cm）和超长竹节纱（竹节长度为 150cm 以上）；按竹节间距分为中节距（竹节间距为 5.1~10cm）、长节距（竹节间距为 10.1~100cm）和超长节距（竹节间距为 100cm 以上）。

（一）竹节纱的纺纱原理

竹节纱外观呈现出等节距或不等节距的粗节，其纺纱原理是瞬间改变细纱机前罗拉或中后罗拉速度，从而达到改变牵伸倍数，控制输出纱条的粗细而形成竹节纱。根据成纱过程与外观设计可通过如下方式实现竹节纱生产。

（1）变牵伸型竹节纺纱。即瞬时改变细纱机的牵伸倍数或改变单位时间的粗纱喂入量，达到产生竹节纱的效果，它呈现出等节距或不等节距的粗节状外观。

（2）植入型竹节纺纱。在细纱机的前钳口后面瞬时喂入一小段须条而形成粗节。

（3）纤维型竹节纺纱。利用纺纱原理中短纤维的浮游运动，通过增加喂入纱条中的短纤维含量，使纱条产生条干不匀现象，并结合调整细纱机的工艺参数，便可生产出具有不规律粗细节效应的竹节纱。

（4）涂色型竹节纺纱。利用人的感官视觉效应，分段对普通纱线进行印色，从而产生类似竹节的效应。

（二）竹节纱纺纱装置

竹节纱纺纱装置中的 PLC 电器控制箱是关键部件，用 PLC 输出通、断的状态，来控制电磁离合器的吸合，短竹节一般直接控制前罗拉，长竹节需要再通过离合器来改变中后罗拉速度，从而实现牵伸倍数和单位时间内粗纱喂入量的改变，电磁离合器主要是控制竹节大小及间距的执行机构。竹节纱是在普通的环锭细纱机上增设一套变牵伸装置，通过控制罗拉变速来生产，常见的竹节纱纺纱装置如下。

1. ZJ 型竹节纱纺纱装置

ZJ 型竹节纱纺纱装置采用可控制的前罗拉瞬时停顿或中后罗拉超喂产生与基纱有变异的粗节，形成竹节纱。该装置是由参数显示仪、PLC 电器控制箱和电磁离合器机械控制装置组成，属于开环的电气数字控制系统，竹节的粗细、大小及其间隔无反馈自调系统，竹节的工艺参数主要靠试纺来确定。两副摩擦片式电磁离合器控制前罗拉作瞬时变速运动，起工艺 I 的作用，可纺制 15mm 以下短竹节。另一副单向推力轴承式超越电磁离合器控制后罗拉瞬时变速，起工艺 II 作用，可纺制 15mm 以上长竹节。当工艺 I 和工艺 II 混合使用时，纺制长短、粗细交替的竹节。ZJ 型竹节纱纺纱装置电磁离合器每次吸合—断开—停转—再吸合过程就产生一个竹节。由于细纱机处于连续运转状态，电磁离合器长期工作，吸合断开动作频繁，因此，故障率较高。应答不理想时就会产生不良竹节，甚至无竹节。每次安装电磁离合器时，需重新调整摩擦片的间隙，一般为 0.75~1mm。若间隙调整不当，竹节的粗度、长度与以前不一致，从而影响竹节布的风格；间隙太小，产生细短竹节或无竹节；间隙太大，竹节又过粗、过长。

2. YTC83 型竹节纱纺纱装置

YTC83 型竹节纱纺纱装置用步进电动机单独传动细纱机前罗拉，中、后罗拉运转仍由主机齿轮传动，同时应用数控机床的控制原理，以 PLC 程控器和文本显示器作核心控制单元，完成工艺参数的设计输入，具有操作方便的特点，直接安装在细纱机车头上方，可配置于不同型号的细纱机。根据输入参数规定的频率控制转速、脉冲数控制转角。因此，前罗拉按竹节纱要求变速运行，中、后罗拉由细纱机按基纱后区牵伸（定值）要求的转速传动。步进电动机的转速与脉冲频率成正比，角位移量与脉冲数成正比。给步进电动机输入脉冲数，就得到一个角位移量，转换为细纱机前罗拉输出对应一段纱的长度。在高频率运转状态下，输入的脉冲数对应的是竹节的间距；在低频率运转状态下，输入的脉冲数对应的是竹节的长度。步进电动机最大的优点是连续运转平稳，故障率低。但由于其传动控制方式改变，细纱机在开车和关车时，受运转惯性的作用，前罗拉与中、后罗拉及锭子运转不同步就会产生大量断头。一般开车启动时间设定为 50s 左右，停车延迟时间设定 13s 左右，试车时可进行调整。

二、竹节纱纺纱工艺控制与成纱质量

（一）竹节纱纺纱工艺控制

竹节纱的基本结构参数包括基纱线密度、竹节粗度（粗节倍数）、竹节长度及竹节间距，如图 2-20 所示。竹节的分布分有规律和无规律两种，无规律的竹节呈随机分布，没有固定的节长、节距；有规律的竹节又分节距固定或有规律不等距竹节两种。竹节纱前纺工艺与普通纱相同，主要工艺在细纱工序，工艺控制应重点关注以下几个方面。

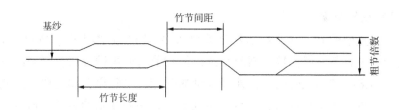

图 2-20　竹节纱纺纱的基本工艺控制参数

1. 竹节纱线密度设计

竹节纱的公称线密度一般以基纱线密度冠名，是指竹节之外正常纱的线密度。竹节纱的综合线密度就是以一定循环内节距和节长在其循环总长度内所占百分比为权数，节距和节长对应线密度的加权平均值。

$$平均线密度 = （基纱长度×基纱线密度+竹节长度×粗节倍数×$$
$$基纱线密度）／（基纱长度+竹节长度）$$

根据竹节长度、节距的大小和竹节段粗细，确定竹节纱的百米重量，但由于竹节部分和节距部分有一粗细过渡态，所以计算重量和实际重量间会有一定的差异，要对样纱做百米重量试验（10 次）取平均值，烘干后折算成百米干重。在生产中，成纱重量偏差按竹节纱平均线密度的百米重量偏差控制。

2. 竹节长度

竹节长度由前罗拉或中、后罗拉变速时间长短与各罗拉速度共同决定。在前罗拉变速情况下，取决于前罗拉速度和瞬时降速时间的乘积；在后罗拉变速情况下，取决于前罗拉速度和后罗拉升速时间的乘积。

3. 竹节间距

竹节间距指每两段竹节间的间隔距离，简称为"节距"。节距决定布面竹节的排列效果、排列密度及规律，直接影响竹节布的风格。节距过大，体现不出竹节布的风格特征，当周期长度为布幅整数倍或约数时，产生竹节周期重合，在布面形成规律性条纹，反而像疵布；节距过小，竹节重叠现象严重，也亦产生"规斑"疵布，且竹节纱生产难度大，一般设计节距大于 2cm，节距的确定与竹节长度的确定方案基本一致。

4. 其他工艺控制

竹节纱周期长度的设定是竹节纱工艺设计中非常重要的参数，因为该参数一方面与竹节布的竹节密度有关，另一方面，若设计不合理，就会产生纬向有规律的竹节布而成为疵布。

竹节纱在加捻过程中竹节处捻回传递受阻，在竹节与基纱接点处形成强捻区，竹节处捻度比基纱捻度小，强力低，故竹节越粗，断头越多。一般竹节纱捻度比正常纱捻度大10%左右。纺竹节纱的前罗拉速度比正常纱的车速低10%~20%。

竹节的密度直接影响竹节布的风格。当竹节较短时，一般密度可大些；竹节长，密度可小些。竹节的密度过小，体现不出竹节布的风格，反而像是疵布；竹节的密度过大，竹节重叠现象严重，同样影响布面风格，一般竹节密度应以1000~4000个/m^2为宜。

（二）竹节纱质量

由于竹节纱特有的风格，其一些质量标准超出了普通棉纱的国家标准范畴，对重量不匀率、单纱强力、单强不匀率、捻度、杂质粒数等指标可以应用现行的检测方法和国家标准的检测方法，对重量偏差、条干均匀度、纱疵不能完全使用现行方法，应按如下方法监控竹节纱的质量。

1. 重量偏差

重量偏差是国家标准中一项重要的质量指标，它不仅关系到企业的用棉和成本，而且关系到能否为用户提供稳定的产品。因此，竹节纱的重量偏差应以竹节纱实际重量与基纱标准重量之比作为检测的手段，即按竹节纱的设计风格来确定竹节纱与基纱的比值，同样控制在±2.5%为宜。

2. 条干均匀度

因竹节纱的粗节是需要保留的结构特征，故不适宜采用乌斯特条干仪进行监测，但对条干的风格还是有一定要求的。黑板条干能直观地显现竹节纱的布面风格，因此竹节纱的条干均匀度以黑板条干为检测依据，按竹节的设计风格确定黑板样照作为评定条干均匀度的标准。

3. 纱疵

竹节纱不宜做乌斯特十万米纱疵检验，检验纱疵的工作以反打筒子内观疵点为主，以每100g纱线出现的纱疵数量为依据来检验纱线的质量。根据竹节纱的风格，合理地设定电子清纱器的工艺，控制有害纱疵，保证织造的生产效率及质量。

三、竹节纱特点与产品开发

（一）竹节纱特点

竹节纱显著的特征是呈现粗细分布不均匀或有规律粗细不匀的外观特征，用竹节纱加工的织物不仅具有独特的立体花式效果，布面呈现出无规律竹节波纹，有明显的凹凸立体感和醒目的颗粒状，质地风格挺括且柔软，风格独特，灵活多样，而且悬垂性极佳，透气性好，加上竹节纱长度、细度、粗度和间距不一的不规则分布，使竹节纱织物丰富多彩，倍受市场青睐，极大地提高了纱线产品附加值。

（二）竹节纱产品开发

竹节纱可用于机织物与针织物开发，适用于轻薄的夏季织物和厚重的冬季织物；也可用于装饰织物开发，呈现花型突出，风格别致，立体感强的效果。竹节纱产品开发主要从以下几个方面展开。

（1）充分利用竹节纱竹节部分的长短不同、粗细不同、节距不同，开发适应不同应用类别的竹节纱品种，具体要求如下。

①机织生产时，竹节纱的竹节不能太粗，因为用作纬纱时，竹节的捻度小，强力低，喷气织机气流引纬时易吹断纬纱，有梭织机易堵塞梭眼，造成断头；用作经纱时，整经机和浆

纱机的伸缩筘，织布机的停经片、综丝、钢筘等部件易阻断竹节纱。用纬向竹节布做服装时，竹节不能太长，否则横向视觉加强，影响穿着美感。

②仿制宫绸风格的竹节布，要求竹节纱的竹节颗粒饱满、粗犷，竹节的粗度可略粗。

③用作装饰台布等时，为了突出凹凸立体感风格，竹节的粗度可偏粗掌握；用作窗帘布时，要求有较密集而细长的竹节，这样从室内透光部分看去，具有水纹样的飘逸感。

（2）充分利用原料与竹节纱的结构特点，开发风格独特的竹节纱产品，具体思路如下。

①采用不同原料加工的竹节纱，风格差异很大，通过不同原料的组合加工的竹节纱，织造的竹节布具有不同的风格。如采用普通棉、涤纶等纺制的竹节纱，竹节比较明显，而采用异形纤维如阳离子涤纶、强光涤纶、黏胶纤维等形成的竹节较细，然后与普通纱加捻成线，可织制高档面料。

②竹节部分较基纱粗，且捻度较少，纤维之间的抱合力和摩擦力小，纤维比较松散，染色时竹节纱的粗段与细段对染料的吸收能力和程度不一致，染色效果也会有区别，再结合竹节的长短不同，在布面会形成雨点或雨丝等风格。

（3）将竹节纱纺纱技术与其他环锭纺纱、喷气纺纱、摩擦纺纱、转杯纺纱等技术组合，实现差别化结构的竹节纱开发，如利用 AB 纱的结构，开发 AB 竹节纱；将包芯纱纺纱技术与竹节纱纺纱技术两者结合起来开发包芯竹节纱；利用转杯纺纱技术开发转杯纺竹节纱等。

第四节　包芯纱纺纱

一、包芯纱纺纱原理与装置

包芯纱是指由芯纱和鞘纱组合而成的一种复合纱，一般以长丝为芯纱，短纤为外包纤维（鞘纱）。包芯纱通常在改装的环锭细纱机上纺制而得，分积极喂入型和消极喂入型两种包芯纱纺纱装置，如图 2-21 所示。

（1）积极喂入型包芯纱纺纱装置。芯纱丝筒由一对喂入罗拉摩擦传动喂入，前罗拉与喂入罗拉之间施加一定的牵伸倍数，为确保芯丝的稳定喂入，需加装长丝导纱张力控制器控制导纱张力。积极喂入型喂入罗拉应采用重量轻、与长丝摩擦系数较大且耐磨的材料如铝合金等制成，以减少传动滑溜；前罗拉上方的导丝轮可调整长丝在须条中的位置，确保长丝加捻时被固定在须条正中间。该类包芯纱纺纱装置适用于氨纶等弹性长丝的喂入。

（2）消极喂入型包芯纱纺纱装置。芯丝直接从芯纱丝筒头端引出，不需要设置传动喂入装置，这是与积极喂入型包芯纱纺纱装置的最大区别，该装置结构简单，适用于涤纶、金属丝等刚性长丝的喂入。

二、包芯纱纺纱工艺控制与成纱质量

（一）包芯纱纺纱工艺控制

1. 芯丝位置

为确保芯丝始终位于前罗拉输出须条中间，防止芯纱外露，需要重点关注前罗拉上方导

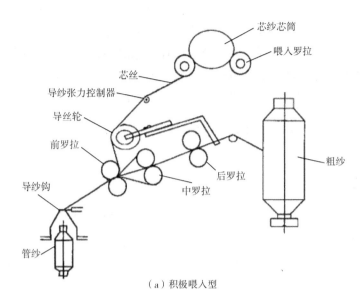

（a）积极喂入型

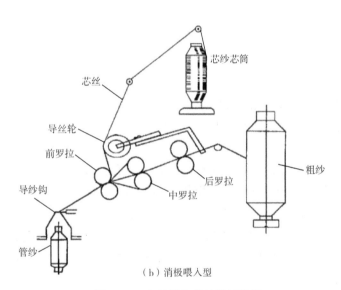

（b）消极喂入型

图 2-21　环锭纺包芯纱纺纱装置

丝轮的位置，但由于加捻捻向的影响，纺 Z 捻包芯纱时芯丝应在须条中心偏左，纺 S 捻包芯纱时芯丝应在须条中心偏右。如果芯丝"偏位"，会影响纱线染色性能，细纱工序有条件时可采用赛络纺以避免产生"偏位纱"，消除包覆不良对产品风格的影响。

2. 芯纱张力与预牵伸倍数

对刚性长丝喂入型包芯纱而言，要求芯纱张力恒定且大小适中。芯丝张力过小，在前钳口处纤维的向心压力会使芯丝移动位置，无法使芯丝处于纱芯位置而影响包覆质量；但张力过大，进入前罗拉的芯丝会出现打顿问题，使短纤须条屈曲而形成疵点，且会使胶辊的寿命缩短。一般情况下，长丝的张力略大于须条的牵伸张力。

对弹性长丝喂入型包芯纱而言，存在预牵伸倍数，实际生产中根据芯纱密度、纱线强力和弹性需求而定，一般为 2.5~4 倍，见表 2-5。预牵伸倍数的高低会影响包芯纱的强度、缩率、弹性等指标。采用 4.44tex 氨纶为芯纱制备 38.46tex 包芯纱，氨纶长丝预牵伸倍数对包芯纱的性能影响见表 2-6。随着预牵伸倍数的增加，包芯纱线密度轻微降低，对应的包芯纱弹性芯纱的质量下降，但包芯纱的断裂强力、断裂伸长、断裂强度随之增加，且增加趋势显著，而蠕变伸长呈现先增加后减小的趋势，但变化幅度较小。

表 2-5　弹性包芯纱芯纱预牵伸倍数选用参考

芯纱线密度（dtex）	2.2	4.4	7.8	15.6
芯纱预牵伸倍数	2.5~3	3~3.5	3.5~4	4~4.5

表 2-6　氨纶预牵伸倍数改变对包芯纱质量的影响

预牵伸倍数	实际线密度（tex）	包芯纱中弹性芯纱的质量分数（%）	断裂强力（cN）	断裂伸长（mm）	断裂强度（cN/tex）	蠕变伸长（mm）
2.94	26.15	6.14	259.70	29.85	15.58	3.48
3.18	25.95	5.68	265.32	30.31	15.92	3.69
3.47	25.85	5.20	303.89	35.77	18.23	3.57

3. 芯鞘混纺比

芯鞘混纺比是指芯纱与鞘纱的质量比值。芯鞘混纺比若偏高，鞘纱无法很好地包覆芯纱，易出现芯纱外露，达不到两者性能叠加的效果；芯鞘混纺比若偏低，则鞘纱包覆过多，使芯纱在包芯纱中位置不稳定，同样不利于增强纱线性能。

4. 捻系数

一般而言，刚性包芯纱的捻系数较普通纱大 10% 左右，常用捻系数为 350~400；弹性包芯纱的捻系数较普通纱大 10%~20%，常用捻系数为 380~440。在一定范围内，纱线强力、毛羽量等性能随着捻系数的增加而增加；但捻系数超过一定限度，强力在纵向上的分力降低，纤维间挤压程度变大产生毛羽，会使纱线的各项性能指标降低。棉型包芯纱若捻系数偏低，则鞘纱与芯纱结合松弛，强力偏低，且易产生露白纱；若捻系数过高，容易产生缺芯纱，在织造时易产生纬缩和纬斜等疵点。

5. 钢丝圈的选择

一般长丝热熔性差，在钢丝圈的运行中易形成热损坏而使长丝断裂和磨损，运行过程中也要防止通道与磨损处形成交叉而损失长丝，故应选择通道比较宽畅的钢丝圈。钢丝圈的更换周期可适当减短，刚性包芯纱推荐采用扁平形或半圆形截面钢丝圈，型号比传统纱线加重 1~2 号；弹性包芯纱推荐采用半圆形截面钢丝圈，型号比传统纱线减轻 1~2 号。

（二）包芯纱质量

包芯纱是具有芯鞘结构的复合纱，芯纱外露、断芯、缺芯都是不允许的，同时质量控制时，对鞘纱包覆芯纱的均匀性、包覆率也格外关注。包芯纱常见的疵点及其产生原因、对后道影响以及防治措施见表 2-7。

表 2-7 包芯纱常见疵点及防治措施

纱疵名称	主要产生原因	对后道工序的影响	防治措施
芯纱外漏	外包纤维条干不匀，芯纱线密度过大，芯纱不在包覆纱中心	产生染色不良	改善粗纱条干均匀度，控制芯纱线密度，调整长丝导纱器定位
断芯纱	氨纶牵伸倍数过大，通道有毛刺，钢丝圈不良，造成芯纱损伤	造成后道工序断头，形成布面疵点	控制预牵伸倍数，优选钢丝圈型号
缺芯纱	芯纱喂入断头，接头不良	造成后道工序断头，形成布面疵点	加强操作管理，人工接头时长丝要接上
裙子皱	使用不同性质的原料，包芯纱混批	织物产生缩率差异，形成裙子皱	加强原料和成品管理，防止混批

三、包芯纱特点与产品开发

包芯纱由芯纱和鞘纱复合而成，芯纱多为长丝，相对短纤维，具有条干均匀、强度高、伸长和弹性好等优点，作为包芯纱的骨干材料，可充分发挥成纱强力高、弹性好及特殊长丝功能等特点；短纤维作为包缠纤维，可充分发挥短纤维的功能和表观效应。因此，包芯纱可充分发挥芯纱和鞘纱的原料优势，弥补各自不足，扬长避短，优化成纱结构。包芯纱按产品用途，可分为花式包芯纱、缝纫用包芯纱、烂花布用包芯纱、弹性织物包芯纱、功能性织物包芯纱、高性能织物包芯纱；按芯纱长丝弹性，可分为刚性包芯纱和弹性包芯纱；按鞘纱纤维，可分为棉包氨、棉包锦等包芯纱；按采用的纺纱设备，可分为普通环锭纺包芯纱、赛络纺包芯纱、转杯纺包芯纱、喷气涡流纺包芯纱等。产品开发中通过对芯纱、鞘纱以及纺纱方式选择，实现众多产品开发，见表 2-8。

表 2-8 常见包芯纱产品一览表

名称	外包短纤维	芯纱（长丝）	产品特点
弹性包芯纱	棉、毛、丝、麻、黏纤莫代尔、天丝等	氨纶为主	生产弹性织物，具有舒适、合身透气、吸湿、美观等特点，广泛用于牛仔布、灯芯绒及针织产品。用于内外服装、泳装、运动服、袜子、手套、宽紧带、医用绷带等
高端包芯缝纫线	纯棉或涤纶	高强、高模量低伸纤维	高强度、高耐磨、低收缩，适用高速缝纫。棉包芯纱可防静电及热熔
烂花包芯纱	棉、黏纤	涤纶、丙纶	经特殊印花工艺，除去短纤后布面呈半透明、立体感花纹，广泛用于装饰布，如窗帘、台布、床罩等
新型纤维包芯纱	竹浆纤维、彩棉、色化纤	涤纶为主	充分发挥新型纤维表观视觉效果及手感柔软、吸湿、排湿等优异性能

续表

名称	外包短纤维	芯纱（长丝）	产品特点
中空包芯纱	棉、黏纤	水溶性纤维	维纶经后加工低温溶解长丝后成中空纱，具有蓬松、柔软、富有弹性、优良的吸湿吸水性和保暖性的特殊效果
抗菌、防臭包芯纱	抗菌防臭功能性纤维	涤纶等	抗菌、防臭，用于制作内衣、袜子及其他卫生用品
紫外线、电磁波屏蔽包芯纱	纯棉、黏纤	相应功能性长丝	能屏蔽紫外线、电磁波
远红外包芯纱	纯棉等	远红外功能长丝	能发射远红外光谱，具有保健功能
长丝赛络包芯纱	纯棉为主	氨纶或一般长丝	包覆更均匀、毛羽少、弹性更优良

第五节　赛络纺纱

一、赛络纺纱原理与装置

赛络纺纱（Sirospun）早在20世纪70年代由澳大利亚联邦科学与工业研究组织（CSIRO）发明。赛络纺纱是将两根粗纱以一定间距平行喂入细纱机的牵伸机构，牵伸后从前罗拉输出，而后在前罗拉下方某处汇合，形成一个"三角区"（图2-22），同时在锭子和钢丝圈高速回转下，首先给输出纱线施加捻度，然后纱线获得加捻后自下而上传递捻度，使输出的两根单纱须条上带有一定的捻度，然后两根须条再并合加捻，汇聚点上方的两根单纱须条的捻向和下方股线的捻向相同，形成类似于股线结构的纱线，最后卷绕在筒管上。从成纱过程看，赛络纺纱又称并捻纺纱或AB纱技术。

图2-22给出了赛络纺纱装置的结构示意图，与传统环锭纺纱设备相比，最显著的区别在于：粗纱架的吊锭容量加大，吊锭增加一倍；原有的喂入导纱器和各集合器均为双口（即双口中央集合器，如图2-23所示），双口中央集合器加装在后罗拉与胶圈

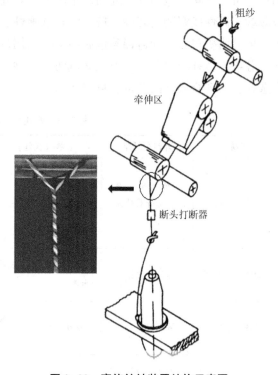

图2-22　赛络纺纱装置结构示意图

之间；为防止一根粗纱断头以后而细纱不断头，在前罗拉和导纱钩之间加装断头打断器，以免造成错支现象，影响纱线质量。目前使用的打断器有机械式和电子式两种。

图2-23 赛络纺纱装置的双口中央集合器

二、赛络纺纱工艺控制与成纱质量

（一）粗纱工艺

赛络纺细纱工艺过程与传统环锭纺存在差异，采用双粗纱喂入，故粗纱工艺相应做出调整。粗纱纺制过程既要避免同一纱管位置上的两根粗纱以相同位置喂入，又要避免相距过大或交叉的情形。粗纱设计时，应采用轻定量，减轻细纱的牵伸负荷与牵伸倍数，缓解因高倍牵伸带来的纱线条干恶化与成纱质量下降；同时采用偏大的粗纱捻系数，原因在于粗纱捻系数大小与牵伸力大小呈正相关，过小的粗纱捻系数易导致牵伸过程中纱条内部发生局部分裂，使捻回重分布现象增加；同时粗纱捻系数大，纤维间残存的捻度大，增加了纤维间的附加摩擦力界强度，加强对牵伸区中浮游纤维的控制，且纤维捻度损失小，有利于提高纤维的有序排列与输出须条的紧密度，进一步增强纱线对表面纤维的圈结能力，最终使成纱质量得到改善。粗纱捻系数对赛络纱质量的影响规律见表2-9。

表2-9 粗纱捻系数与赛络纱质量的关系

成纱质量指标		粗纱捻系数		
		90	100	110
条干CV值（%）		31.2	30.6	29.8
断裂强力（cN）		402.7	533.0	595.7
断裂伸长率（%）		9.83	10.10	10.30
毛羽指数（根/10m）	1mm	321.4	300.6	266.6
	2mm	94.0	99.4	73.8
	3mm	36.2	33.8	22.4
−50%细节（个/km）		1535	1501	1435
+50%粗节（个/km）		2955	3002	3055
+200%棉节（个/km）		3125	3103	3002

注 23.6tex 亚麻/涤纶赛络纱，总牵伸倍数25.1，后区牵伸倍数1.35。

（二）细纱工艺

细纱工艺，如粗纱喂入方式、粗纱间距、牵伸倍数配置、锭速、纺纱张力、细纱捻系数等，设置是否合理，对赛络纺成纱质量将产生较大影响。常见的几个工艺参数设置对赛络纱质量的影响如下。

1. 粗纱喂入方式

赛络纺粗纱喂入方式的改变将使喂入粗纱须条的位置状态发生改变，从而影响粗纱间距，然后对牵伸过程、加捻过程产生影响，进而影响成纱质量。图2-24给出了不同的粗纱喂入方

(a)双喇叭口　　　(b)双喇叭口　　　(c)单喇叭口
重叠喂入　　　　平行喂入　　　　平行喂入

图 2-24　粗纱喂入方式

式，对应的赛络纱质量见表 2-10。与双喇叭口平行喂入相比，当两根粗纱须条重叠喂入牵伸区时，纱线强力、成纱条干不匀、成纱毛羽等质量指标均有所恶化，同时会导致加捻后纹路不清晰，合股效果不明显，原因在于牵伸区的两根须条相互缠绕或交叉，重叠成一根须条，增加了牵伸负荷，导致存在牵伸不匀的情形，且失去了赛络纺两根须条的并合作用。与双喇叭口平行喂入相比，单喇叭口平行喂入对纱线强力和条干的影响相对较小，但毛羽数量、粗节指标有所恶化，原因在于两须条平行喂入同一个喇叭口，使两须条间距较小，并合作用减弱。

表 2-10　粗纱喂入方式与赛络纱质量的关系

成纱质量指标		喂入方式		
		双喇叭口平行喂入	双喇叭口重叠喂入	单喇叭口平行喂入
条干 CV 值（%）		12.04	12.89	11.90
断裂强力（cN）		509.9	483.1	508.3
断裂伸长率（%）		11.4	11.3	11.1
毛羽指数（根/10m）	1mm	565.60	829.06	659.00
	2mm	67.40	119.96	72.00
	3mm	9.83	17.90	10
毛羽 H 值		1.62	2.42	1.87
−50%细节（个/km）		5	5	0
+50%粗节（个/km）		5	5	15
+200%棉节（个/km）		10.0	12.5	17.5

注　14tex 纯涤缝纫线品种，捻系数 355，捻度 950.5 捻/10cm，赛络纺喇叭口间距 3.5mm，锭子速度 17500r/min。

2. 粗纱间距

粗纱间距影响汇聚点到输出钳口的距离，故对前钳口到汇聚点的纱条受力与并合作用产生影响，最终影响成纱质量。表 2-11 给出了粗纱间距与赛络纱质量和断头率的关系，总体上看，随着粗纱间距的增加，纱线断裂强力、断裂伸长率下降，条干不匀、粗细节和断头率增加，原因在于随着粗纱间距的增加，粗纱须条的输出钳口到粗纱汇聚点间的弱捻纱条的长度增加，粗纱须条的动态强力较低、粗纱须条中单纤维的联系力减弱，在纺纱张力作用下，粗纱须条易被意外拉伸，造成纤维间滑脱；此外，两根粗纱须条从钳口输出与汇聚点形成的三角高度随粗纱间距增加而增加，也使加捻点的捻度平衡波动加剧，增加纱线的捻度不匀与条干不匀。随着粗纱间距的增加，赛络纱的毛羽先减少后增加，毛羽减少的原因在于粗纱间距适当增加，使前钳口到汇聚点的纱条长度增加，向单根粗纱须条上传的捻度有利于须条表面纤维的圈结，同时加强了并合效益，进一步使毛羽下降，毛羽增加的原因与其他纱线指标恶化的原因一致。

表 2-11　粗纱间距与赛络纱质量的关系

成纱质量指标	粗纱间距（mm）					
	2	4	6	8	10	12
条干 CV 值（%）	13.98	13.8	14.38	14.78	14.72	15.07
断裂强力（cN）	217.5	206.2	198.85	190.05	180.72	179.42
断裂伸长率（%）	8.19	8.01	7.84	7.46	7.27	7.18
2mm 毛羽（根/10m）	159	147	142	146	148	169
3mm 毛羽（根/10m）	37	30	29	34	38	56
−50%细节（个/km）	4	3	6	8	10	12
+50%粗节（个/km）	10	15	14	25	31	45
+200%棉节（个/km）	30	36	40	43	57	60
断头率［根/（千锭·h）］	4	7	9	10	12	17

注　18.5tex T/R50/50 复合纱，锭子速度 13000r/min。

3. 细纱牵伸倍数配置

细纱总牵伸倍数及后区牵伸倍数变化将影响赛络纱的质量，分别见表 2-12 和表 2-13。由表 2-12 可知：随着细纱总牵伸倍数的增加，赛络纱的条干 CV 值先减小后增大，断裂强力先增大后降低，原因在于选用偏小的细纱牵伸倍数，可使粗纱在牵伸过程中的扩散程度减小，须条的宽度较窄，增加了单根须条的紧密度，相应增加了赛络纱的紧密度，从而提高了纱条抵抗局部拉伸的能力，也提高了对单纱的强力利用；但过低的细纱牵伸倍数，意味着单纱定量过小，牵伸过程将加大单根须条的牵伸不匀，反而对成纱质量不利。由表 2-13可知：赛络纱质量随细纱后区牵伸倍数增加先改善后恶化，原因在于后区牵伸倍数过小，将加大对前区的牵伸负荷；而过大将加大后区的牵伸负荷，因此加大了须条的附加牵伸不均，因此易造成纺纱过程汇聚点上方须条受到局部拉伸，影响汇聚点的稳定性，最终影响成纱质量。

表 2-12　细纱总牵伸倍数与赛络纱质量的关系

成纱质量指标	细纱总牵伸倍数				
	38.6	35.2	33.2	31	27.2
条干 CV 值（%）	15.8	14.6	14.0	13.8	14.4
断裂强力（cN）	204.2	208.6	209.8	211.4	198.98

注　19.7tex R/C 50/50 赛络纱线。

表 2-13　细纱后区牵伸倍数与赛络纱质量的关系

成纱质量指标		细纱后区牵伸倍数		
		1.15	1.35	1.55
条干 CV 值（%）		31.8	29.8	31.5
断裂强力（cN）		587.3	595.7	534.1
断裂伸长率（%）		9.87	10.30	9.12
毛羽指数 （根/10m）	1mm	275.1	266.6	265.1
	2mm	75.6	73.8	74.1
	3mm	24.1	22.4	23.1
−50%细节（个/km）		1540	1435	1598
+50%粗节（个/km）		3125	3055	3156
+200%棉节（个/km）		3045	3002	3108

注　23.6tex 亚麻/涤纶赛络纱线，总牵伸倍数 25.1，粗纱捻系数 110。

三、赛络纱特点与产品开发

（一）赛络纱特点

赛络纱退捻前后对比如图 2-25 所示。赛络纱界面呈圆形，外观似纱但结构上呈双股，比较紧密，毛羽少，外观较光洁，具有股线的优点，可实现以纱代线。赛络纱与环锭纱的结构外观对比如图 2-26 所示，纱线质量对比见表 2-14。与环锭纱相比，赛络纱在断裂强力、断裂伸长、条干不匀、毛羽等指标方面均有改善。简

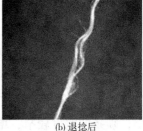

(a) 退捻前　　　　　　　　(b) 退捻后

图 2-25　赛络纱退捻前后对比

而言之，赛络纱具有较大伸展性，毛羽少，表面光滑，结构紧密，光泽强，耐磨性好等优点，尤其加工的织物具有外观光洁，抗起毛起球性好，手感滑爽柔软，富有弹性和透气性，广泛用于高档轻薄面料开发。

(a) 赛络纱　　　　　　　　　　(b) 环锭纱

图 2-26　赛络纱与环锭纱结构外观对比

表 2-14 赛络纱与环锭纱的质量对比

品种	质量指标						
	条干 CV 值（%）	单纱强度（cN/ tex）	断裂伸长率（%）	3mm 毛羽数（根/10m）	粗细节、棉结数（个/km）		
					细节	粗节	棉节
环锭纱	12.8	235.2	5.02	52	1.75	16	35
赛络纱	12.78	258	6.4	24.5	4	28	38

注 品种为 CJ 14.6tex。

（二）赛络纱产品开发

针对赛络纺纱特点，可以生产出不同结构、不同原料、丰富多彩的赛络纱。如将赛络纺与集聚纺相结合，可利用两种纺纱技术的优点，开发出条干 CV 值、粗节、细节指标非常好、单纱强力高、结构紧密、耐磨性好、毛羽更少、3mm 以上有害毛羽极少且光洁的纱线，用于高档质感面料的开发；利用强捻赛络纱线开发出的低线密度轻薄织物可以用以缝制春夏季男女服装和衬衫，具有轻、薄、爽的风格；采用具有花式效果的赛络纱线织制的织物可呈现不同的显色效果，具有丰满活泼、立体感强等风格；此外，还可利用赛络纱线比一般股线细、光洁、结实的优点，用于缝纫线等特殊品种的开发。

第六节 长丝赛络纺纱

一、长丝赛络纺纱原理与装置

长丝赛络纺纱技术也称为赛络菲尔纺纱（Sirofil），是在赛络纺纱技术的基础上经过改造后发展起来的一种新型纺纱技术。长丝赛络纺纱技术采用一根粗纱须条从后罗拉喂入，经过细纱机牵伸单元后，与另一根从前罗拉喂入、不经牵伸区的长丝在前罗拉输出后汇合，且要求长丝与粗纱须条保持一定距离平行喂入细纱机前钳口，确保前罗拉钳口输出的粗纱须条与长丝、汇合点形成"三角区"，后在锭子与钢丝圈的旋转带动下，对汇合的两种组分进行加捻成纱。图 2-27 给出了长丝赛络纺纱系统的机构简图，与赛络纺纱的显著区别在于：利用一根长丝替代了一根粗纱喂入，且长丝从前罗拉喂入，避开牵伸区对长丝的牵伸；与包芯纱装置的显著区别在于：长丝与粗纱的喂入间距不为零。

长丝赛络纺纱由于长丝的加入，提高了原料的可纺性，细纱断头率明显降低，有利于细纱和络筒车速的提高，从而降低生产成本；此外，省去了传统的短纤维纱与长丝并捻产品开

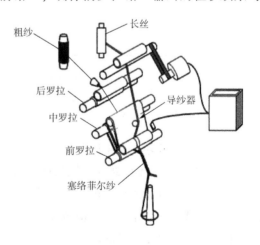

图 2-27 长丝赛络纺纱系统机构简图

发所需的并线和倍捻两道工序，提高了生产效率。

二、长丝赛络纺纱工艺控制与成纱质量

（一）长丝赛络纺细纱工艺

随着捻系数的增加，纱线毛羽不是一直减少，在较高捻系数时，纱线的毛羽反而增加。这是因为当捻系数超过一定范围时，长丝赛络纺纱过程中，从股线传递到汇聚点以上单纱的捻度增加，使得对从前罗拉输出的须条边缘纤维的控制减弱，边缘纤维头端容易露出纱身形成毛羽。捻系数的增大，可使纤维较好地被紧密结合于纱中，不易滑脱，成纱强力增加；但捻系数继续增大，成纱强力反而降低（与普通环锭纺相似），因此，捻系数不能太大。须条间距较小时，长丝赛络纱强力较高，这表明在较小间距时，同一牵伸系统中两根须条牵伸波的叠合效应有利于改善纱线条干均匀度，从而降低纱线弱环数，使强力增加。随着须条间距的增大，纱线毛羽逐渐减少。这是因为当须条间距增大时，单纱夹角和单纱长度增加，加捻过程中，汇聚点处更容易捕捉表面纤维；另外，增大须条间距，使单股纱捻度增加，毛羽数减少。因此，表面毛羽随着须条间距的增加而减少。此外，长丝的张力、钢丝圈重量均影响长丝赛络纱的性能。长丝张力对断裂强度、毛粒、粗节的影响显著；而钢丝圈的重量增加，对纱线毛羽的数量减少产生积极影响，但钢丝圈重量过重，导致纺纱张力过大，纱线断头率增加。

表 2-15　不同细纱工艺下的长丝赛络纱质量

细纱工艺		成纱质量指标		
捻系数	须条与长丝间距	条干 CV 值（%）	断裂强度（cN/Tex）	3mm 毛羽数（根/10m）
400	4	8.82	15.7	2.42
	7	10.07	14.8	2.35
	10	10.48	14.6	1.89
360	4	9.54	15.5	2.11
	7	10.1	14.1	1.2
	10	10.1	13.9	0.8
320	4	9.53	15	2.33
	7	10.3	13.2	1.27
	10	10.35	13.2	0.9

注　23tex 涤/棉长丝赛络纱，其中涤纶长丝为 90 旦。

（二）长丝赛络纺纱稳定性分析

图 2-28 所示为不同纺纱系统加捻区比较，对于传统环锭纺纱，由一根短纤维须条加捻成纱；对于赛络纺纱，采用两根短纤维须条加捻成纱，两根须条的质量、模量和转动惯量均相同；但长丝赛络纺纱中，由一根短纤维须条和一根长丝加捻成纱，且须条和长丝的质量、模量和转动惯量是完全不同的。因此，长丝赛络纺纱在对须条和长丝同时加捻过程中存在不稳定、不平衡的现象。这将引起以下两种现象。

（1）断续包芯现象。长丝在一定的预加张力下，扭矩几乎与预加张力成正比，扭矩有可能大于无预加张力的短纤维须条，即长丝产生加捻滞后，而短纤维纱扭转角大，即加捻程度大，短纤维回转较多，产生局部短纤纱包缠长丝的现象，这一现象即称为长丝赛络纺断续包芯现象。

（2）剥毛现象。长丝赛络纱属包缠纱，由于长丝与短纤维纱的扭转刚度不一样，加捻过程中，须条和长丝运动不均匀，使复合成形点不稳定，导

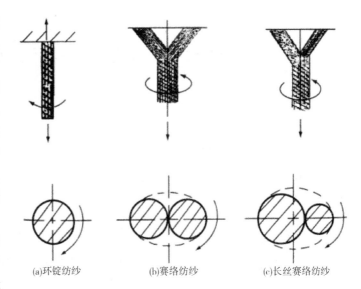

(a)环锭纺纱　　　(b)赛络纺纱　　　(c)长丝赛络纺纱

图2-28 不同纺纱系统加捻区比较

致复合不均匀，纱线长度方向存在松紧断续纱线部分，在后道加工及服用过程的摩擦作用下，长丝和短纤维须条容易分离，造成短纤维从纱体中分离的现象，这一现象称为长丝赛络纱剥毛现象。

为改善长丝赛络纺成纱过程不稳定现象，提高长丝赛络纱结构稳定性和纱线耐磨性，可采用安装张力补偿装置来平衡长丝与短纤维须条间张力差异，以使两者成纱过程中的拉伸变形和扭转刚度趋于接近，从而消除成纱过程不稳定现象。张力补偿装置安装在成形三角区复合成形点下方纱段。张力补偿装置，可使长丝赛络纺纱V形区内短纤维须条牵伸程度变大，须条捻度增加，纤维在纱体中内外转移比较充分，从而使纱线强力增大、毛羽减少且条干改善。

三、长丝赛络纱特点与产品开发

长丝赛络纺纱长丝与短纤维纱形成相互缠绕结构，同时因短纤维须条与长丝抗弯刚度和抗扭刚度不同，造成两者在成纱结构中位置分布有差异，长丝呈螺旋状包覆在短纤维须条外；短纤维纱和长丝都暴露在纱的表面上，有利于同时发挥两种原料的性能。再者，由于短纤维外面包覆了一根长丝，使纱线表面的毛羽有所减少，纱的条干、纱疵情况与单纱相比也有明显改善。另外，由于长丝的增强作用，使纱的强力、伸长有较大幅度提高。

由于长丝的嵌入，长丝赛络纱的成纱与织物具有独特的风格特征，如开发的织物具有抗皱性好、产品风格挺括的优点，广泛应用于毛纺、棉纺等领域。产品开发中，应适当控制长丝的预加张力，合理选择临界捻系数、长丝与粗纱须条间距等工艺参数，开发结构稳定、品质高的长丝赛络纱；充分利用长丝赛络纺纱的特点，通过优选长丝与短纤维组合，减少纱线形成过程中的不稳定现象，开发结构稳定、条干均匀度好的纱线，如锦纶/毛长丝赛络纱与锦/棉长丝赛络纱；应用于毛纺粗纺与精纺行业，可实现用粗支羊毛生产较高支数纱线，开发低线密度轻薄产品。

第七节　环锭纺纱其他新技术

一、嵌入纺纱

（一）嵌入纺纱原理与装置

嵌入纺纱是在赛络纺纱、长丝赛络纺纱、纺包芯纱、纺包缠纱技术基础上发展而来，是充分利用长丝与短纤维须条形成的三角区平台，实现长丝对纤维须条的保护增强，短纤维须条在三角区实现良好的嵌入和有效纺纱的一种新型环锭纺纱技术。嵌入纺可改善短纤维须条，有效降低细纱机稳定纺纱所需的纤维强度、长度以及纱线截面所含纤维根数。

嵌入纺纱系统原理如图2-29所示，第1代嵌入纺纱系统中，2根长丝F对称地位于内侧，2束短纤维须条S对称地位于外侧，该系统能够实现对纤维须条的增强作用，但只是部分增强，对于刚出前罗拉钳口的纤维须条没有增强作用；第2代嵌入纺纱系统中，当长丝分别移到与2束短纤维须条重合时，被长丝增强的纱条部位长度达到最大值，类似短纤维包芯长丝纺纱，短纤维更易位于纱线的表层，长丝对纱线毛羽改善不大；第3代嵌入纺纱系统中，当长丝F分别移到短纤维须条S外侧时，长丝不仅能包缠增强纱条，还能因长丝分布在外围有效地分担大部分纺纱张力，有效改善短纤维须条上承受的纺纱张力状况，对刚出前罗拉钳口的纱条进行保护。第2代嵌入纺长丝与短纤维须条间并未形成三角区，可以看成是赛络纺和包芯纺纱技术的结合，严格意义上无法称为真正意义的嵌入纺纱。嵌入纺纱设备只需在传统环锭纺纱设备上加装2个长丝喂入装置和2个粗纱喂入装置即可，同时根据产品开发需要，做好长丝和短纤维粗纱的喂入定位。

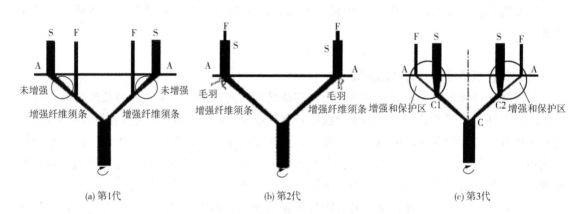

(a) 第1代　　　　　　　　　(b) 第2代　　　　　　　　　(c) 第3代

图2-29　嵌入纺纱系统原理示意图

（二）嵌入纺纱工艺控制与成纱质量

在嵌入纺纱技术中，粗纱间距、长丝与粗纱间距以及捻系数不仅影响纱线成纱质量，而且影响最终的成纱形态，因此做好工艺优化至关重要，另外在纺纱过程中还应做好对长丝喂入张力的控制，防止长丝缠绕。

1. 输出间距

输出间距包括长丝与长丝间距、粗纱与长丝间距及纱纺中心点偏移距离等。本例中，粗纱为黑色毛粗纱，线密度 0.296g/m；长丝为白色涤纶长丝，线密度 50dtex。长丝预加张力 2cN，牵伸倍数 50 倍，锭子转速 7257r/min，捻度 436 捻/m，设计嵌入式复合纺纱线密度为 58tex，长丝与长丝间距分别为 20mm、16mm、12mm、8mm，粗纱与长丝间距分别为 2mm、4mm、6mm、8mm，纺纱中心点偏移距离分别为 -4mm、-2mm、0、2mm、4mm。研究表明：随着长丝与长丝间距的增加，成纱的断裂强力和断裂伸长率总体上呈现先减小后增加的趋势，而成纱条干 CV 值呈先增大后减小的趋势；随着长丝与粗纱间距的增加，成纱的断裂强力和条干 CV 值均呈现先减小后增加的趋势，但断裂伸长率呈逐渐下降的趋势；随纺纱中心偏移距离增加，成纱的断裂强力先减小后增加，断裂伸长呈逐渐增加的趋势，但成纱条干 CV 值存在波动。造成上述变化的原因在于：输出间距的改变对长丝与粗纱须条形成的 V 形区形状和单纱受力产生影响。

2. 捻系数

采用涤纶长丝和棉粗纱为原料，利用第 1 代嵌入式纺纱技术纺制不同捻系数的棉/涤纶长丝复合纱，捻系数变化对嵌入纺纱的强伸性能影响规律见表 2-16。嵌入纺纱的断裂强度与断裂伸长率随捻系数的增加均呈先增大后减小的趋势，原因在于：在一定范围内，当捻系数增加，向上传递的捻回越多，前罗拉处的边缘纤维受到了更好的控制，预加捻的须条在较强的捻度下，结构更紧密；与长丝再次加捻后，单位长度上的缠绕次数增加，更多的纤维端被相邻的纱条捕捉，增加了纤维间的摩擦力和抱合力，从而增加了纱线的强伸性能；但捻度到达某一数值后，增加了纱线纤维的预应力，减少了纤维强度的轴向分力，纱线的强度反而有所下降。

表 2-16 不同捻系数下嵌入纺复合纱的强伸性能

纱线强伸性能	捻系数				
	362	376	392	419	436
断裂强力（cN）	571.6	597	679	588	551
断裂强度（cN/tex）	14.28	14.92	16.97	14.69	13.77
断裂伸长率（%）	7.6	8.16	7.84	7.84	7.72

3. 长丝含量

本例中，毛粗纱定量 3.2g/10m，涤纶为 4.44tex 长丝。改变嵌入纺纱的线密度，使复合纱中的长丝含量发生变化。涤纶长丝张力为 1.47cN，锭子转速为 7236r/min，复合纱设计捻系数为 360。不同长丝含量下嵌入纺复合纱的性能见表 2-17，随着毛/涤嵌入式复合纱设计线密度的降低，复合纱中涤纶丝含量逐渐增大，复合纱的断裂强力呈现逐渐减小趋势；断裂伸长率处于波动状态，但变化不明显；条干 CV 值总体呈现减小趋势；毛羽指数总体呈先减小后增大的趋势。

表 2-17　不同长丝含量下嵌入纺纱的性能

纱线性能	纱线线密度（tex）					
	17.58+8.88	20.38+8.88	24.24+8.88	29.9+8.88	39.02+8.88	56.14+8.88
断裂强度（cN/tex）	1.644	2.048	2.352	2.762	3.046	3.368
断裂伸长率（%）	30.04	31.04	31.8	31.04	30	30.48
条干 CV 值（%）	10.62	10.38	11.82	11.29	13.16	14.61
毛羽指数	8.48	6.36	7.24	4.36	4.34	6.88

（三）嵌入纺纱特点与产品开发

1. 嵌入纺纱特点

本例中，以黑色毛粗纱为原料，按表 2-18 纺制 29tex 的嵌入纺与环锭纺、赛络纺和长丝赛络纺纱线。对应 CV 值和强伸性能指标测试结果见表 2-19，毛羽指数见表 2-20。嵌入纺纱的条干不匀最小，较环锭纱、赛络纱、长丝赛络纱分别降低 34.3%、29.2% 和 17.2%；嵌入纺纱断裂强力和断裂功最高，断裂强力较环锭纱、赛络纱、长丝赛络纱分别提高 300.8%、252.2%、49.3%，断裂功较环锭纱、赛络纱、长丝赛络纱分别提高 231.5%、171.2%、24.3%。原因在于对嵌入纺纱而言，一根长丝首先对短纤维须条进行包缠增强，然后再与另一根包缠增强的纱线须条进行包缠，使短纤维在成纱过程中被有效地嵌入成纱主体中，成纱结构紧密，有效提高了成纱的强伸性能，降低了纱线条干不匀和成纱毛羽。

表 2-18　不同纺纱方法的成纱工艺参数

纺纱工艺	纺纱方法			
	环锭纺	赛络纺	长丝赛络纺	嵌入纺
设计细纱定量（g/100m）	2.9	2.9	2.9	2.9
一根粗纱定量（g/10m）	4.0	2.0	4.0	2.0
长丝定量（g/km）	—	—	5.56	5.56
锭子转速（r/min）	7900	7900	7900	7900
捻系数	360	360	360	360
总牵伸倍数（倍）	13.8	13.8	17.06	22.22
长丝张力（cN）	—	—	1.47	1.47
长丝与长丝间距（mm）	—	—	—	12
长丝与粗纱间距（mm）	—	—	4	4
粗纱与粗纱间距（mm）	—	4	4	4

表 2-19　不同纺纱方法的成纱性能对比

纺纱方法	CV 值（%）	断裂强力（cN）	伸长率（%）	断裂功（N·m）	断裂强度（cN/dex）
环锭纺	15.49	123.2	10.8	0.054	4.247
赛络纺	14.37	140.2	12.12	0.066	4.834
长丝赛络纺	12.29	330.8	14.84	0.144	11.4
嵌入纺	10.18	493.8	12.92	0.179	17.02

表 2-20 不同纺纱方法的成纱毛羽指数对比

纺纱方法	1mm	2mm	3mm	4mm	5mm	6mm	7mm	8mm	9mm
环锭纺	128.6	28.4	9.8	3	1	0.6	0.2	0.1	0.1
赛络纺	124.7	29.2	9.9	3.9	2.3	1.1	0.3	0.4	0.2
长丝赛络纺	118.7	33.4	9.7	4.6	1.9	0.8	0.8	0.7	0.3
嵌入纺	101	25.3	10.6	4.9	3.1	1.2	0.6	0.2	0.2

2. 嵌入纺纱产品开发

（1）用于纺制传统纺纱中不可纺纤维的纱线开发。在环锭细纱机上，不可纺纤维主要是指纤维长度过短的纤维，一般短于十几毫米。在嵌入式纺纱系统中，通过系统定位调节，可实现传统纺纱方法不可纺的纤维进行嵌入纺纱。例如，有研究者利用嵌入纺技术成功开发了58.3tex（33.3dtex×2）长绒棉/木棉/黏胶纤维69/20/11嵌入纺复合纱，改善了木棉混纺纱成纱质量。因此，该技术对落毛、落麻、羽绒及其他贵重短纤维利用和纱线产品开发起到了极大的推动作用。

（2）用于高支纱开发。开发超高支轻薄织物时，所用纱线通常采用伴纺的方法实现，如水溶性维纶长丝与毛纱条进行伴纺成纱，当所纺纱线织成织物后再将维纶长丝溶去。为确保纺纱能顺利进行，要求纤维须条截面内纤维根数不得少于37根，而在嵌入式纺纱系统中，外围长丝可保护和增强短纤维须条，并通过张力调节合理配置，使短纤维承受的张力被长丝有效分担，致使短纤维须条中含有极少量的纤维根数就能进行正常纺纱。实践证明，毛纺嵌入纺纱时，成纱三角区的短纤维须条截面内含有10根纤维就能进行正常纺纱。用嵌入式纺纱方法可以生产用于轻薄面料的环锭纺纱线，为高支轻薄织物的开发提供了有效途径。

（3）用于低品质原料的产品开发。嵌入纺纱能对长度很短的短纤维有效夹持和嵌入，大大降低纺纱时短纤维须条的意外牵伸。因此，可利用嵌入纺纱技术纺制低品质纤维原料，实现支数更高、品质更佳的纱线开发，提高产品附加值。

（4）用于花色纱线产品开发。嵌入式纺纱系统中有4组纺纱组分，通过变化各组分的花色、原料品种、各组分喂入量、喂入张力以及组分的位置等，可纺制多品种、多组分、多花色的纱线，使细纱机突破传统概念，进行多花色品种纱线的开发和纺制。

二、索罗纺纱

（一）索罗纺纱原理与装置

索罗纺纱（Solospun）又称为缆型纺纱，是1998年由澳大利亚联邦科学与工业研究组织（CSIRO）、国际羊毛局和新西兰羊毛研究组织（SRONZ）共同开发的新型纺纱方法。索罗纺纱装置是在前罗拉外侧附加一个沟槽罗拉（分割辊），如图2-30所示。分割辊借助弹簧夹安装在细纱机的牵伸摇架上，当摇架放下并加压锁定时，通过弹簧压力垫片的压力作用，分割辊压向前罗拉，开始对输出的须条产生作用，后须条被分成许多小束纱条，夹持着这些带有一定捻度的纤维小束，随着纱线的卷绕运动向下移动，同时受前罗拉间断的阻捻作用，小束得到不同程度的加捻作用，当纤维束脱离分割辊后，以不同角度、比例及不同速度在并合点

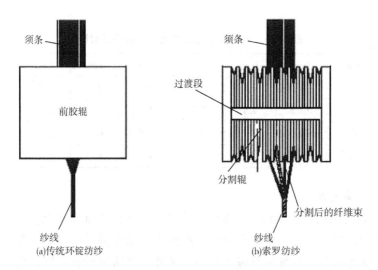

须条
前胶辊
纱线
(a)传统环锭纺纱

须条
过渡段
分割辊
分割后的纤维束
纱线
(b)索罗纺纱

图2-30　索罗纺纱过程示意图

处并合，并汇聚在一起，再经加捻形成一根类似缆绳的单纱。

　　基于EJM128K细纱机改装的索罗纺纱装置如图2-31所示。分割辊表面由系列具有一定宽度的沟槽构成，沟槽表面具有适当的粗糙度，能避免纺纱中罗拉缠绕、钩挂和纠缠纤维，减少起毛、毛粒和细节；分割辊的长度要与前罗拉相同，且直径小于前罗拉和前胶辊的直径，以使它与前罗拉前胶辊能够更好地配合。这种纺纱技术较早在毛纺领域应用，尤其适合纺纱线密度较高的毛精纺领域，现已开始应用棉纺及半精纺领域纱线加工，装置具有安装简单、使用方便的特点。与双股线生产相比，产出时间短、断头率低，有利于降低生产成本。

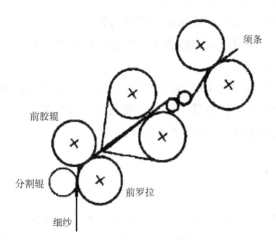

须条
前胶辊
分割辊
前罗拉
细纱

图2-31　基于EJM128K细纱机改装的索罗纺纱装置

（二）索罗纺纱工艺控制与成纱质量

　　索罗纺纱工艺控制除像传统环锭纺纱常规工艺参数选择外，最重要的是分割辊的设计与选择。分割辊设计时，应根据应用领域，基于纤维的长度、细度和纺纱线密度，完成分割辊直径、分割槽的数量、槽的几何形状和尺寸、圆弧面的条数和宽度等重要结构参数的设计。

1. 分割辊直径

　　分割辊直径对须条的分束和加捻效果产生影响。分割辊直径大，纤维束嵌入和包围在分束槽中的长度就长，分割辊对须条的分束作用显著，但纤维束在分割辊上受到的阻捻作用增强，汇合前的分束加捻效果不显著，而这种分束加捻作用通过分束槽对纤维的约束，使一部分长毛羽被卷入纱体，使纱线毛羽减少。此外，分割辊直径过大，还会使分束辊与前罗拉的输出钳口降低，无捻须条在前罗拉和分束辊之间的包围弧长增加，这对纤维的控制不利，易造成细纱断头。钳口降低还会使纱线在导纱钩上的包围角和接触压力都增大，纱线通过导纱钩时阻力增大，使捻陷严重，不利于捻度传递，影响成纱强力，严重时甚至不能顺利成纱。因此，在分束顺利的前提下，分割辊直径要偏小控制。

2. 分割辊表面结构形态

分割辊表面结构形态包括分割槽的形状、倾角、槽深、槽距等。图2-32为不同结构的分割辊结构示意图。相对于传统的分割辊，新型分割辊相邻槽的深度不相同，可使相邻槽内的纤维束条存在一定的相位差，且槽走向不是垂直于罗拉的轴线，存在一定角度，这样可使纤维须条分隔为若干个小纤维纱条，当分割完成的各纤维须条束进入槽底部时，须条束间保持一定间距；此外，分割辊存在的过渡段能使纤维的分隔过程减慢，可减少对纤维损伤，同时分隔开的若干个子须条在过渡段时会重新汇合凝聚，然后再次被分割，使纤维之间增加缠绕现象，从而减少毛羽数量。

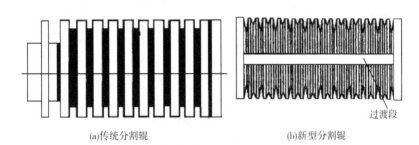

(a)传统分割辊　　　　　　　　(b)新型分割辊

图 2-32　不同分割辊结构示意图

分割槽的截面形状有梯形、圆弧形、三角形等，其中三角形分割槽易于加工，有利于须条的分割与集聚。槽深与槽距也对须条的分束与集聚产生影响。槽深过浅则纤维之间的分束效果不好，纤维集聚性差，也不利于分束后的小纤维束初步加捻；但槽深过深会使分束辊截面表层纤维的线速度与底层纤维的线速度差异加大，当上下层线速度差异大于5%时，将会导致纱线质量恶化。槽距太大，须条就不易被分成多束，但是槽距又不能太小，一是机械加工难度大、槽齿容易磨损；二是须条分束数过多，平均每束中的纤维根数过少，纤维之间的抱合力和相互作用减小，不易成纱，且在加捻三角区中处于边缘的纤维容易散失。

3. 分割辊材质

分割辊的材质影响器件的加工难度，也影响材料表面的摩擦因数与耐磨性，从而对须条分束与集聚效果产生影响。例如，比较黄铜、尼龙、聚甲醛三种材料制作的分割辊，尼龙和聚甲醛比黄铜容易加工且纺出的纱线质量较好，此外，纤维容易缠绕尼龙材质的分割辊，而聚甲醛材料较理想，它具有摩擦系数小、耐磨性好的特点，且可以实现自润滑。

（三）索罗纱特点与产品开发

1. 索罗纱特点

与传统的环锭纱相比，索罗纱并不像环锭纱中的纤维均匀分布，截面中存在几股相互缠绕的纤维束，如图2-33所示。索罗纱与普通环锭纱、赛络纱的性能对比分别见表2-21、表2-22，结果表明索罗纱较环锭纱、赛络纱，在成纱强伸性能、耐磨性、毛羽、断头率方面均有改善，原因在于索罗纺中每股纤维束上存在真捻，且捻向与纱线相同，使单纱中纤维之间抱合力和摩擦力增大，结构更加紧密，形成了类似缆线的结构，从而提高了成纱强力和耐磨性，改善了条干，降低了纱线毛羽。

索罗纱因具有纱线强力高、耐磨性好、毛羽少等优点，有助于提高织造效率，降低生产成本。由索罗纱织制的织物具有良好的保形性、透气性、抗起毛起球性能，织物光泽得到改善，纹路更清晰。

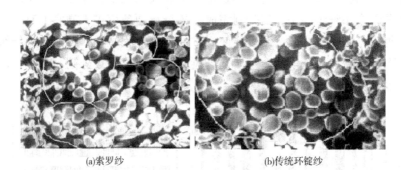

(a)索罗纱   (b)传统环锭纱

图 2-33　索罗纱与传统环锭纱的横截面 SEM 图

表 2-21　索罗纱与普通环锭纱性能对比

纱线品种	纱线质量指标							
	条干 CV 值（%）	单强（cN/tex）	断裂伸长率（%）	耐磨次数	纱线断头率［根/（千锭·h）］	粗细节、棉结数（个/km）		
						细节	粗节	毛粒
1-索罗纱	17.23	140	25	189	52	145	80	20
1-环锭纱	17.86	135	25	123	96	159	83	23
2-索罗纱	15.71	181	25	181	31	23	13	13
2-环锭纱	15.85	174	22	174	83	48	17	12

注　1-索络纱、1-环锭纱线密度均为25tex、捻系数140；2-索罗纱、2-环锭纱线密度均为28.57tex、捻系数142。

表 2-22　索罗纺与赛络纺精梳毛纱性能对比

纱线品种	纱线质量指标							
	条干 CV 值（%）	单强（cN/tex）	单强不匀（%）	断裂伸长率（%）	断裂伸长 CV 值（%）	毛羽数（根/10m）	粗细节、棉结数（个/km）	
							细节	粗节
索罗纱	11.38	240.1	9.3	22.10	18.3	6.17	62	36
赛络纱	16.02	242.7	16.4	17.68	31.5	7.53	58	49

注　33.8tex 精梳毛纱，进口毛条。

2. 索罗纱产品开发

索罗纱产品开发应充分利用索罗纱的成纱过程与结构性能优势，聚焦织物的轻薄化与高档化。

索罗纺在毛纺产品开发中具有显著优势，可加工羊毛纤维的范围广，产量和纺纱效率高，可利用粗纱羊毛纤维，生产细支纱，用于织造轻薄、高品质的羊毛服装及产品。

通过索罗纺在半精纺中的运用，可有效解决半精纺纱线毛羽毛粒多、耐摩擦性能差的问题。由于半精纺粗纱须条中的纤维排列相对混乱，特别是色纺原料，产品开发中需根据半精纺的特点设计、改造专用的索罗纺装置。此外，还需注意色纺加工时，有些原料在染色过程中会出现毡化现象，一旦毡化现象产生，须条的分束变得困难，对严重毡化的原料，采用索罗纺技术虽然能减少毛羽毛粒，但效果并不明显，有时还会增加纱线细节。因此，色纺的索罗半精纺纱要有选择性地使用原料。

索罗纺纱在棉纺中应用主要用于纺制中、粗特的棉型短纤纱，虽然在强力和条干方面稍有不足，但它仍能显著改善纱线的毛羽和增强耐磨性，具有很好的应用前景。再者，可关注索罗纺纱技术与其他纺纱技术的结合，如索罗纺纱与赛络纺纱相结合形成的缆型赛络纺纱，开发的纱线具有更复杂的结构，进一步提高了纱线的抗起球性、耐摩擦性，明显减少了纱线毛羽，改善了织造条件，提高了织造效率，改善了面料外观。此外，应积极探索如苎麻、芳砜纶等其他原料在索罗纺纱技术中的应用，以丰富产品类别。

三、柔洁纺纱
（一）柔洁纺纱原理与装置

在环锭纺细纱机上，毛羽的产生主要有以下两大原因。

一是经过牵伸后，从前罗拉钳口送出的扁平纤维丛，在加捻三角区未受加捻控制的大量纤维端和少数纤维中段不能卷入纱体而露在外面形成毛羽。管纱毛羽的形成，特别是顺向毛羽，主要是在细纱加捻区形成的。毛羽的多少与纺纱原料的长度、细度及整齐度有关，也与机械条件、纺纱工艺和车间温湿度等有很大关系。研究表明，在纤维的诸多机械特性中，扭转刚度和挠曲刚度是与纱线毛羽最密切相关的机械特性。纤维的扭转刚度和挠曲刚度大，将纤维扭转和弯曲的难度就大，纤维端伸出纱体的可能性就大，成纱毛羽就多。

二是加捻时纤维在纱线内外层的转移过程中，粗、短纤维因所受的张力和向心压力较小，与周围纤维的摩擦接触较少，易被细、长纤维挤向纱线表层而成为毛羽。

通常为了减少毛羽要合理选择原料，原料性能是纱线质量的基础，纤维越细，相同特数的棉纱截面内纤维根数越多，其头尾端暴露出来的可能性就越大，纤维短而整齐度越差，纱线毛羽就越多；合理制订前纺工艺，提高棉条中的纤维平行伸直度，积极排除短绒，控制纱线毛羽的产生；在细纱前牵伸区，采用集合器来控制纤维的扩散，减少毛羽的发生概率；在纺纱各个工序中，尽可能减少纱线与通道间的磨损，防止纱线毛羽增加；合理选择钢领、钢丝圈的形状和型号，使得纱线毛羽减少到最低程度。

采取以上措施可在一定程度上减少环锭纱毛羽。由于纱线毛羽与纤维的扭转刚度和挠曲刚度有关，为了得到综合品质较高的纱线，可以通过在纺纱过程中改变纤维的某些性质使其达到更加适合成纱的状态，柔洁纺纱就是考虑到这一点而形成的一种环锭纺纱新技术。柔洁纺纱原理如图 2-34 所示。从改善纤维成纱性能的角度进行分析，在环锭纺纱三角区设置柔化接触面，使得此纺纱关键区内纤维须条在湿热作用下达到纤维软化的转变温度，降低纤维扭

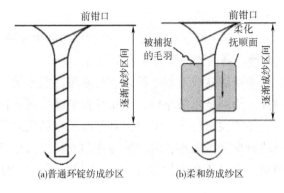

(a)普通环锭纺成纱区　　(b)柔和纺成纱区

图2-34　柔洁纺纱原理示意图

转刚度和挠曲刚度，加强机械握持和协同自控能力，提高加工性能；同时，利用纤维柔顺处理面，在成纱三角区内形成很多纤维握持点，这些纤维握持点对外露纤维头端具有良好的握持作用，并与加捻转动力、须条牵引力协同作用，将外露纤维有效地转移到纱体，提高了纤维集合体协同成形能力，降低了纱线表面毛羽，改善了纱线光洁度，实现各种纺织纤维的"光洁成纱"，故柔洁纺纱也称柔顺光洁纺纱。

与普通环锭纺纱相比，柔洁纺纱是在细纱前罗拉输出须条后的三角区，加装一个湿热处理装置，安装在前罗拉的前方，与纱线接触的是一个陶瓷平面，通过电控模块对该装置进行控制，实现对经过纱线的湿热处理，装置结构如图2-35所示。

（二）柔洁纺纱工艺控制与成纱质量

由于安装了加热装置，会影响工作环境，且加热装置的使用要求车间相对湿度应偏大。实际生产中，要通过试验，分析所纺纱线在不同环境下的各项指标，总结出最适宜的车间温湿度指标，从而进行控制；同时，必须加强日常生产过程中机台的清洁工作，这些均需增加人员和资金消耗。总而言之，温度是柔洁纺纱工艺中最重要的工艺参数，温度对成纱质量有重要的影响。

图2-35　柔洁纺纱装置图

1. 温度对纱线毛羽的影响

对纱线毛羽而言，温度越高，毛羽减少率越高。说明了控制柔洁纺纱温度可以有效调控纤维软化程度，进而增强成纱过程中对纤维的控制，有效降低纤维的初始模量和刚性，使纤维充分参与内外转移，减少毛羽的产生。但温度过高时，暴露在纱线主体外的纤维仅是黏合在纱线表面，并未参与内外转移，经络筒工序摩擦脱落，又重新变回毛羽。

2. 温度对纱线表观结构的影响

柔洁纺纱装置的熨烫、握持、聚合作用可以使纤维有效受热软化，纱线抱缠紧度提高，对纱线的形态结构改观明显。随着温度的升高，柔洁纺黏胶纱更加光洁柔顺，暴露在外的纤维能够更好地被卷入纱体中，充分参与内外转移，使纱线更加柔顺。但温度过高时，产生的纱线毛羽受高温和抚顺握持后黏合在纱线表面，致使纱线僵化，条干恶化，且在上浆时会产生疵点，织造时出现起毛起球、上染不匀等问题。

3. 温度对纱线条干的影响

当温度高于玻璃化转变温度时，氢键断裂，纤维大分子发生相对滑移，纤维呈现易软化状态，在柔顺握持点协调控制下可以使纤维充分参与内外转移并达到柔顺光洁结构形态；而过高的温度使纤维大分子构象发生改变，破坏了纤维内部结构，部分纤维之间由于纤维构象的改变而形成黏合连接，从而恶化了纱线的条干，且在络筒工序时进一步恶化。

4. 温度对纱线强伸性能的影响

不同温度柔洁纺黏胶纱线的断裂强力都在传统环锭纺纱基础上有所增强。当温度高于玻璃化转变温度时，纤维间相对滑移减少，纤维间结合更加致密，纤维强力利用率更高，从而提高了纱线的强力；同时，纱线的断裂伸长率提高幅度也最显著，这是由于纤维的软化调控促使纱线内部结构蓬松，提供纱线轴向上的拉伸形变。而过高的温度时柔洁纺黏胶纱的断裂伸长率反而呈负增长，这是因为裸露在外的纤维受过高的温度，在纱线表面形成黏合，导致纱线内部无法滑移和形变，经络筒工序后黏合部分脱落，纤维强力利用率降低，从而使纱线质量恶化。

5. 温度对纱线定捻性能的影响

不同温度柔洁纺黏胶纱产生扭结的距离要比传统环锭纺黏胶纱小，说明高温熨烫对黏胶纤维纱起到定捻作用。高温熨烫和抚顺面的握持使纱线的捻缩降低，使其接近湿热定捻的效果，能减少后期蒸纱定捻工序，可节省成本，提高工作效率。对于不同温度的柔洁纺黏胶纱，随着柔洁纺装置温度的升高，所纺制黏胶纱的定捻效果逐步提高。

（三）柔洁纺纱特点与产品开发

1. 柔洁纺纱特点

柔洁纱与普通环锭纱的外观比较如图2-36所示，柔洁纱较普通环锭纱毛羽改善明显。以 C/T 50/50 14.5tex 针织柔洁纱与普通环锭纱为例，柔洁纱与普通环锭纺管纱、筒纱毛羽对比分别见表2-23、表2-24，柔洁纱可以大幅减少纱线毛羽，特别是 3mm 以上的毛羽，越是较长的毛羽，改善的幅度越大，管纱 3mm 毛羽数减少 53.9%；筒纱 3mm 毛羽数减少 27.3%。与普通环锭纱相比，柔洁纱的管纱和筒纱的强力也有所改善，条干也有所优化，见表2-25。与普通环锭纱相比，柔洁纱的毛羽大幅减少，尤其是有害毛羽大幅减少，这成为柔洁纱最主要的特点，可有效提高准备、织造等各后道工序效率，作为经纱可减小上浆率，降低浆料成本，经纱落物也可减少，同时具有提高强力、改善条干、降低断头、提高产量、减少飞花等作用。后整理烧毛工序的任务将会减轻，织物不起球，产品质量得到提高。

(a)普通环锭纱　　　　　　　　　　　　　　(b)柔洁纱

图2-36　柔洁纱与普通环锭纱的外观对比

表 2-23　柔洁纺与普通环锭纺管纱毛羽对比

品种	毛羽数（根/10m）								
	1mm	2mm	3mm	4mm	5mm	6mm	7mm	8mm	9mm
普通环锭纱	907.89	146.00	37.00	18.78	9.33	4.28	2.39	1.11	0.61
柔洁纱	615.00	86.89	17.05	7.94	4.14	2.42	1.17	0.59	0.28

表 2-24　柔洁纺与普通环锭纺筒纱毛羽对比

品种	毛羽数（根/10m）								
	1mm	2mm	3mm	4mm	5mm	6mm	7mm	8mm	9mm
普通环锭纱	1393.72	351.33	108.66	39.33	16.83	7.11	5.11	3.11	0.66
柔洁纱	1126.80	278.60	78.99	30.64	11.22	5.68	3.89	0.99	0.52

表 2-25　柔洁纱与普通环锭纱强力和条干对比

品种	管纱断裂强力（cN）	管纱断裂强度（cN/dex）	筒纱断裂强力（cN）	筒纱断裂强度（cN/dex）	筒纱条干 CV 值（%）
普通环锭纱	334.3	23.06	322.8	22.26	15.07
柔洁纱	338.1	23.32	329.1	22.70	14.84

2. 柔洁纺纱产品开发

柔洁纺纱技术适用于所有环锭细纱机的改造，装置结构简单，易于改造且费用低，可应用于棉、化纤和麻等纤维的纺纱。

（1）棉/麻柔洁纱产品开发。选用定量为 6.4g/10m 的棉/麻 55/45 混纺粗纱作为原料纺制纱线。纱线上机参数为：锭速 7170r/min，总牵伸倍数 12.42，捻度 824 捻/m，前罗拉线速度 8.7m/min，捻向为 Z 捻。

柔洁纺纱能够改善棉/麻混纺成纱毛羽，且所纺纱线密度越细，纺纱运行的速度越慢，纤维纺制过程中受热越充分，纤维模量降低幅度越大，纱线毛羽也大幅减小，柔洁纱线与普通纱线织物相比，其织物面料表观结构光洁，透气性能增加，织物抗弯曲性能减小，柔性提高，耐磨性好，不容易起毛、起球和破损。

（2）黏胶柔洁纱产品开发。黏胶纤维规格 39mm×1.23dtex，纤维断裂强度 2.29cN/dtex。采用相同的黏胶纤维粗纱，在 FA1520 型细纱机上纺制柔洁纺黏胶纱线。主要工艺参数为：锭速 15000r/min，粗纱定量 8g/10m，细纱线密度 19.7tex，前罗拉速度 130r/min，钳口隔距 3mm，后区牵伸 1.14 倍。选用 W321 型 40 号钢丝圈，钢领型号 PG1/4054。

柔洁纺通过黏胶纤维不同温度下的强伸性能和纤维结构变化，加强了成纱过程中对黏胶纤维的软化调控，可有效改善纱线的表观结构，降低成纱毛羽，提高纱线强力。

在柔顺光洁设备 80℃高温软化和接触式握持的协同作用下，可降低纤维刚度，使其可以充分发生内外转移，从而改善成纱质量。而 120℃柔洁纺温度使黏胶纤维达到玻璃化转变温度，可大幅提高纤维的可加工性，使黏胶纤维成纱性能显著改善。在 210℃柔洁纺高温作用下，黏胶纤维的构象发生改变，纺纱过程中部分纤维与纱线主体黏合，导致纱线质量发生恶化，会给后期上浆、染色、织造等工序带来危害。

（3）四组分混色柔洁纱产品开发。以棉、木浆纤维、山羊绒和绢丝为原料，不仅能够提高山羊绒和绢丝的可纺性，实现纤维之间的性能互补和成纱的多功能性，而且利用柔洁纺纱技术能有效减少山羊绒和绢丝等短纤维的毛羽，提高纱线光洁度，产品加工成针织内衣、羊毛衫、高档呢、机织休闲外衣、袜类、床上用品等产品后形态稳定，光泽好，手感柔、轻、滑、糯。

18.3tex 40/30/15/15 棉/木浆纤维/羊绒/绢丝柔洁色纺针织纱的生产工艺如下：

染色棉纤维：FA002 型自动抓棉机→FA022 型多仓混棉机→FA106 型豪猪式开棉机→FA046 型振动棉箱给棉机→FA141A 单打手成卷机→FA201B 梳棉机

染色木浆纤维维+绢丝：FA002 型自动抓棉机→ZFA026 型自动混棉机→FA106A 梳针开棉机→FA046A 振动棉箱给棉机→FA141A 单打手成卷机→FA201B 梳棉机

色棉生条+木浆纤维/绢丝有色生条+羊绒染色条：FA306 型并条机（3 道）→TJFA458A 型粗纱机→DTM129 型细纱机（柔洁纺技术改造）→No. 21C 自动络筒机

在络筒工序中，通过张力的调整有效减少了二次毛羽的产生。采用柔洁纺纱技术纺制的 18tex 棉/木浆纤维/羊绒/绢丝 40/30/15/15 色纺纱质量指标见表 2-26，柔洁混色纺纱具有毛羽少和强力高等特点。

表 2-26　成纱质量指标

断裂强度（cN/dex）	18.5	条干 CV 值（%）	12.5
断裂强度 CV 值（%）	8.2	−50%细节（个/km）	3.0
断裂伸长率（%）	13.0	+50%粗节（个/km）	8.0
3mm 毛羽数（根/10m）	23.0	+200%棉结（个/km）	22.0

根据 18tex 棉/木浆纤维/羊绒/绢丝 40/30/15/15 柔洁色纺纱性能特色配置面料织造及后整理工艺。在浆纱工序采用了无 PVA 的环保浆料配方和低上浆率的浆纱工艺；面料的后整理工序省去了染色流程，降低了废水的排放和能源的消耗，较好地实现了面料的清洁化生产。面料含有棉纤维、木浆纤维、羊绒和绢丝四种组分，既具有柔软的手感和良好的亲肤效果，又具有木浆纤维的抑菌和自清洁功能，同时柔洁纺纱线又使面料具有表面光洁和质量稳定等品质，加之面料的清洁化生产赋予了面料一定的生态环保性，该面料制作的高档衬衫时尚健康、风格独特，提升了衬衫的科技含量，为企业带来可观的经济效益。

思考题

1. 试述集聚纺纱、低扭矩纺纱、纺竹节纱、纺包芯纱、赛络纺纱、长丝赛络纺纱、嵌入纺纱、索罗纺纱、柔洁纺纱原理。

2. 试述集聚纺纱、低扭矩纺纱、纺竹节纱、纺包芯纱、赛络纺纱、长丝赛络纺纱、嵌入纺纱、索罗纺纱、柔洁纺纱的工艺控制要点。

3. 试述集聚纺纱、低扭矩纺纱、纺竹节纱、纺包芯纱、赛络纺纱、长丝赛络纺纱、嵌入纺纱、索罗纺纱、柔洁纺纱的成纱结构性能特点及产品开发情况。

4. 目前集聚纺纱的须条集聚形式主要包括哪几种？集聚纺纱用于下游工序将对生产及产品质量产生何种影响？

5. 什么叫竹节纱？纺竹节纱的参数有哪些？如何设计？提高竹节纱的质量应采取哪些技术措施？

6. 分析环锭纺包芯纱常见的疵点种类、产生的主要原因、对后道工序的影响，如何防治？

7. 为提高赛络纺纱的成纱质量，粗纱工序应采取什么技术措施？

8. 为什么说锦纶/毛长丝赛络纱结构较涤纶/毛长丝赛络纱稳定？

9. 分析锦/棉条干优于涤/棉长丝赛络纱的原因。

10. 分析长丝赛络纺纱过程的剥毛现象与断续包芯现象。

参考文献

[1] 谢春萍，徐伯俊. 新型纺纱 [M]. 2 版. 北京：中国纺织出版社，2009.

[2] 肖丰. 新型纱线与花式纱线 [M]. 北京：中国纺织出版社，2008.

[3] 狄剑锋. 新型纺纱产品开发 [M]. 北京：中国纺织出版社，1998.

[4] 杨锁廷. 现代纺纱技术 [M]. 北京：中国纺织出版社，2008.

[5] 方斌，邹专勇. 色纺纱生产与质量控制 [M]. 北京：中国纺织出版社，2016.

[6] 华涛，陶肖明，郑国宝，等. 机织用扭妥 TM 纱的应用研究 [J]. 纺织学报，2004，25 (5)：38-40.

[7] 傅培花. 集聚纺纱的凝聚机理和成纱结构性能的研究 [D]. 上海：东华大学，2005.

[8] 傅培花，周晔郡，范虎跃，等. 紧密纺纱线中纤维的捻度分布及内外转移情况 [J]. 东华大学学报：自然科学版，2006，32 (4)：96-100.

[9] KILIC M, BUYUKBAYRAKTAR R B, KILIC G B, et al. Comparing the packing densities of yarns spun by ring, compact and vortex spinning systems using image analysis method [J]. Indian Journal of Fibre & Textile Research, 2014 (39)：351-357.

[10] 章友鹤. 紧密纱线的生产及产品开发 [J]. 纺织导报，2011 (6)：58-60.

[11] 陶肖明，郭滢，冯杰，等. 低扭矩环锭纺纱原理及其单纱的结构和性能 [J]. 纺织学报，2013，34 (6)：120-125.

[12] XU B G, TAO X M. Techniques for torque modification of singles ring spun yarns [J]. Text Res J, 2008 (78)：869-879.

[13] 黄建明，倪远. 环锭细纱机纺纱过程假捻技术的发展历史与现状 [J]. 纺织器材，2012 (4)：50-57.

[14] 刘荣清. 纺纱假捻的机理和应用 [J]. 棉纺织技术，2016，44 (9)：30-35.

[15] 黄建明，赵培，倪远．环锭假捻纺纱技术应用效应与发展展望［J］．纺织导报，2012（11）：62-65.

[16] FENG J, XU B G, TAO X M. Structural analysis of finer cotton yarns produced by conventional and modified ring spinning system［J］. Fibers and Polymers, 2014, 15（2）：396-404.

[17] GUO Y, TAO X M, et al. Investigation and evaluation on fine modified ring yarn made of upland cotton blends［J］. Text Res J, 2015（85）：1355-1366.

[18] GUO Y, TAO X M, XU B G, et al. Structural characteristics of low torque and ring spun yarns［J］. Text Res J, 2011（81）：778-790.

[19] 郭滢，陶肖明，徐宾刚，等．低扭矩环锭纱的结构分析［J］．东华大学学报：自然科学版，2012, 38（2）：164-169.

[20] 王玲玲．针织用低扭矩环锭纱线的结构与性能［D］．天津：天津工业大学，2012.

[21] 顾宪祥，周秀玲．竹节纱工艺设计及产品开发［J］．棉纺织技术，2003, 31（4）：35-37.

[22] 詹树改，李延安，魏新阳．CJ 29.1 5tex K 竹节纱的纺纱工艺与质量控制［J］．河南工程学院学报：自然科学版，2010, 2（3）：1-5.

[23] 苏旭华，张旭卿，孙照杰．ZJ 型竹节纱装置在细纱机上的应用［J］．纺织机械，2004（5）：31-33.

[24] 汪军，黄秀宝．转杯纺纺制竹节纱的工艺研究［J］．棉纺织技术，2001, 29（5）：22-25.

[25] 陈军，陆雨薇，张书贵，等．粗纱喂入方式对赛络纺涤纶纱质量的影响［J］．棉纺织技术，2017, 45（4）：56-59.

[26] 孙颖，姜海艳，陈忠涛．粗纱捻系数对赛络纺亚麻/涤纶混纺纱性能的影响［J］．毛纺科技，2014, 42（3）：13-15.

[27] 吴兴华，王学林．棉纺环锭细纱机的赛络纺改造及成纱质量分析［J］．上海纺织科技，2007, 35（4）：29-30.

[28] 阎磊，宋如勤，郝爱萍．新型纺纱方法与环锭纺纱新技术［J］．棉纺织技术，2014, 42（1）：20-26.

[29] KIM M, JEON B S. New composite yarn with staple fiber and filament controlling the delivery speed ratio. Fibers and Polymers, 2014, 15（12）：2644-2650.

[30] 闫海江．包芯纱和赛络菲尔纱性能对比分析［J］．棉纺织技术，2014, 42（5）：19-23.

[31] 黄华，陆凯．赛络菲尔纺纱工艺与性能探讨［J］．国际纺织导报，1998（3）：2-22.

[32] 薛元，易洪雷，王善元，等．长丝/短纤复合纱纺纱装置的工艺及应用，现代纺织技术，2001（4）：27-32.

[33] 关礼平，张丽．单纱纺（solospun）的成纱理论［C］．2008 全国现代纺纱技术研讨会．2008：224-227.

[34] 赵博．毛纺环锭复合纺纱技术及其特点［J］．纺织机械，2009（2）：24-26.

[35] 赵博. 新型缆型纺纱技术及其应用开发前景 [J]. 纺织科技进展, 2007 (8): 9-11.

[36] 杨瑞华. 基于 EJM128K 细纱机改装的索罗纺装置 [D]. 无锡: 江南大学, 2006.

[37] 杨陇峰. 索罗纺精梳毛纱的生产实践 [J]. 毛纺科技, 2012, 40 (10): 7-9.

[38] 邢俊飞, 王维, 李龙. 缆型纺纱线性能的研究 [J]. 毛纺科技, 2005 (1): 34-37.

[39] 秦贞俊. 索罗纺. 纺织服装周刊 [J]. 2006 (36): 19.

[40] 何春泉. 缆型纺技术在半精纺中的应用 [J]. 上海毛麻科技, 2008 (1): 4-6.

[41] 程丙伟, 高卫东, 王鸿博. 缆型纺技术在棉纺中的应用初探 [J]. 棉纺织技术, 2006, 34 (6): 17-20.

[42] 何春泉. 缆型赛络复合纺纱 [J]. 上海毛麻科技, 2009 (4): 29-31.

[43] 赵博. 缆型纺纱技术的原理和性能及结构特点 [J]. 纺织机械, 2011 (6): 10-13.

[44] 陈克炎, 李洪盛, 王慎. 柔洁纺纱技术的应用效果研究 [J]. 棉纺织技术, 2016, 44 (5): 60-63.

[45] 许多, 徐金良, 梅剑香, 等. 柔洁纺温度对粘胶纤维成纱质量影响 [J]. 棉纺织技术, 2019, 47 (9): 35-39.

[46] 王前文, 李桂付, 苗秀爱. 棉/木浆纤维/羊绒/绢丝柔洁色纺针织纱的开发 [J]. 上海纺织科技, 2014, 42 (11): 51-56.

[47] 唐建东, 倪春燕, 夏治刚, 等. 基于柔顺光洁纺棉/麻纱线的研发 [J]. 纺织器材, 2018, 45 (5): 268-271, 296.

[48] 徐卫林, 夏治刚, 丁彩玲. 高效短流程嵌入式复合纺纱技术原理解析 [J]. 纺织学报, 2010, 31 (6): 29-36.

[49] 陈军, 徐巧林, 叶汶祥, 等. 输出间距对嵌入式复合纺纱线结构和性能的影响 [J]. 2009, 37 (10): 1-7.

第三章　喷气涡流纺纱

本章知识点

1. 喷气涡流纺纱技术的优缺点。
2. 不同类别喷气涡流纺纱设备特点。
3. 喷气涡流纺纱原理。
4. 喷气涡流纺纱设备构造与主要机构的作用。
5. 喷气涡流纺纱工艺与成纱质量的关系。
6. 喷气涡流纺纱结构性能特点。
7. 喷气涡流纺纱产品开发现状。

第一节　概　　述

一、喷气涡流纺纱发展历程

这里将凡是在纱线成形过程中，气流对纱线形成起到了不可替代的重要作用，即利用气流完成对纤维的转移、输送、包缠或旋转加捻等行为控制而实现纱线加工的方法统称为"气流纺纱技术"。利用形成的高速旋转气流对进入加捻腔的自由尾端纤维加捻的技术称为"喷气涡流纺纱技术"。

喷气涡流纺纱技术是在喷气纺纱及涡流纺纱技术的基础上发展而得。喷气纺纱技术最早始于 20 世纪 30 年代美国杜邦公司研发的单喷嘴纺纱机，后商业上取得成功的是 1981 年后日本村田公司先后推出的喷气纺纱机，但该纺纱设备对纤维的适应性较差，且采用假捻包缠原理，只能加工生产纯涤纶等长度较长的化纤或涤/棉等混纺品种，无法纺制纯棉纱线，且纱线强力较低，制约了该技术的大力推广。涡流纺纱技术最早的纺纱原理由德国哥茨莱德（Gatzfreid）在 1957 年提出，借助气流对分梳辊开松后的纤维进行输送与加捻，成熟机型是由波兰罗兹纺织研究所在 1975 年推出。涡流纺纱存在工艺流程短、机构简单、速度快、产量高等特点，但由于原料适应性差、凝聚过程短促、纤维伸直度较差、纱线结构松散、成纱强力偏低等原因，发展受限，逐渐被市场淘汰。

因此，鉴于喷气纺纱及涡流纺纱技术存在的不足，设备厂商开始了一种新的成纱原理的设计与研究，力图通过喷嘴的结构设计实现包缠纤维数量增加，提高成纱强力，拓展纤维可纺品种。1995 年，日本村田公司推出了喷气涡流纺纱技术，采用单喷嘴技术，利用高速旋转气流加捻自由尾端纤维成纱，并于 1997 年在日本大阪第六届国际纺织机械展览会上展出首台

MVS（Murata Vortex Spinning）NO. 851 型喷气涡流纺纱设备。随后村田公司不断改进与完善，2001 年推出了 No. 810 型喷气涡流纺纱机、2002 年推出了 NO. 81T 型双股喷气涡流纺纱机、2003 年推出了 No. 861 型喷气涡流纺纱机、2011 年推出了 No. 870 型喷气涡流纺纱机，其中 No. 870 型喷气涡流纺纱机速度高达 500m/min。除此之外，瑞士立达（Reiter）集团也于 2009 年推出了 J10 型喷气涡流纺纱机，而后于 2011 年和 2015 年先后推出了升级的 J20 型、J26 型喷气涡流纺纱机，仍采用单喷嘴技术。我国江阴华方新技术科研有限公司也积极开展喷气涡流纺纱设备的研制与开发，于 2011 年开发成功 HFW80 型喷气涡流纺纱机，填补了国内喷气涡流纺纱设备的开发空白，是国产第一台集机电一体化和工序一体化的高速纺纱机，但未能得到商业化推广；陕西华燕航空仪表有限公司利用在智能装备的制造优势，于 2014 年 8 月推出了 HYF369 型喷气涡流纺纱机，进一步缩小了喷气涡流纺技术装备与国外厂家间的差距，有助于打破国外对喷气涡流纺纱技术的垄断、降低我国纺织企业在高端设备上的采购成本。

二、喷气涡流纺纱技术的优缺点

（一）喷气涡流纺纱技术的优点

喷气涡流纺纱技术集粗纱、细纱、络筒、卷绕等工序于一体，配有智能可视化管理系统，减少能耗、节约占地面积、劳动强度较环锭纺大幅降低。喷气涡流纺扩大了喷气纺适纺性，可纺纯棉纤维，成纱强力较喷气纱大幅提高，喷气涡流纺也能够生产包芯纱等花式纱线，这扩大了喷气涡流纺的应用领域。因此，喷气涡流纺纱技术具有纺纱效率高、环境友好、能耗低、成纱综合性能好等优点，是 21 世纪极具潜力的新型纺纱技术。

（二）喷气涡流纺纱技术的制约

喷气涡流纺纱技术大力发展与推广仍受到一些因素的制约，面临设备、生产及市场等方面的问题，具体分析如下。

（1）国产喷气涡流纺纱设备与进口设备在技术上还有一定差距，进口喷气涡流纺纱设备拥有统治性的市场占有率，设备费用较高，每台在 30～50 万美元，投资成本大，且技术工艺、设备维护保养要求均较高，需配备高素质的专任技术员及设备保全人员。

（2）喷气涡流纺纱机对胶辊、胶圈、空心锭子、喷嘴等关键成纱元器件及专用器材的消耗较大，但国内提供关键元器件及专用器材的厂商较少，甚至部分关键成纱元器件暂未国产化，主要依靠进口，造成后期维护保养成本陡增。

（3）喷气涡流纺设备还不够完善与成熟，对纯棉纱纺制还存在问题，制约了纱线品种加工的多样化；且可纺纱细度适应性较窄，大多纺 11.7～29.2tex（20～50 英支）的细度较有优势。

（4）喷气涡流纺纱技术对纤维种类及纤维长度具有较高要求，各批次原料性能应稳定，减少波动，且应采用喷气涡流纺专用原料，以减少原料油剂带来的可纺性波动；成条过程中需确保纤维具有较高的平行伸直度；且生产过程对环境的温湿度要求较高，对纱线品种的稳定与改善带来挑战。这些因素制约了喷气涡流纺纱线品种的多样化，限制了喷气涡流纺纱技术的推广与应用。

（5）喷气涡流纺纱线存在手感偏硬的问题，纱线的后道应用与产品开发还处于发展的初期阶段，企业对产品的应用领域与优势了解不够，也制约了该技术的发展。

（6）此外，喷气涡流纺纱设备的投资市场上出现盲目跟风的现象，导致产品同质化、恶性竞争，常规产品价格较低，压缩了喷气涡流纺纱设备开发高品质纱线以追求较高利润的空间，制约了棉纺企业增加喷气涡流纺纱设备投资的愿望。

第二节 喷气涡流纺纱主要机型与特点

目前从市场占有率及技术成熟度、先进性看，日本村田公司 MVS No.870、瑞士立达公司 J20 的喷气涡流纺纱设备代表了喷气涡流纺纱技术的最高水平，我国喷气涡流纺纱技术还处于研发与市场推广的初级阶段，技术创新程度还有待进一步加强。因此，下面将重点阐述 MVS No.870 和 J20 喷气涡流纺纱设备的机型特点，相应设备如图 3-1 所示，对应机型技术参数见表 3-1。

(a)MVS No.870　　　　　　(b)J20

图 3-1　典型的喷气涡流纺纱设备

表 3-1　国内外喷气涡流纺设备主要代表机型

制造厂商		日本村田纺机	瑞士立达纺机
机型		MVS No. 870	J20
纺纱规格	适纺品种	化纤 100%，化纤/棉混纺，棉 100%	化纤 100%，化纤/棉混纺，精梳棉 100%
	纺纱范围	10~39tex（15~60 英支）	8.4~24.6tex（24~70 英支）
	纤维长度（mm）	最长 38	28.6~40
	喂入棉条（ktex）	2.5~5	2.0~4.5
	条筒尺寸：直径×高	400mm×1200mm （16 英寸×48 英寸）/2 排列 450mm×1200mm （18 英寸×48 英寸）/2 排列 500mm×1200mm （20 英寸×48 英寸）/3 排列 600mm×1200mm （24 英寸×48 英寸）/3 排列	500mm（外径）×1070mm （20 英寸×42 英寸） 470mm（外径）×1070mm （20 英寸×42 英寸）

制造厂商		日本村田纺机	瑞士立达纺机
主机规格	锭数（锭）	16~96（按每8锭递增）	40、120（标准）、200
	锭距（mm）	235	260
	单/双面操作	单面操作	双面操作
	棉条喂入路径	从后到前	从下到上
	机器占地尺寸 （长×宽）	16英寸条筒：26817mm×2428mm； 18英寸条筒：26817mm×2540mm； 20英寸条筒：26817mm×3499mm； 24英寸条筒：26817mm×3826mm	23224mm×2862mm
	机器重量（t）	11.46	20.83
	纱锭数（锭）	96	120
	机器排风量（m³/min）	8400	9742
	总装机功率（kW）	27.5（96锭/自动接头装置3台）	52.5
	排风方向	上排风或下排风	上排风或下排风
	飞花的回收	与落棉分离型	与落棉集中型
	落棉的排除	自动排出	手动排出
牵伸部分	牵伸罗拉直径 （前—后）（mm）	32×25×25×25	27×25×27×27
	前—2罗拉中心距（mm）	44.5（固定）	47（固定）
	2—3罗拉中心距（mm）	35~43	37~47
	3—4罗拉中心距（mm）	38~47	38~48
	上胶辊直径（mm）	30×30×30×30	29.5×27.7×30×30
	上胶圈规格（mm）	37×32×1	39.25×30×1
	下胶圈规格（mm）	38×34×1	39.25×30×1
传动部分	传动方式	3、4罗拉单锭传动，其余是整体传动	全部单锭传动
	纺纱速度	最高500m/min	最高450m/min
	总牵伸比（倍）	65~400（纺纱速度300m/min） 100~450（纺纱速度500m/min）	43~317
	主牵伸比（倍）	15~60（纺纱速度300m/min） 13.5~80（纺纱速度500m/min）	30~60
	喂入比	0.9~1.1	0.98、1.0、1.02
	卷绕比	0.9~1.1	1.018~1.02
	横动装置	下胶圈横动	喂入喇叭口、纺纱器、清纱器横动
卷绕部分	导纱动程（mm）	146	150
	卷绕角度	0/4°20′/5°57′	0
	卷绕筒管规格	平行筒、圆锥筒	平行筒
	最大卷绕直径（mm）	300	300
	最大卷绕量（kg）	3.2（平行筒）（4.0）	4.3（4.0）

续表

制造厂商		日本村田纺机	瑞士立达纺机
电清配置	电清型号	MSC 光电式清纱器	USTER 电容式清纱器
自动接头装置	接头方式	空气捻接器	立达转杯纺式接头
	台数（台）	最多 6	4（接头与落纱共用）
	接头时间（s）	10	27
	行进速度（m/min）	25	—
自动落纱装置	台数（台）	1	4（接头与落纱共用）
	落纱时间（s）	15	30
压缩空气规格	供气压（MPa）	0.6（6.1kgf/cm²）	0.75（7.5kgf/cm²）
	露点	25℃ 以下（于 0.6MPa）	露点（水）+3 ℃
	固体颗粒大小（μm）	—	最大 5
	固体颗粒数量（mg/m³）	—	最大 5
	最大油量（g/m³）	0.07 以下	0.001 以下
	喷嘴基准压力（MPa）	0.5	0.6
	消耗量	约 80L/min（ANR）/1 喷嘴/0.5MPa	约 70L/min（ANR）/1 喷嘴
温湿度	室温（℃）	22~30（标准值 25）	24~28
	相对湿度（%）	40~60（标准值 50）	45~56

　　MVS No. 870 喷气涡流纺纱机是村田公司的第三代喷气涡流纺纱机，在产品开发、宣传概念和市场占有率方面占有优势；J20 喷气涡流纺纱机是瑞士立达公司的第二代喷气涡流纺纱机，在纱线成型过程方面展现出独特设计优势。MVS No. 870 和 J20 喷气涡流纺纱机主要性能特点对比可归纳如下。

1. 相同点

　　（1）两者成纱原理相同，均是利用压缩气流在加捻腔中形成高速旋转气流，并对倒伏在空心锭子上的自由尾端纤维加捻而成纱。

　　（2）具有相同的成纱工艺过程，即清花→梳棉→并条→喷气涡流纺→筒纱，与环锭纺纱技术相比，成纱工艺流程大幅缩短。

　　（3）设备集粗纱、细纱、络筒与卷绕于一体，自动化程度高，并配有可视质量监控系统。

2. 不同点

　　（1）J20 喷气涡流纺纱机在机型工程设计方面比 MVS No. 870 喷气涡流纺纱机更灵活，单台 MVS No. 870 拥有纺纱头数为 96 锭且纺纱器单面配置，而单台 J20 拥有纺纱头数为 120 锭、纺纱器双面配置，这意味着同一台 J20 机器能同时纺出两个不同品种的纱线，能很好适应棉纺行业"小批量、多品种、快交货"的产品开发需求；此外，与 MVS No. 870 喷气涡流纺纱机相比，J20 喷气涡流纺纱机的每个纺纱器都是单独驱动，且 J20 纺纱喷嘴和纺纱喷嘴罩等工艺部件无须工具即可快速更换，操作更加方便快捷。

（2）MVS No. 870 喷气涡流纺纱机条子从机后的导条架引入，在进入牵伸装置前走过的路线较长，易产生意外牵伸，且造成设备占地面积较大；而 J 20 喷气涡流纺纱机的条子由机器下方喂入，喂入路线短，可消除意外牵伸。

（3）MVS No. 870 喷气涡流纺纱机采用下胶圈横动，而 J20 喷气涡流纺纱机将集束器、纺纱喷嘴和清纱器都安装在一个往复横向运动的轨道上，使得喂入的条子和生产的纱线都在不断地横向运动，使胶辊、胶圈的使用寿命比一般胶辊、胶圈延长 3 倍，磨砺和更换胶辊的次数相应减少，有助于降低维护工作和备件成本，还可确保纱线质量长期保持一致。

（4）两者在最高纺纱速度上存在差异，MVS No. 870 喷气涡流纺纱机最高纺纱速度为500m/min，J20 喷气涡流纺纱机最高纺纱速度为450m/min。

（5）筒子卷绕成形方面有所区别，MVS No. 870 喷气涡流纺纱机除能够卷绕圆柱形纱筒之外，还可以卷绕 4°20′/5°57′ 的锥形筒，便于后道工序中纱线的退绕，而 J20 喷气纺纱机只能够卷绕圆柱形纱筒。

（6）村田公司因最早推出喷气涡流纺技术并推向市场，积累了丰富的纺纱工艺经验，从而配置了纺纱导航软件，在纺纱导航软件中输入纤维特性（如纤维种类、细度、长度、混纺比）、条子定量、纺纱线密度等成纱工艺参数，系统便推荐牵伸比、纺纱速度、喷嘴气压等相应的最佳工艺参数，使设备的操作摆脱了对熟练工人的依赖，能很好适应企业人才流动频繁的现状。

第三节　喷气涡流纺纱设备主要构造与作用

一、设备结构构造

以 MVS No. 870 机型为例，介绍喷气涡流纺设备结构构造，如图 3-2 所示。喷气涡流纺纱机主要由车头部、主机架和车尾部三个部分组成。车头部主要由 VOS 主操作面板、气压调节与控制装置及驱动装置构成；主机架主要由纺纱器、接头与落纱装置及其他如清洁、安全等成纱辅助装置构成；车尾部主要由筒管储存与装载、筒子输送控制装置等构成。

喷气涡流纺纱机的成纱单元由条子供给部分、牵伸部分、纺纱部分、纱线质量监控部分、卷绕部分、捻接与落纱装置等组成。图 3-3 所示为 MVS No. 870 喷气涡流纺纱机成纱单元结构图，1 为棉条，2 为条子松解区域（导条架），3 为牵伸区域，4 为纺纱区域，5 为监控区域（电子清纱器），6 为卷曲区域，7 为捻接器（接头小车），8 为自动落纱装置（AD 小车），9 为筒子输送带，10 为站台保养区域。

二、牵伸机构与作用

（一）牵伸形式

喷气涡流纺纱过程是棉条经喇叭口导条器后从后罗拉喂入，再经条子牵伸单元牵伸进入加捻装置后成纱，最后经引纱罗拉（或张力罗拉）引出，通过卷绕成形装置卷绕形成筒子纱。喷气涡流纺纱线成纱牵伸过程可分为条子牵伸及纺纱牵伸阶段。

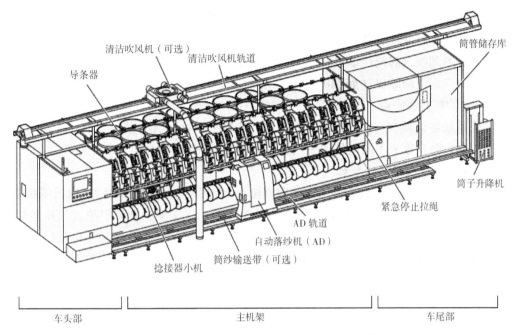

清洁吹风机（可选）　清洁吹风机轨道　　　　　　　　　筒管储存库

导条器

　　　　　　　　　　　　　　　　　　　　　　　　　　　筒子升降机

　　　　　　　　　　　　　　　　　　　　　　　紧急停止拉绳

　　　　　　　　　　　　　　　　　　AD 轨道

　　　　　　　　　　　　　　自动落纱机（AD）

　　　　　　　　　　筒纱输送带（可选）

　　　　　　捻接器小机

车头部　　　　　　　　　　　　主机架　　　　　　　　　车尾部

图 3-2 MVS No. 870 喷气涡流纺纱设备主机结构构造

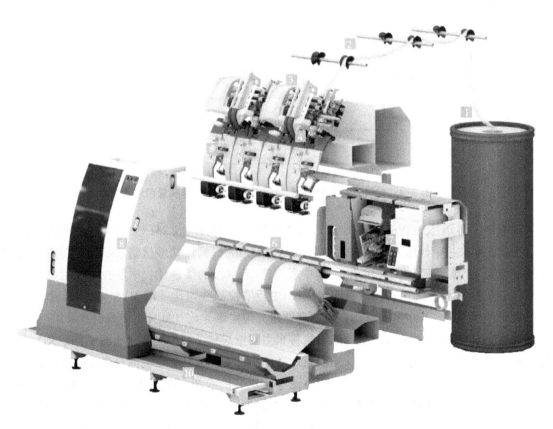

图 3-3 MVS No. 870 喷气涡流纺纱机成纱单元结构图

　　喷气涡流纺纱的条子牵伸单元均采用超大牵伸原理，棉条直接喂入成纱，牵伸形式为四罗拉双胶圈的牵伸，并设有断头自停装置。但从纱线行走路线看，牵伸工艺存在差异，如日本村田公司的系列喷气涡流纺纱机（如 MVS No. 861、MVS No. 870 等）采用下行式，瑞士立达公司系列喷气涡流纺纱机（如 J10、J20）采用上行式。

（二）牵伸机构及特点

　　喷气涡流纺纱机具有超大牵伸的特色，总牵伸倍数为 43~450，其中主牵伸倍数在 15~80 间变化。不同设备厂家或不同型号的喷气涡流纺纱机在牵伸区划分上也存在差异。

1. MVS 系列喷气涡流纺纱机

　　MVS 系列喷气涡流纺纱机牵伸机构由后罗拉 4、中后罗拉 3、中罗拉 2、输出罗拉 1、引纱罗拉（摩擦罗拉）5、张力罗拉 6 构成，如图 3-4 所示。中罗拉和前罗拉直接连接到车头柜的电动机，机器运行中常时旋转。后罗拉、中后罗拉按每纺纱单元单独靠电动机驱动，仅在纺纱单元发生断纱时，停止旋转；而中罗拉和前罗拉直接连接到车头柜的电动机，当与设备保持常时运转。

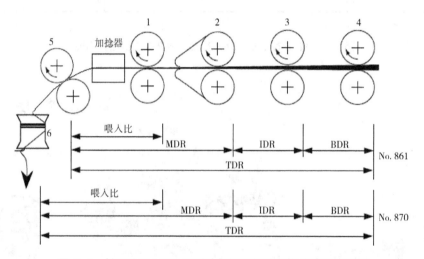

图 3-4　村田公司 MVS 系列喷气涡流纺纱机牵伸装置示意图

　　在牵伸区划分上，MVS No. 870 喷气涡流纺纱机与 MVS No. 861 喷气涡流纺纱机存在差异，主要区别在主牵伸区和喂入比划分上。MVS 系列喷气涡流纺纱机将中后罗拉与后罗拉产生的牵伸定义为断裂牵伸比（BDR），即中后罗拉/后罗拉的线速比；中罗拉与中后罗拉产生的牵伸定义为中区牵伸比（IDR），即中罗拉/中后罗拉的线速比；但 MVS No. 861 喷气涡流纺纱机将引纱罗拉 5 与中罗拉 2 间产生的牵伸定义为主牵伸比（MDR）（即引纱罗拉/中罗拉的线速比），MVS No. 870 喷气涡流纺纱机将张力罗拉 6 与中罗拉间 2 产生的牵伸定义为主牵伸（即张力罗拉/中罗拉的线速比）。因此，MVS 系列喷气涡流纺纱机的总牵伸比为断裂牵伸比（BDR）、中区牵伸比（IDR）与主牵伸比（MDR）的乘积。喂入比定义上，MVS No. 861 喷气涡流纺纱机将引纱罗拉 5 与前罗拉 1 间产生的牵伸定义为喂入比（即引纱罗拉/前罗拉的线速比），而 MVS No. 870 喷气涡流纺纱机将张力罗拉 6 与前罗拉间 1 产生的牵伸定义为喂入比（即张力罗拉/前罗拉的线速比）。

2. J20 喷气涡流纺纱机

J20 喷气涡流纺纱机牵伸机构由后罗拉 7 和 8、中后罗拉 5 和 6、中罗拉 3 和 4、前罗拉 1 和 2，以及引纱罗拉 9 和 10 组成，如图 3-5 所示。该设备在双列轴承牵伸系统中，下罗拉单独驱动，胶辊依次由下罗拉单独驱动。如果发生断头或质量剪切，只有受影响的个别纺纱器完全自动停止，待机械手接头后，该纺纱器自动重新开始生产，同时不用打开双列轴承牵伸系统，即可快速、轻松地喂入条子。此外，牵伸系统配有独特的喂入条子和纱线横动装置，减少了胶辊和胶圈磨损，从而降低维护成本和零部件费用。

与 MVS 系列喷气涡流纺纱机相比，J20 喷气涡流纺纱机没有张力罗拉装置，在牵伸区划分上，与 MVS 系列喷气涡流纺纱机也存在差异。J20 喷气涡流纺纱机将中后罗拉与后罗拉产生的牵伸定义为喂入牵伸比，即中后罗拉/后罗拉的线速比；中罗拉与中后罗拉产生的牵伸定义为中区牵伸比，即中罗拉/中后罗拉的线速

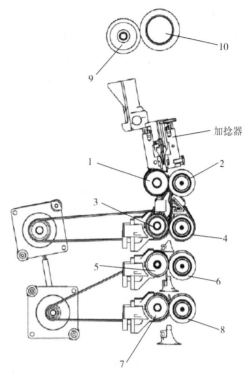

图 3-5　J20 喷气涡流纺纱机牵伸装置示意图

比；J20 喷气涡流纺纱机的主牵伸比是指前罗拉与中罗拉的线速比。J20 喷气涡流纺纱机将喂入牵伸比与中区牵伸比的乘积定义为预牵伸比，总牵伸比等于主牵伸比与预牵伸比之间的乘积。此外 J20 喷气涡流纺纱机将引纱罗拉 9 和 10 与前罗拉 1 和 2 之前的线速比定义为纺纱牵伸比，对应 MVS 系列喷气涡流纺纱机的喂入比。

三、加捻机构与作用

（一）加捻机构作用与组成

目前喷气涡流纺纱机加捻机构均采用单喷嘴形式，主要由纤维导引装置、喷嘴及空心锭子三部分组成，如图 3-6 所示。

导引装置　　　　　　喷嘴　　　　　　空心锭子

图 3-6　MVS 系列喷气涡流纺纱机加捻机构实物图

纤维导引装置的主要作用：一是利用自身的纤维导引通道将完成牵伸后的纤维须条连续不断地喂入加捻喷嘴中，以保证纺纱的持续进行；二是加捻纱线过程中，利用导引装置的结构设计阻止捻度往纤维导引通道内传递，防止须条结构过于紧密，不利于自由尾端纤维产生，降低包缠纤维比例，最终将影响到纱线强力的提高。

喷嘴的主要作用是利用产生的高速旋转气流对加捻腔中的自由尾端纤维进行加捻，使整根纱条外观呈现类似环锭纺纱线的包缠真捻外观；再者，喷嘴在须条输送与自由尾端纤维控制方面也扮演了重要作用：因高速旋转气流射流出口方向与喷嘴轴线（纱线输送方向）成一小于90°的倾角，将使得喷嘴入口处形成负压区，有利于将纤维须条头端引入纱尾，同时有助于产生的自由尾端纤维倒伏在空心锭子表面；此外，高速旋转气流对须条还会产生膨胀、分离作用，可使纤维须条的周向产生较多的自由尾端纤维。

空心锭子的主要作用是为自由尾端纤维提供倒伏的支撑面，从而有助于高速旋转气流对自由尾端纤维进行加捻；同时，为完成加捻的纱体提供向外输送的通道，保证纺纱的持续进行。

（二）加捻机构结构设计特点

不同设备厂家的喷气涡流纺纱机在加捻机构结构设计上存在差异。

1. MVS 系列喷气涡流纺纱机

MVS 系列喷气涡流纺纱机加捻机构组成如图 3-7 所示，由纤维喂入元件（针固定器）、喷嘴、空心锭子、辅助喷嘴四个主要部件构成。纤维喂入元件置于喷嘴入口位置的上部，提供纤维进入喷嘴的纤维入口螺旋通道，纤维喂入元件前端有针棒（导引针），引导纤维自上

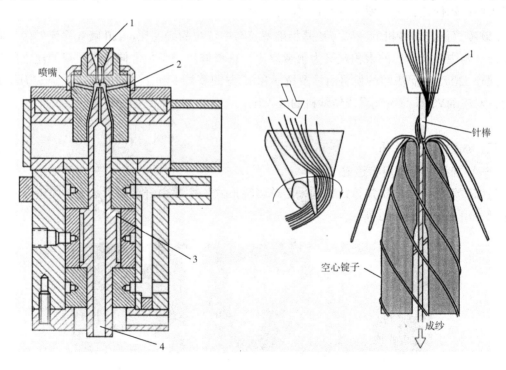

图3-7 MVS系列喷气涡流纺纱机加捻机构组成示意图

1—纤维入口　2—喷嘴喷孔　3—空心锭子　4—成纱出口

而下顺利进入空心锭子入口的纱尾；喷嘴内设有喷孔，主要提供压缩的气流，压缩空气通过喷孔形成高速旋转气流，以加捻自由尾端纤维；空心锭子置于喷嘴出口处，与喷嘴形成加捻腔，自由尾端纤维在高速旋转气流作用下倒伏在空心锭子入口，并绕纱尾高速旋转，空心锭子上部外表面提供纤维的支撑面；辅助喷嘴置于空心锭子内部，提供纱线捻接气压，同时提供纱线输出通道。

2. J20 喷气涡流纺纱机

J20 喷气涡流纺纱机加捻机构组成如图 3-8 所示，由纤维喂入单元、喷嘴、空心锭子及空气分离器组成。纤维喂入单元置于喷嘴入口位置的下部，提供纤维进入喷嘴的通道；喷嘴位于纤维喂入单元的上方，开有喷孔，压缩空气通过喷孔后形成高速旋转气流，加捻自由尾端纤维；同 MVS 系统喷气涡流纺纱机一样，空心锭子置于喷嘴出口处，与喷嘴形成加捻腔，自由尾端纤维倒伏在空心锭子入口，并受高速旋转气流作用加捻成纱；空气分离器置于空心锭子内部，提供纱线输出通道。与 MVS 系列喷气涡流纺纱机加捻机构相比，最大的区别有两点：一是纤维喂入单元并未配置导引针，而是利用对喂入元件的结构设计实现纤维顺利进入喷嘴加捻腔；二是纤维进入喷嘴加捻腔的方向不同，J20 喷气涡流纺纱机采用自下而上进入喷嘴加捻腔。

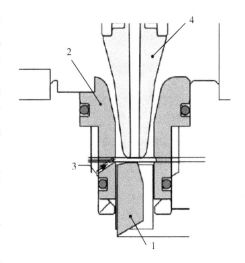

图 3-8　J20 喷气涡流纺纱机加捻机构组成示意图

1—纤维喂入元件　2—喷嘴　3—喷孔　4—空心锭子

四、卷绕机构与作用

1. MVS 系列喷气涡流纺纱机

MVS 系列喷气涡流纺纱机卷绕机构如图 3-9 所示，主要由张力罗拉（摩擦罗拉）、上蜡装置、横动导纱器、卷绕滚筒和卷取摇架构成。张力罗拉的设置是将张力罗拉堆积的残纱量复原，调整纱线卷绕张力，使张力固定在一定程度，同时纱线捻接时，完成纱线储存；张力罗拉处配有残纱检测器，以确认张力罗拉上卷绕的纱量，减少残纱、延缓卷绕速度并控制张力罗拉上的卷绕量，注意张力罗拉上有残纱时不进行捻接。上蜡装置是为减少卷绕时纱线的摩擦阻力而在纱线上打蜡的装置，上蜡过程中当蜡块残量减少，则前端面板的橘色灯会闪动，提示更换蜡块。横动导纱器往复导纱动程为 127mm（5 英寸）及 146mm（6 英寸）；卷绕的筒子纱最大重量为 4kg，最大卷绕直径为 300mm；筒子纱角度可根据需要进行调节，除能够卷绕圆柱形纱筒之外，还可以卷绕 4°20′/5°57′的锥形筒，便于后道工序中纱线的退绕；按每 8 个纺纱单元，将摇架轴安装在主机架上，且每个纺纱单元上均装备卷取摇架，卷取摇架筒子的安装或脱离，是通过开闭摇架来进行的。

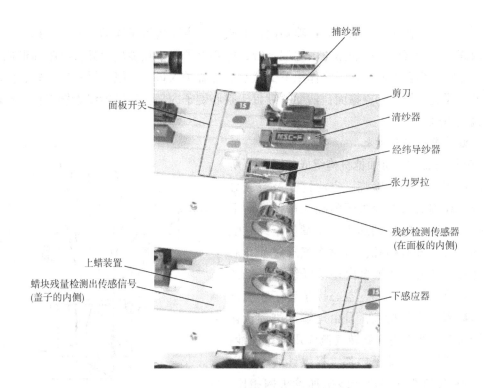

(a)卷取部位上部面板元件

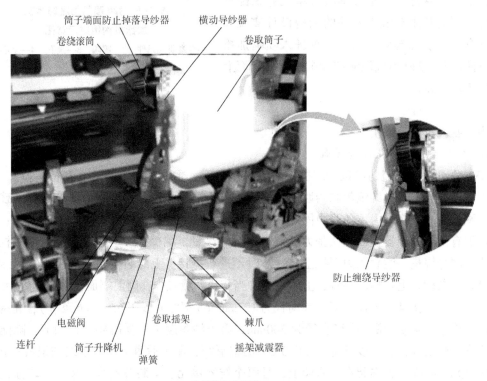

(b)卷取部位配置

图 3-9　MVS 系列喷气涡流纺纱机的卷绕机构

2. J20 喷气涡流纺纱机

J20 喷气涡流纺纱机卷绕机构组成如图 3-10 所示，主要由上蜡装置、横动装置、卷绕罗拉、卷绕器组成。与 MVS 喷气涡流纺卷绕机构相比，未配置张力罗拉装置。上蜡装置可根据纺纱需要在主控制面板上选择是否启用，当蜡块厚度≤5mm 时，需更换蜡块；横动装置往复导纱动程为 150mm；卷绕器由两个反向旋转盘组成的导向装置，与卷绕罗拉一起精确地引导纱线，完成筒子卷绕，完全消除了叠状卷绕及传统滚筒卷绕产生的摩擦，使卷绕张力均匀，减少了成纱毛羽，并为提高产量奠定了基础；卷绕器采用独立传动，卷装和纱线分配采用各自单独传动，在拆下一个卷绕器后，其相邻的卷绕器可以继续作业；J20 喷气纺纱机只能够卷绕圆柱形平行筒纱，卷绕交叉角设定可在 15°~46° 之间无级调整，最大卷绕直径为 300mm，最大卷装重量为 4kg。

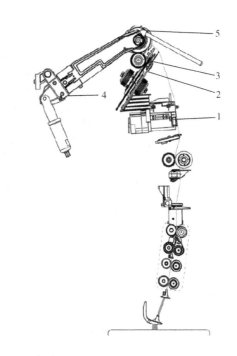

图 3-10　J20 喷气涡流纺纱机卷绕机构组成示意图

1—上蜡装置　2—横动装置
3—卷绕罗拉　4—卷绕器　5—卷绕卷装

第四节　喷气涡流纺纱原理

一、纺纱工艺过程

1999 年，Gray 和 Rozelle 等详细阐述了喷气涡流纺纱过程及成纱原理，如图 3-11 所示。成纱过程如下：经牵伸单元牵伸后定量的须条被吸入喷嘴进口前端的螺旋纤维通道，单纤维头端位于导引针的周围并沿此下滑，在导引元件的引导下，进入空心锭子入口处的喷气涡流纱纱尾的中心，然后受到喷气涡流纱纱尾的拉引；纤维尾端脱离前罗拉握持点后形成自由端，在受到高速旋转涡流作用后，纤维尾端倒伏在空心锭子入口的外表面，然后受高速旋转的涡流加捻，包缠于纱芯而成纱；加捻过程中捻度趋于向前罗拉传递，但导引针及螺旋纤维通道的存在阻碍捻度向上传递，这有利于纤维尾端脱离前罗拉钳口后，在涡流作用下形成较多的自由尾端纤维并倒伏在空心锭子入口的外表面；最后形成的纱线从空心锭子内部的导纱通道引出，经电子清纱装置清除纱疵后，卷绕形成筒子纱。

二、加捻腔内部流场流动规律

喷气涡流纺纱线成形单元最核心的元件是纤维导入通道、加捻喷嘴及空心锭子等。由加

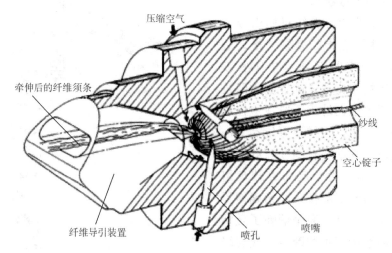

图 3-11　喷气涡流纺纱加工过程

捻喷嘴及空心锭子构成的区域称为加捻腔，加捻腔的高速气流的流动规律对纱线的形成起重要作用。通常加捻腔的高速气流流动规律通过对加捻腔进行流体建模，然后利用流场模拟软件对流体区域进行模拟，以掌握该区域的气流流动规律。基于 MVS No. 861 型喷气涡流纺纱机的喷嘴结构模型，加捻腔内部流场计算区域如图 3-12 所示。利用 Fluent 软件对图 3-12 所示流体区域进行模拟计算，获得喷气涡流纺加捻腔内部的气流流场速度矢量（图 3-13）。进一步分析，可以获得加捻腔 XZ 剖面静压与速度分布（图 3-14）及喷孔出口截面气流切向速度沿喷嘴半径的分布规律（图 3-15）。

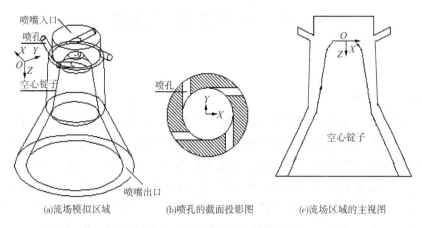

(a)流场模拟区域　　　　(b)喷孔的截面投影图　　　　(c)流场区域的主视图

图 3-12　加捻腔内部流场计算区域

　　通过对加捻腔内部三维气流流场的流动特征的数值计算可知：压缩空气经过喷孔后在喷嘴内部形成旋转气流，从而确保对加捻腔中形成的自由尾端纤维进行加捻；加捻腔中气流的切向气流符合旋转气流理论，远离喷嘴中心，气流的切向速度越大，对纤维的加捻强度越大。同时，从纤维输入端到空心锭子入口平面区域，静压为负值，这有利于单纤维在导引针的引导下顺利吸入喷嘴，同时喷孔出口及沿喷嘴出口方向静压较高，这易使倒伏在空心锭子上部

图 3-13　加捻腔内部流场速度矢量图

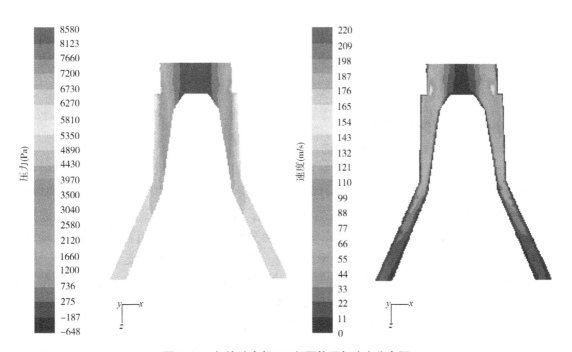

图 3-14　加捻腔内部 *XZ* 剖面静压与速度分布图

外表面的尾端纤维很好地帖服，从而提高加捻的效率。旋转气流向喷嘴出口推进过程中流速逐渐减小，主要因为气流黏性的原因；再者，旋转气流对集聚于空心锭子入口处的边缘纤维的自由尾端加捻，会消耗大量动能，从而加剧气流流速的衰减。

　　加捻腔内部结构影响加捻腔气流流动规律，喷孔倾角增加，喷嘴轴线负压先增大后减小，

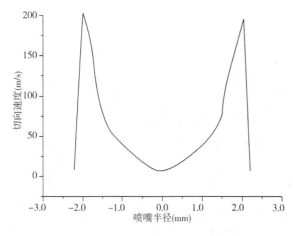

图 3-15 加捻腔喷孔出口处气流切向速度沿喷嘴半径分布曲线

倾角为 30°时负压最大;切向速度随喷孔倾角的增加而减小,轴向速度随喷孔倾角的增加而增大;喷孔出口速度越大,切向、轴向、径向速度越大,在喷嘴轴线上负压也越大;空心锭子外径对喷嘴内气流速度值影响较小,但空心锭子外径较小时可使喷嘴轴线上负压增大;随空心锭子与喷嘴入口距增加,速度场呈减小趋势,喷嘴内部静压减小,喷嘴进口负压增大。

加捻腔中,高速旋转气流对喷气涡流纱的加捻强度受喷孔数目、喷孔倾角、喷孔直径、喷嘴直径、空心锭子外径、喷孔出口速度(即喷嘴气压)、空心锭子入口与喷嘴入口距、尾端自由端纤维倒伏空心锭子上部的高度、纱线直径等参数影响。喷孔出口速度增加,旋转气流加捻强度增强;加捻喷嘴直径减小,旋转气流加捻强度增大;空心锭子入口与喷嘴入口距增加,旋转气流加捻强度减小;空心锭子外径增加,旋转气流加捻强度增加。

因此,对喷气涡流纺纱区域关键部件,如螺旋导入通道、加捻喷嘴及空心锭子等内部结构设计与优化是合理控制加捻腔内气流流动的关键,从而决定加捻腔中纤维的运动规律,进一步影响纱线结构的形成,最终影响成纱质量。

三、加捻腔内部纤维运动规律

(一) 加捻腔中纤维运动模拟与验证

基于有限单元法的纤维模型,通过纤维/气流耦合动力学模型的建立与求解模拟纤维在喷气涡流纺加捻腔中的运动。模拟发现纤维尾端在加捻中发生弯曲变形和螺旋形回转,呈波形运动,并在不同位置处与空心锭内壁发生频繁接触,如图 3-16 所示。纤维首先受到假捻作用,随后其尾端从纤维须条中扩展出来,成为自由分离状态。处于自由状态的纤维尾端通过周期性的螺旋回转,包缠在纤维须条上形成纱线。成纱的性能与纤维的运动规律有关,纤维的运动规律等受纺纱工艺参数(如喷嘴气压和纺纱速度)、喷嘴结构参数(如喷孔倾角、喷孔直径、喷嘴入口到空心锭子距离和空心锭子锥角)以及纤维类型(如棉纤维、黏胶纤维、莱赛尔纤维和涤纶)不同程度影响。纤维的分离程度越高,包缠周期数越多,回转幅度越大,则成纱的强力越高。但加捻腔中纤维/气流耦合动力学模型的建立需进一步改进,无法准确反映加捻腔中纤维的运动特征。

进一步,利用高速摄影技术,对自制的喷气涡流纺加捻腔中纤维运动进行实验观测,证实了纤维释放以后,位于喷孔出口附近区域的纤维部分在喷孔中喷射气流的作用下向外发生弯曲并开始绕喷嘴轴线进行回转,随后带动上游的纤维部分发生弯曲并开始回转;纤维尾端在空心锭子入口处发生了"倒伏"现象,并贴服在空心锭子外表面进行周期性回转。

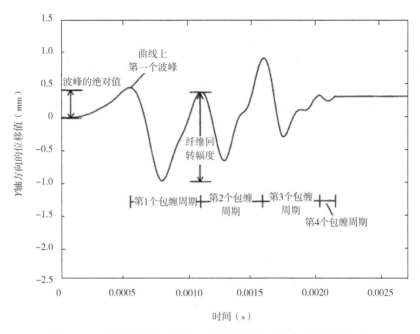

图 3-16 纤维尾端在 Y 轴方向的位移值随时间变化的模拟规律

（二）加捻腔中纤维受力分析

加捻腔中纤维的自由尾端受力分析如图 3-17 所示，纤维自由尾端受到切向气流作用力 F_t、轴向气流作用力 F_p、离心力 F_c 及与空心锭子外表面的摩擦力 F_m 的作用；嵌入纱体的纤维头端受到纱体的握持力为 F_y。其中轴向气流作用力 F_p 沿自由尾端纤维轴向分力为 F_{pa}、沿自由尾端纤维法向分力为 F_{pn}；离心力 F_c 沿自由尾端纤维轴向分力为 F_{ca}、沿自由尾端纤维法向分力为 F_{cn}；摩擦力 F_m 沿自由尾端纤维轴线的分力为 F_{ma}。

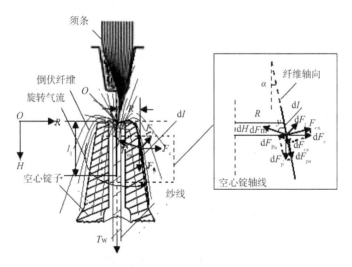

图 3-17 加捻腔中纤维自由尾端的受力分析

喷气涡流纺成纱过程中，纤维的受力决定了其运动状态。控制喷嘴气压、喷孔倾角、喷嘴入口内径、空心锭外径等参数可改变喷嘴内部流场速度，导致切向、轴向、径向气流对纤维的作用力发生变化。自由端纤维受到切向气流作用力 F_t 时，自由端纤维将绕空心锭子轴旋转，从而形成喷气涡流纱的包缠纤维。轴向气流使倒伏在空心锭子上部外表面的纤维自由端帖服于空心锭子，离心力的作用使纤维自由端脱离空心锭子外表面。

（1）当 $\mathrm{d}F_{pn} \leqslant \mathrm{d}F_{cn}$ 时，纤维的自由端开始脱离空心锭外表面，这将不利于自由端纤维理顺伸直，阻碍加捻的顺利进行，该情况在加工中应尽量避免。

（2）当 $F_{ca} + F_{pa} \geqslant F_{ma} + F_y$ 时，位于纱体中的纤维头端将受到抽拔（取等号时表示纤维开始抽拔瞬间）。当进入空心锭子入口处纱尾的纤维头端完全从纱体中抽拔出时，该纤维就会成浮游纤维，在气流作用下极有可能形成落纤。纤维从纱线中抽拔就意味着纱线单位长度的定重减少，从而引起纱线细节产生。定义纤维开始抽拔瞬间时自由尾端纤维旋转的角速度为临界角速度 ω_{fc}。当纤维旋转角速度 ω_f 大于临界角速度 ω_{fc} 时纤维头端将从纱体中抽拔，反之不会被抽拔。

临界角速度 ω_{fc} 随着进入纱尾的纤维头端长度 l_i 增加而增加；纤维半径 r_f 越大，ω_{fc} 越小，如图 3-18 所示。由此可知：随着纤维头端长度的增加和纤维半径的减小，从纱尾中抽拔出纤维头端需要更大的加速度，即需要更大的喷嘴气压；直径大的纤维比直径小的纤维的临界角速度小，则在同一喷嘴气压条件下，直径大的纤维纺纱时落纤、成纱细节较多。喷嘴气压增加可增强喷嘴加捻腔内涡流的流速，进而增加纤维自由尾端纤维绕纱轴旋转角速度，从而增加包缠强度，提高成纱强力；但是大的喷嘴气压将导致 ω_f 超过 ω_{fc}，从而引起对进入纱尾的纤维头端的抽拔，造成落纤量及纱线细节的增加。为此增加喷嘴气压首先提高纱线强力有利，超过某临界值后对纱线质量提高不利。

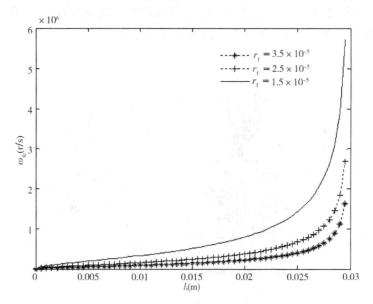

图 3-18 不同 r_f 时 ω_{fc} 与 l_i 关系曲线

须条在负压的作用下被吸入加捻腔，在进入初始阶段，纤维头端进入纱尾的长度较短，易受气流干扰，被气流带走，产生落纤。加大前罗拉握持点与空心锭子的距离将减弱对纤维的控制,当纤维头端进入纱尾的长度较短时,纤维自由端旋转角速度大于临界角速度,更易产生落纤、成纱细节。为此增加喷嘴内部负压,适当减小前罗拉握持点与空心锭的距离可减少落纤、细节的产生。

第五节 工艺参数设置与影响纱线质量因素分析

影响喷气涡流纺纱线质量的因素较多,这里从现有设备生产情况及可变参数着手,可将影响纱线质量的因素分为三类:一是纤维原料特性(如纤维细度、纤维长度、纤维长度整齐度、纤维油剂种类及含量等),二是关键纺纱器件的结构参数(喷孔数量及直径、空心锭子内径、前罗拉钳口与空心锭子距离、针座型号及集棉器宽度等),三是纺纱的工艺参数(罗拉隔距、牵伸倍数、喷嘴气压、纺纱速度、环境温湿度等)。下面对影响喷气涡流纺纱线质量的主要因素进行分析。

一、罗拉隔距

罗拉隔距的设置合理与否将影响须条牵伸过程牵伸斑的产生,从而对纱线条干不匀造成影响。牵伸隔距设置不合理,将使得牵伸区产生过多的浮游纤维,造成较大的牵伸斑产生,恶化纱线条干。纺合成纤维时,因为每种纤维特性的差别较大,隔距设定无固定情形,设定的隔距通常比合成纤维的最大纤维长再扩大 1~2mm。例如,38mm 等长纤维的情况,2—3 线间和 3—4 线间的隔距可使用 41~43mm,但若纤维原料的牵伸特性有很大变化时,也可调整为 43~45mm 及 45~47mm。当和棉纤维的混合率增加时,考虑棉纤维的长度,必须将距离设短。例如,32mm(上半部纤维平均长度 UHML 为 1.25 英寸)棉纤维隔距可采用 34~36mm。纺制棉纤维时推荐的罗拉隔距见表 3-2。棉、合成纤维混纺时,因纤维长度差异较大,牵伸过程容易产生牵伸斑,罗拉隔距应结合棉和合成纤维的长度综合考虑。

表 3-2 纺制棉纤维时推荐的罗拉隔距

UHML 上半部纤维平均长度		罗拉隔距(mm）	
英寸	mm	2—3 线	3—4 线
1.1	25	34	36
1.2	28	34/36	36
1.3	31	36	36
1.4	33	36	38
1.5	36	38	38/40
1.6	38	40	42

二、牵伸倍数

喷气涡流纺纱采用四罗拉双胶圈牵伸系统,构成后区牵伸区、中间牵伸区与主牵伸区,而各区的牵伸比分配及总牵伸比对纱线的质量会带来影响。

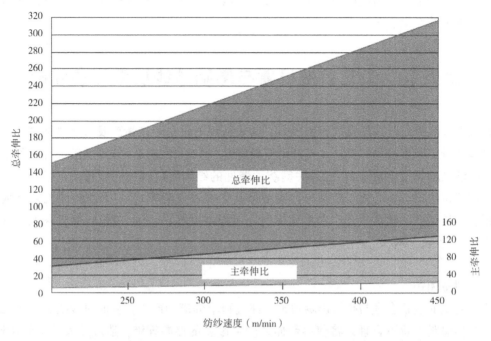

图 3-19　不同纺纱速度下 MVS NO. 861 机型牵伸倍数设置范围

通常牵伸倍数设置受到纺纱速度的影响。图3-19给出了不同纺纱速度下总牵伸比、主牵伸比的设置推荐范围。断裂牵伸比（3—4线罗拉）基本固定为2.0倍，但也可根据需要使用如2.5倍等其他情形。棉条定量、纱线线密度一旦确定后，中间牵伸比是决定牵伸分配的最重要因素。一般情况下，纺制100%合成纤维及其混纺比高的原料，因其不易发生牵伸斑，所以中间牵伸比可设定为2倍以上或者3倍以上；纺制100%普梳棉时，纤维长度整齐度差，为抑制牵伸斑的发生，应将中间牵伸比降低到1.2倍左右；纺制精梳棉时，因纤维的长度整齐度提高，中间牵伸比可适当提高，控制在1.5倍左右；纺制棉合成纤维时，因为纤维长度差异较大，中间牵伸比应结合棉和合成纤维的长度情况进行综合考虑。

按表3-3的不同牵伸倍数配置，14.8tex纯黏胶纱的质量对比见表3-4。通过统计与显著性分析表明：当条子定重高（对应总牵伸倍数大）时，中间牵伸倍数越低，纱线条干均匀性越好、纱线细节越少；最大总牵伸倍数为267倍时，与中间牵伸比为2.3倍相比，2.5倍水平下纱线断裂伸长和断裂功值较高，但两者断裂强度并未有明显不同；无论中间牵伸比为2.3倍还是2.5倍水平，高的纺纱速度将恶化纱线条干、毛羽、细节、断裂强度，低的纺纱速度，纱线性能较好，而纺纱速度较低（350m/min）时，更低的中间牵伸比配置将使纱线获得更高的纱线断裂伸长与断裂功能。因此，根据纤维原料不同，应合理配置喷气涡流纺各个牵伸区的牵伸倍数与其他纺纱工艺参数，确保获得更优的纱线性能指标。

表 3-3 不同牵伸倍数配置下的纺纱工艺条件

样品纱代码	1	2	3	4	5	6
三道棉条线密度（ktex）	3.94		3.19		2.68	
三道棉条不匀率（%）	3.07		2.92		3.34	
总牵伸比	267		216		182	
主牵伸比	58	53	47	43	40	36
中间牵伸比	2.3	2.5	2.3	2.5	2.3	2.5
断裂牵伸比	2					
纺纱速度（m/min）	400				350	
纱线线密度（tex）	14.8					
喷嘴气压（MPa）	0.5					
前罗拉与空心锭子距离（mm）	20					
锭子内径（mm）	1.1					
针座型号	8.8 L8					
喂入比—卷绕比	1.00—0.99					
罗拉设置	45—43—45—43					

表 3-4 不同牵伸倍数配置下的纱线样品质量对比

样品纱编码	1	2	3	4	5	6	7	8
纱线线密度（tex）	14.8	14.8	14.8	14.8	14.8	14.8	14.8	14.7
纱线线密度 CV 值（%）	0.48	0.58	0.62	0.51	0.58	0.53	0.56	0.52
纱线条干不匀 CV 值（%）	13.88	14.47	14.52	14.89	14.63	14.68	14.25	14.39
纱线细节（-50%/1000m）	15	23	24	32	24	24	22	24
纱线粗节（+50%/1000m）	45	51	50	75	47	40	35	33
棉结（+200%/1000m）	54	79	67	66	68	61	67	63
断裂强度（cN/tex）	16.67	16.56	16.30	16.39	16.43	16.46	16.66	16.61
断裂强度 CV 值（%）	3.98	4.30	3.45	3.50	4.05	3.51	3.83	3.54
断裂伸长（%）	8.83	9.41	9.47	9.42	9.34	9.47	9.52	9.22
断裂伸长 CV 值（%）	5.52	5.95	5.24	5.25	6.16	5.27	5.45	4.69
断裂功（N·cm）	7.66	8.01	7.92	7.93	7.89	8.03	8.09	7.85
毛羽 H 值（-）	3.51	3.41	3.44	3.46	3.51	3.51	3.18	3.23
毛羽 sH 值（-）	0.78	0.80	0.81	0.84	0.85	0.84	0.70	0.71

三、集棉器宽度

集棉器的尺寸根据颜色、纱线品种、纱线线密度以及用途的不同而做相应的变更。现有集棉器规格按颜色分开表示，不同颜色的集棉器代表不同的尺寸大小，详见表3-5。

表 3-5   MVS 系列喷气涡流纺机配置的集棉器规格尺寸

集棉器颜色规格	尺寸（mm）	集棉器颜色规格	尺寸（mm）
白*	1.5	绿	8.0
黑*	2.0	茶色	9.0
灰*	3.0	白*	10.0
黄	4.0	红	11.0
淡黄	5.0	黑*	12.0
粉色	6.0	灰*	13.0
蓝	7.0		

注   *表示该颜色有两种规格。

　　集棉器的安装，将使须条的牵伸阻力增加，但可以控制未经束缚而游动的浮游纤维，也具有防止来自罗拉间的纤维的掉落的功能。值得注意的是：集棉器宽度过窄，则对须条的牵伸阻力过大，会造成不规则牵伸，恶化纱线条干。因此，在不会对纱线质量造成不良影响情况下，可选择宽度较窄的集棉器，但尽可能不给须条的牵伸带来大的牵伸阻力。

四、纺纱速度

　　纺纱速度的快慢影响纱线形成过程中纤维在喷嘴加捻腔内的滞留时间，而不同滞留时间下，喷射空气的能量密度总和不同，这是喷射空气对加捻腔内纤维的加捻作用强度存在差异的根本原因，最终导致纱线特性发生变化。通常情况下纺纱速度越高，纱线手感越柔软，原因在于纱线在加捻腔中滞留时间短，受到喷射空气的加捻作用时间越短，使加捻效应减弱，自由尾端纤维对纱体包缠作用减弱，最终纱线结构相对蓬松所致；纺纱速度越低，纱线手感会变硬，原因是纱线在加捻腔中滞留时间长，受到喷射空气的加捻作用时间越长，使加捻效应增强，自由尾端纤维对纱体包缠作用较强，最终纱线结构相对紧密所致。因此，纺纱速度变化影响喷气涡流纺纱线的结构，而纱线结构变化将使得纱线质量性能（如纱线棉结、强伸性能、毛羽等）也相应变化。例如，对 14.6tex、19.4tex 和 29.2tex 的纯棉喷气涡流纱线，根据 ANOVA 分析结果可知，棉结随纺纱速度的增加而减小，纱线强力随纺纱速度减小而增大，纱线毛羽随纺纱速度的增加而增加，同时也会影响生产加工效率。实际生产中，纺纱速度的设定应将纱线品种、喷嘴气压等因素视为整体，综合考虑，兼顾生产效率与成纱质量，同时也应关注用户对成纱手感的需求。

五、喷嘴气压

　　喷嘴气压合理设定关系到纤维是否顺利通过螺旋通道吸入喷嘴入口，也关系到加捻腔中纤维尾端能否在喷射的压缩空气作用下形成开端化，确保更多的自由尾端纤维的形成，更关系到对自由尾端纤维的加捻效果。喷嘴气压增加，将使喷嘴入口处的负压增强，有利于将须条的纤维头端顺利通过螺旋纤维通道吸入喷嘴入口，确保纤维头端纤维在导引针（或导引块等部件）导引下滑入位于空心锭子的纱尾，确保整个纱线形成过程顺利进行；喷嘴气压增加，加捻腔中喷射空气的膨胀作用增强，对须条的开端化越有利，可以获得更多的自由尾端纤维，从而提高喷气涡流纱的包缠纤维数量，增加纱线强力；喷嘴气压增加，纤维受到喷射空气的能量密度总和增加，自由尾端纤维受到的气流加捻包缠的效应增强，纱体结构紧密，纱线强力提升，但纱线手感变硬，反之自由尾端纤维受到的气流加捻包缠的效应减弱，纱线结构蓬松，纱线强力下降，纱线手感较柔软。值得注意的是，并非增加喷嘴气压对成纱强力等质量指标都有利，如图 3-20 所示。当喷嘴气压达到临界值后，19.7tex 莫代尔喷气涡流纱强力随着喷嘴气压的增加，纱线强力呈下降的趋势，原因在于，喷射气流对进入喷气涡流纱纱尾的纤维头端抽拔作用力随喷嘴气压增加而增强，造成落纤纤维增加，减少了包缠纤维的数量，且纱线粗细节增加，纱线条干不匀也相应增加，进而使纱线强力下降。因此，喷嘴气压设定应综合考虑纱线品种、纺纱速度等因素，兼顾生产效率与成纱质量，同时也应关注用户对成纱手感的需求。

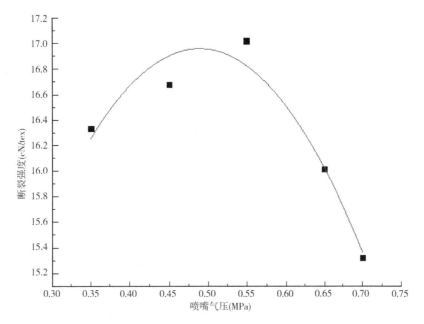

图 3-20 喷嘴气压对喷气涡流纱断裂强度的影响

六、前罗拉钳口与空心锭子距离

垫片在 MVS 系列喷气涡流纺纱机上的位置如图 3-21 所示。垫片的规格有 0.5mm、1mm、2mm 厚三种规格，可根据增减垫片的数量来调节前罗拉钳口与空心锭子的距离。例如，前罗拉钳口与空心锭子的距离被调整为 20.5mm 时，垫片的组合应满足：24mm − 20.5mm = 3.5mm，即（1×2mm）+（1×1mm）+（1×0.5mm）= 3.5mm。

前罗拉钳口与空心锭子距离的变化，将影响空心锭子在加捻腔中的位置，进一步影响加捻腔的三维流场区域。流场数值模拟发现，前罗拉钳口与空心锭子距离增加，将使得空心锭子中上部位在加捻腔中位置下移，增大了加捻腔的三维流场区域，使得气流对喷气涡流纱的加捻强度减弱，进而使喷气涡流纱的断裂强度降低。另一方面，前罗拉钳口与空心锭子距离增加，有助于须条纤维尾端的开端化，形成更多的自由尾端纤维，从而增加包缠纤维数量，提高喷气涡流纱的强力，但也存在另一现象，导致进入喷气涡流纱纱尾的芯纤维长度减小，

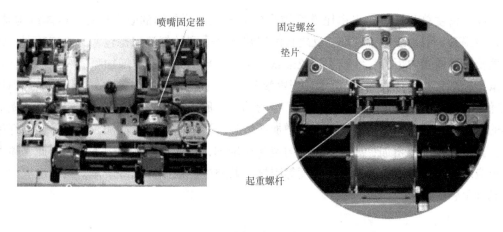

喷嘴固定器 　固定螺丝　垫片　起重螺杆

图3-21　MVS系列喷气涡流纺纱机垫片安装位置

使得喷射气流对纤维头端的抽拔概率增加，从而恶化喷气涡流纱强力。因此，前罗拉钳口与空心锭子距离对喷气涡流纱强力影响是众多因素共同作用而形成，其影响过程较为复杂。图3-22为19.7tex莫代尔喷气涡流纱强力受前罗拉钳口与空心锭子距离变化的影响规律，总体呈现向下开口的抛物线走势。前罗拉钳口与空心锭子距离，与纱线性能、纱线手感、可纺性有很大关系，应根据纱线品种，尤其是纤维特性做适当调整，注意调整时需同时改变构成一对纺纱单元的喷嘴固定器的位置。

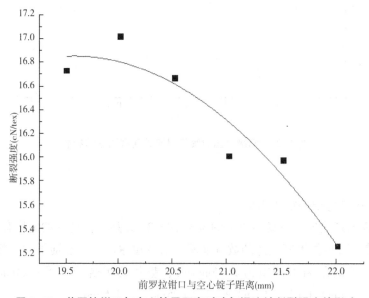

图3-22　前罗拉钳口与空心锭子距离对喷气涡流纱断裂强度的影响

七、空心锭子

空心锭子是构成喷气涡流纺纱加捻腔的重要元器件之一。空心锭子的结构形态影响加捻腔三维流场流动区域，从而影响加捻腔中气流的流动规律，最终影响纱线质量。因此，空心锭子的结构形态设计是改善与提升喷气涡流纺纱线性能的重要研究方向。空心锭子内径规格与适纺纱线线密度范围对照见表3-6。通常情况下，空心锭子内径越小，越适合于纺制细支纱，反之则适合纺制粗支纱。另外，通过使用小内径的空心锭子，可以实现在纺纱速度快及喷嘴压力低时纺纱的稳定性；还可使毛羽减少及纱强力提高，但有时会导致纱线手感变硬，棉结增加，条干均匀度恶化。直径大的空心锭子对纱线的容积增加，将有助于改善纱线的手感。有研究比较分析了1.1~1.4mm内径规格的空心锭子对纱线性能的影响规律，结果表明：对19.7tex黏胶喷气涡流纱而言，与选用1.1mm、1.2mm内径规格的空心锭子相比，选用1.3mm、1.4mm内径规格的空心锭子生产的纱线不匀率相对较低；用1.4mm内径规格的空心锭子生产的纱线强力最低，用1.3mm内径规格的空心锭子生产的纱线拥有较好的强力和断裂伸长率。总之，喷气涡流纺成纱工艺制订过程中，空心锭子内径规格的选择取决于纱线线密度、原料类别以及终端纱线的用途要求。

表3-6 空心锭子内径规格与适纺纱线线密度范围对照

空心锭子内径规格（mm）	适纺纱线线密度范围（tex）	空心锭子内径规格（mm）	适纺纱线线密度范围（tex）
1.0	7.4~13.1	1.4	19.7~39.4
1.1	9.8~16.9	1.5	23.6~39.4
1.2	14.8~29.5	1.6	29.5~39.4
1.3	16.9~39.4		

值得注意的是，空心锭子使用周期长短将对空心锭子入口顶部及入口内部表面的磨损情况产生影响，如图3-23所示。空心锭子入口顶部及入口内部表面一旦遭到磨损，将对纱线条干不匀、强力、伸长、毛羽产生负面影响，尤其是使用4个月后，对纱线质量的恶化特别显著。因此，一旦发现空心锭子前端出现欠缺、磨损的情况，需要及时更换空心锭子。此外，因部分纤维，如涤纶油剂的影响，生产过程中，将使空心锭子表面出现脏污，改变表面的摩擦界面，影响高速旋转的喷射空气对自由尾端纤维的加捻包缠，导致纱线弱捻的产生，需要及时清理空心锭子的脏污。

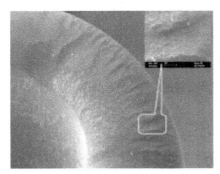 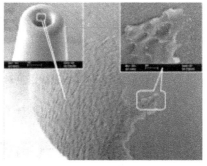

(a)入口顶部表面　　　　　　　　　　(b)入口内部表面

图3-23 1.4mm内径规格空心锭子使用4月后SEM图

八、纱线线密度

纱线线密度变化导致纱线直径变化，纱线直径变化对喷气涡流纱断裂强度的影响取决于两个方面：一方面是直接影响，即纱线直径变化使纱线截面内纤维数量发生变化，从而导致纱线断裂强度发生变化；另一方面是间接影响，即纱线直径变化对纱线形成过程的影响，最终影响纱线断裂强度的变化。实际研究中，可以通过比较不同线密度的纱线断裂强度来消除纱线直径变化引起的纱线截面纤维数量变化的影响。图3-24表明了纱线线密度对莫代尔喷气涡流纱断裂强度的影响，纱线越粗，纱线断裂强度越大。造成这一现象可能原因是纺制的纱线越粗，在涡流加捻腔中旋转气流作用下产生倒伏在空心锭子入口的自由尾端纤维越多，且单位长度包缠纤维对纱体的包缠次数越多，从而最终形成较多的包缠纤维，使包缠纤维占总纤维的比重增加，导致纱线断裂强度提高；再者，因为越远离喷嘴中心，旋转气流的切向速度分量越大，致使粗纱受到旋转气流的作用比对细纱的作用强，自由尾端纤维包缠纱体越紧密，从而提高成纱断裂强度；此外，对相同定量的条子而言，为获得不同线密度的纱线，牵伸倍数必然变化，而牵伸倍数的变化必然会影响纱线条干，进而影响成纱断裂强度，过大的牵伸倍数将导致纱线条干均匀度恶化，也就是说纱线线密度越小断裂强度越小。

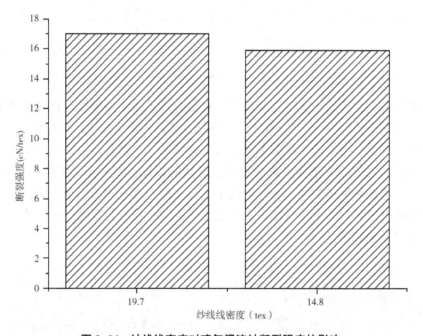

图3-24　纱线线密度对喷气涡流纱断裂强度的影响

第六节　喷气涡流纺纱线结构与性能

一、喷气涡流纱结构

（一）喷气涡流纱中纤维构象

由喷气涡流纱的成形机理与成纱工艺过程可知：纤维头端在负压的吸引、导引针的引导以及纱尾的拖拽作用下进入位于空心锭子入口的纱尾，成纱后位于喷气涡流纱的芯部，形成

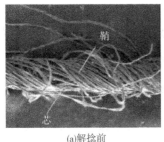 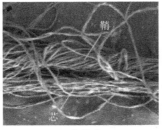

(a)解捻前　　　　　　　(b)解捻后

图 3-25　喷气涡流纱解捻前后 SEM 图

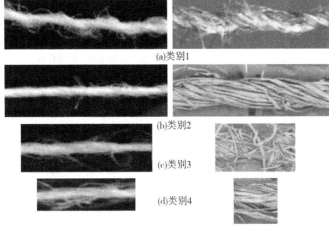

(a)类别1

(b)类别2

(c)类别3

(d)类别4

图 3-26　喷气涡流纱的结构分类

纱线平直、未发生弯曲变形；类别 3：形成了变化包缠角度的无规包缠构象，包缠纤维的比例较低，同时存在松包缠的情形；类别 4：未能形成包缠的结构，芯纤维未被加捻或存在少量的残余捻度。上述四种类型结构比重受到须条线密度、纱线线密度、纤维种类、混纺比等因素的影响。

　　包缠纤维的数量、包缠角度、包缠形态受纤维线密度、喷嘴气压、纺纱速度、纱线线密度、喷嘴角度等因素影响。进一步理论分析表明：喷气涡流纱中包缠纤维构象又细分成转移包缠纤维和规则包缠纤维，如图 3-27 所示。因此，喷气涡流纱中单根纤维的理想构象即为纤维头端伸直，位于纱芯，形成芯纤维，随后向纱线表层转移，形成转移包缠，最后包缠纱体，形成规则包缠结构。但事实上，因须条中纤维平行伸直度的影响，喷气涡流纱中纤维存在多样化的形态构象，通过对示踪纤维分

"芯"结构；然后纤维尾端成为自由端纤维后，在高速喷射的涡流作用下倒伏包缠纱体，形成"鞘"结构，如图 3-25 所示。

　　喷气涡流纱宏观上可看成是由芯纤维和包缠纤维构成，喷气涡流纱表层的包缠纤维是使其具有环锭纺纱线的真捻外观特征的关键。通过扫描电镜分析纱线结构后，通常可将喷气涡流纱的结构分成四类，如图 3-26 所示，即类别 1：平行的芯纤维被包缠纤维规则紧包缠，包缠螺距小，且紧包缠导致芯纤维发生弯曲变形；类别 2：与类别 1 的结构类似，但包缠纤维形成长螺距的包缠，

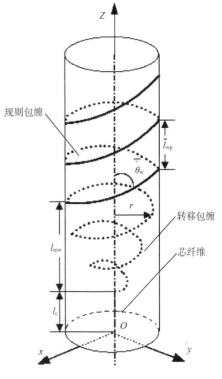

图 3-27　纤维空间理想形态构象简化示意图

析发现表 3-7 所示的典型纤维构象。纤维的理想构象是喷气涡流纱中纤维的主体构象，是保证喷气涡流纱强力的关键结构。要减少除纤维理想构象之外的其他无规纤维构象，需要尽可能提升须条中纤维的平行伸直度，同时确保须条中纤维尾端能很好地实现开端化。

表 3-7　喷气涡流纱中典型示踪纤维构象

示踪纤维构象示意图	分类
	直的
	理想构象（头端伸直、尾端螺旋包缠）
	弯钩（头端伸直、尾端弯钩）
	弯钩（头端弯钩、尾端伸直）
	弯钩（头端弯钩、尾端螺旋包缠）
	弯钩（两端弯钩）
	圈状结构
	无规纠缠

（二）喷气涡流纱横截面纤维分布

喷气涡流纱横截面纤维扫描电镜图如图 3-28 所示，相对应的横截面纤维沿纱线半径的堆砌密度如图 3-29 所示。由图 3-28、图 3-29 可知：纤维堆砌密度在纱线横截面内并不是均匀分布的，纤维堆砌密度的最高值集中在纱芯，且纤维堆砌密度的值从纱芯到纱线表面递减，

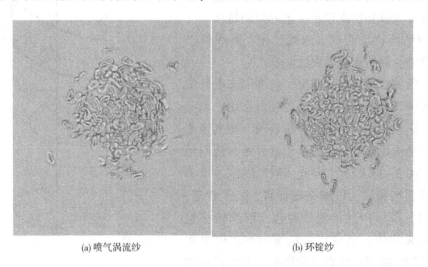

(a) 喷气涡流纱　　　　　　　　　　(b) 环锭纱

图 3-28　本色棉/色棉 85/15 18.2tex 喷气涡流纱与环锭纱的横截面 SEM 图

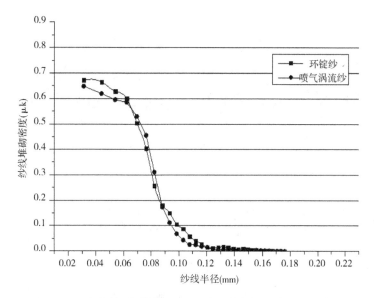

图3-29　本色棉/色棉 85/15 18.2tex 喷气涡流纱与环锭纱的横截面纤维沿纱线半径的堆砌密度对比

这与集聚纱、转杯纱和喷气纱等其他种类纱线的规律相似。喷气涡流纱的纤维堆砌密度在纱芯和纱线表层均小于环锭纱，这是由于在纺纱过程中，喷气涡流纱的芯纤维受到的径向压力是高速气流所致，环锭纱的芯纤维受到的径向压力则是机械加捻所致，而喷气涡流纱的芯纤维受到的径向压力小于环锭纱，这导致了喷气涡流纱的纤维堆砌密度在纱芯要小于环锭纱。另外，与环锭纱相比，喷气涡流纱表层的纤维堆砌密度较小，因此喷气涡流纱的毛羽数量较少。此外，喷气涡流纺的堆砌密度受到纱线线密度、前罗拉与空心锭子的距离、喷嘴气压和纺纱速度的影响。

二、喷气涡流纱特点与性能

喷气涡流纺纱是利用高速旋转气流加捻自由尾端纤维成纱，成纱原理既不同于传统的环锭纺纱，也不同于喷气纺纱、传统的涡流纺纱和转杯纺纱，这是喷气涡流纺纱形成具有独特纱线结构特征的关键，其纱线结构与常见的纱线结构对比如图3-30所示。对比分析发现：环锭纱毛羽较多且存在较多长毛羽、纱线外观呈现螺旋包缠的纤维外观；转杯纱由纱芯及外包缠纤维构成，且存在分层现象；喷气纱、喷气涡流纱与转杯纱一样存在纱芯与包缠纤维，但喷气纱包缠纤维有捆扎包缠现象，喷气涡流纱包缠纤维较喷气纺色纺纱增多，且包缠较均匀，有类似环锭纱包缠纤维的外观，但包缠纤维的螺旋包缠密度不如环锭纱。喷气涡流纱独特的成纱原理与纱线结构特点决定了其具有如下性能。

（1）因纺纱过程中短纤、棉节被去除，喷气涡流纱被誉为气流精梳纱（光洁纱），条干较均匀。

（2）喷气涡流纱毛羽较环锭纱、转杯纱大幅度减少，尤其是3mm以上的有害毛羽得到基本消除，原因是较长的突出纱体的纤维端受喷嘴内部气流作用容易包缠纱体，减少了形成长毛羽的概率，同时纤维头端进入纱尾位于纱芯，减少了纱线头端形成毛羽的概率。

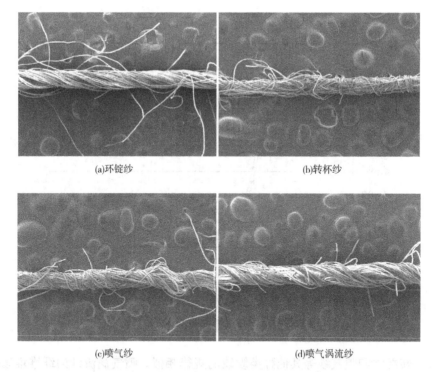

(a)环锭纱   (b)转杯纱

(c)喷气纱   (d)喷气涡流纱

图3-30　喷气涡流纱与其他纺纱系统纱线的 SEM 图

（3）喷气涡流纱断裂强力较喷气纱大幅提高，也高于转杯纱，但低于环锭纱的强力，一般可达环锭纱强力的 80%~90%；喷气涡流纱的弹性、断裂伸长及蠕变伸长介于喷气纱与环锭纱之间。

（4）喷气涡流纱织制的织物具有耐磨损、抗起毛起球、易吸湿、易染色及快干等优点。

第七节　喷气涡流纺纱产品开发

一、喷气涡流纺的适纺性

（一）适纺原料

喷气涡流纺纱机对可纺纤维的长度有明显的要求，原因在于主牵伸区的罗拉握持距固定，不能调整。不同喷气涡流纺纱设备的主牵伸区罗拉握持距有所差异，纤维的适纺长度也有所不同，如日本村田 NO.870 喷气涡流纺纱机主牵伸区罗拉握持距为 44.5mm，适纺纤维长度最长不宜超过 38mm；瑞士立达 J20 喷气涡流纺纱机主牵伸区罗拉握持距为 47mm，适纺纤维长度最长不宜超过 40mm。对化纤而言，纤维长度一般选择 38mm；对天然纤维而言，纤维长度尽量选择接近 38mm，如选择棉纤维，最好选用精梳长绒棉进行纯棉喷气涡流纱的开发。

喷气涡流纺纱机通常对再生纤维素、涤纶及它们对应的混纺产品有较好的品种适应性；同时在原料选配合理前提下，纯棉产品也可实现顺利纺纱。

此外，由喷气涡流纺纱原理可知，自由尾端纤维在高速旋转的气流作用下包缠纱体，因此，原料纤维的刚性不宜过大，否则影响包缠效果；同时，不宜采用长度整齐度较差的原料，因为纤维长度整齐度差，一方面影响包缠效果，另一方面较短的纤维容易形成落纤，影响纱线制成率。

（二）适纺速度与适纺纱线线密度

喷气涡流纺纱因摆脱了固体件旋转加捻导致离心力过大、无法提高纺纱速度的瓶颈，使纺纱速度较环锭纺、转杯纺（OE气流纺）大幅提高。纺纱速度的选择常需考虑可纺纱线线密度，各纺纱系统的纺纱适纺速度与适纺纱线线密度对照情况如图3-31所示。喷气涡流纺拥有高达500m/min的纺纱速度，因适纺纱线线密度的变化，纺纱速度在300~500m/min间变化。因纺纱原料差异，适纺纱的线密度在7.9~40tex间变化。从目前产品开发情况看，较多选择的纱线线密度范围在11.8~29.5tex。总体上看，转杯纺较喷气涡流纺适纺更高线密度的纱线品种，环锭纺较喷气涡流纺具有更广的适纺纱线线密度。

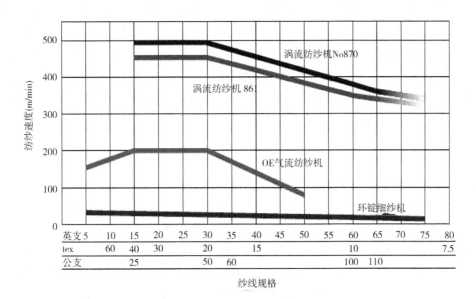

图3-31 喷气涡流纺与其他纺纱系统纱线的适纺速度与适纺纱线线密度

（三）其他适纺要求

喷气涡流纺纱拥有目前最快的纺纱速度，精心筛选与定期维护保养纺锭、喷嘴、胶辊等关键器材，合理选择与控制车间的温度和相对湿度是提高纺纱质量和效率的关键。尤其需要重视车间温湿度对可纺性的影响，车间温湿度变化影响须条尾端纤维的开端化，从而影响自由尾端纤维的形成数量，导致包缠纤维数量与包缠效果受到影响，最终影响成纱质量。车间温湿度的选择不合理，将导致生产过程纱线断头率大幅增加，严重影响生产效率。生产实践发现：生产过程应减少温湿度波动，车间温度应控制在26~30℃，相对湿度50%~60%为适。

二、产品开发

（一）化纤及其混纺纱产品开发

再生纤维素及聚酯类在化纤占比非常大。面对棉花等天然纤维日益紧缺状况，再生纤维素纤维具有原料资源丰富、可再生可循环的特征，其产品具有优良的综合使用性能，广泛应用在服装、家纺等领域。此外，以聚酯类的涤纶为代表，具有良好的抗皱性和保形性，具有较高的强度与弹性回复能力，坚牢耐用，广泛应用到男女衬衫、外衣、儿童衣着、室内装饰织物等领域。从目前喷气涡流纺纱开发品种统计估计，有70%左右机台以生产黏纤纱与涤/黏本色纱为主，这也导致常规品种同质化现象，引起产品价格恶性竞争，企业的盈利空间不断被挤压，部分企业因品种单一、产品积压出现亏损。针对这类产品，国内喷气涡流纺生产企业要加快产品结构调整步伐，改变目前使用原料单一、生产品种少、应用领域狭窄的局面，向原料、色泽、品种及用途多元化方向发展，开发差别化、功能化、时尚化的中高端喷气涡流纺纱线为目标定位，提升产品附加值。

（二）纯棉纱产品开发

棉纤维与化纤相比，存在纤维长度较短、整齐度较差的弊端，目前较少规模化应用开发纯棉喷气涡流纺纱。但棉纤维作为一种天然纤维，因服用舒适性较好，广受消费者青睐。利用优质棉花资源来开发高档纯棉与棉混纺喷气涡流纺纱线，一方面可以拓展喷气涡流纺纱品种范围，另一方面能使棉制品具有独特风格，产品档次显著提升，有助于增加企业盈利空间。例如，江苏悦达纺织集团有限公司通过优选棉花原料、优化纺纱工艺等多项措施，成功开发线密度为9.7~19.7tex的各种规格纯棉喷气涡流纱。与同规格的环锭纱相比，纯棉精梳喷气涡流纱具有毛羽少、纱体光洁、抗起毛起球等优良性能，是用于中高档服饰与家纺面料的理想纱线。

（三）包芯纱产品开发

纺包芯纱是一种复合纺纱技术，目前广泛用环锭纺进行产品开发，其中芯丝外露问题是否很好解决关系产品能否成功应用。利用喷气涡流纺开发包芯纱，能很好解决芯丝外露的现象，原因在于加捻腔中长丝的喂入连续性，确保其始终位于纱尾的中心位置，而倒伏的自由尾端纤维始终位于长丝周围，在高速旋转气流作用下均匀包覆长丝，从而杜绝了芯丝外露问题。目前，山东德州华源和浙江奥华开发了多款喷气涡流纺包芯纱产品，常采用的芯丝有涤纶丝、氨纶丝和锦纶丝；外包纤维以黏胶纤维、天丝、莫代尔、竹纤维等再生纤维素纤维为主，也有选用涤纶等合成纤维的情形。产品开发中，根据产品开发需求，可以选用单一类别长丝为芯丝，也可选用多元组分的长丝为芯丝，如选用涤纶丝与氨纶丝的双芯丝；此外，外包纤维与芯丝的互配比例应根据开发的包芯纱线密度进行合理设计。与环锭纺包芯纱技术相比，喷气涡流纺包芯纱技术，在生产效率、自动化程度等方面保持显著优势；在产品结构与性能方面，提高了产品的接头质量，大幅或基本消除了纱线的有害毛羽，具有独特的产品风格特征。因此，未来喷气涡流纺包芯纱产品开发将成为新型喷气涡流纺纱线今后开发的一个重要方向。

（四）色纺纱产品开发

色纺纱是将纤维先染色后进行原料选配，从而形成两种及其以上的色彩特征的纱线，后道不必经过染色处理即可直接用于针织物或机织物开发，产品具有色彩自然、时尚，色调柔和、温暖，且具有朦胧的立体效果。利用喷气涡流纺开发色纺纱，一方面因纱线性能优势，织成的织物具有毛羽少、耐磨性佳等优点；另一方面有助于提高传统色纺纱的生产效率，极大地拓展了色纺纱种类，以满足消费者高品质、个性化的需求。因此，喷气涡流纺色纺纱开发能进一步使纱线的附加值提高，增加盈利空间。目前喷气涡流纺色纺纱品种主要以黏胶纤维、涤纶、涤/黏色纺纱为主，也有少量的腈/毛、涤/棉等品种系列。未来喷气涡流纺色纺纱品种开发应更多借助传统色纺纱品种开发的经验，着力聚焦多纤混纺、差别化结构色纺纱开发，提升产品开发附加值。用喷气涡流纺技术开发色纺纱，必须针对染色后纤维性能变化及色纺纱小批量、多品种、变化快的生产特点，在原料选配、工艺优化及生产现场管理上进行创新，使色纺纱质量符合制造中高端服饰的要求，提升喷气涡流色纺纱的产品应用档次。

思考题

1. 比较喷气涡流纺纱与喷气纺纱的原理异同。
2. 比较 MVS No. 861/ MVS No. 870 与 J20 喷气涡流纺纱设备的异同。
3. 简述喷气涡流纺纱工艺控制要点。
4. 为什么喷气涡流纺纱落棉率较高？
5. 为什么喷气涡流纺纱线有害毛羽几乎为零？
6. 分析喷气涡流纺纱线结构性能特点。
7. 分析影响喷气涡流纺成纱结构与性能的因素。
8. 分析影响喷气涡流纺可纺性的因素，并思考如何提升。
9. 简述喷气涡流纺纱产品开发的趋势？

参考文献

［1］OXENHAM W. Current and future trends in yarn production ［J］. Journal of Textile and Apparel, Technology and Management, 2001, 2（2）：1-10.

［2］GRAY W M. How MVS makes yarns ［C］. Cotton Incorporated 12th Annual Engineered Fiber Selection System Conference, 1999. 5, 115-121.

［3］ZOU Z Y, CHENG L D. Study of creep property of vortex spun yarn ［C］. The Second International Symposium of Textile Bioengineering and Informatics, Hong Kong, 2009：118-121.

［4］BECEREN Y, NERGIS B U. Comparison of the effects of cotton yarns produced by new, modified and conventional spinning systems on yarn and knitted fabric performance ［J］. Textile Res. J., 2008, 78（4）：297-303.

［5］ZOU Z Y, CHENG L D. Analysis of viscoelastic behavior of mvs cotton yarn ［C］. International Conference on Fibrous Materials 2009, Shanghai, 2009：582-584.

［6］BISCHOFBERGER J, ANDEREGG P, GRIESSHAMMER C. Apparatus for producing a core spun yarn ［P］. U. S. Patent 6, 782, 685, 2001-12-18.

［7］BASAL G, OXENHAM W. Vortex spun yarn VS. air-jet spun yarn ［J］. AUTEX

Research Journal, 2003, 3 (3): 96-101.

[8] ROZELLE W N. Vortex spinning gains strength in U. S. textiles [J]. Textile Word, 1999, 149 (9): 73-74.

[9] PAUL P. Vortex spinning, a successful commercial implementation of fascinated yarn technology [J]. Manmade Textiles in India, 2005, 48 (5): 185-188.

[10] ARTZT P. Yarn structures in vortex spinning [J]. Melliand International, 2000, 6 (2): 107.

[11] ANDERSON D. Some characteristics of MVS yarn [C]. Slashing Technology, 2000 (3): 8.

[12] ERDUMLU N, OZIPEK B, OZTUNA A S. Investigation of vortex spun yarn properties in comparison with conventional ring and open-end rotor spun yarns [J]. Textile Res. J. , 2009, 79 (7): 585-595.

[13] GAZI Ö H, SÜKRIYE Ü. Pilling and abrasion performances of murata vortex spun cotton yarns [J]. Melliand International, 2005, 11 (4): 287-289.

[14] OXENHAM W. Fascinated yarns: a revolutionary development? [J]. Journal of Textile and Apparel, Technology and Management, 2001, 1 (2): 1-7.

[15] OXENHAM W. Developments in spinning [J]. Textile Word, 2003, 5: 12-16.

[16] ZHAO S H, JIANG X M. Effect of modern spinning technologies on the improvement of spinning ecological features [C]. 2006 International Forum on Textile Science and Engineering for Doctoral Candidates, 2006: 8.

[17] 裴泽光, 马乾坤, 孙磊磊. 村田 Vortex m 870 型涡流纺纱机初步解读 [J]. 上海纺织科技, 2013, 41 (11), 55-57.

[18] SCHNELL M. 喷气纺纱机 J20——纺纱领域的新维度 [J]. 纺织导报, 2012: 105-108.

[19] 秦贞俊. J20 型喷气纺纱机性能特点 [J]. 棉纺织技术, 2012, 40 (10): 678-680.

[20] 村田公司 NO. 861 设备手册.

[21] 村田公司 NO. 870 设备手册.

[22] 立达公司 J20 设备手册.

[23] 裴泽光. 喷气涡流纺纤维与气流耦合作用特性及应用研究 [D]. 上海: 东华大学, 2011. 4.

[24] ERDUMLU N, OZIPEK B. Effect of the draft ratio on the properties of vortex spun yarn. FIBRES & TEXTILES in Eastern Europe, 2010, 18, 3 (80): 38-42.

[25] ORTLEK H G, ULKU S. Effect of some variables on properties of 100% cotton vortex spun yarn [J]. Textile Research Journal, 2005, 75: 458-461.

[26] ORTLEK H G, NAIR F, KILIK R, et al. Effect of spindle diameter and spindle working period on the properties of 100% viscose MVS yarns [J]. FIBRES & TEXTILES in Eastern Europe 2008, 16, 3 (68): 17-20.

［27］ SHANG S, HU B, YU C, et al. Effect of wrapped fibre on tenacity of viscose vortex yarn [J]. Indian Journal of Fibre & Textile Research, 2016, 9：278-283.

［28］ ERDUMLU N, OZIPEK B, OXENHAM W. The structure and properties of carded cotton vortex yarns [J]. Textile Research Journal, 2012, 82 (7)：708-718.

［29］ 景慎全，章友鹤，周建迪，等．喷气涡流纺产品的结构调整及其应用领域的拓展 [J]. 纺织导报，2017, 11：68-72.

［30］ 章友鹤，赵连英，姜华飞，等．喷气涡流纺的品种开发及其关键技术 [J]. 棉纺织技术，2016, 10：29-33.

［31］ 刘艳斌，刘俊芳，宋海玲．喷气涡流纺涤纶包芯纱的开发 [J]. 棉纺织技术，2012, 6：46-48.

［32］ 邹专勇，胡英杰，何卫民，等．云竹纤维喷气涡流纺色纺纱的开发实践 [J]. 上海纺织技术，2013, 41 (1)：43-44, 61.

［33］ 陈顺明，姚锄强，姚雪强，等．应用转杯纺、喷气涡流纺技术开发色纺纱 [J]. 纺织导报，2017, 2：52-54.

［34］ 陈顺明，徐士琴，姚锄强，等．喷气涡流纺开发腈毛混纺色纺纱的技术探析 [J]. 纺织导报，2018, (1)：46-49.

［35］ 章友鹤，王凡能．用新型纺纱技术开发色纺纱的优势及相关技术探讨 [J]. 浙江纺织服装职业技术学院学报，2013, (4)：1-5.

第四章　转杯纺纱

本章知识点

1. 转杯纺纱机的纺纱工艺过程。

2. 转杯纺纱机的前纺要求与工艺设备。

3. 转杯纺纱机的机构特征及作用。

4. 转杯纺纱机的凝聚、剥离和加捻原理。

5. 转杯纺纱的质量影响因素及工艺控制。

6. 转杯纱的结构性能特点。

7. 转杯纱的产品开发方向。

第一节　概　　述

一、转杯纺纱发展历程

转杯纺纱又称气流纺纱，是 20 世纪 60 年代末期发展起来的一项新型纺纱技术，由于它具有高速、高产、工序短和卷装容量大等优点，发展极为迅速，已成为最成熟的非传统纺纱方法之一。

20 世纪初就有研究者开始研究自由端纺纱方法，经过三十多年的试验摸索，1937 年，伯塞耳森（Berthelsen）发表了有关专利，这是世界上出现的第一个内离心式转杯纺纱机的雏形。后来，研究者们陆续发表了大量的专利，但都停留在实验室阶段。直到 20 世纪 50 年代后半期，由于环锭细纱机锭速的提高受到限制及科学技术的发展，对转杯纺纱的应用研究才提到议事日程上来。

捷克是最早从事转杯纺纱工业应用研究的国家。1967 年捷克制成了比较完善的 BD200 型转杯纺纱机，投入工业使用，捷克后续持续对转杯纺纱技术进行研究，推出了 BD 系列的转杯纺纱机，处于国际领先地位。

日本丰田公司从 1958 年开始从事这方面的研究，直到 1967 年试制成功罗拉喂入式 TX 型转杯纺纱机，当年又从捷克引进了 BD200 型转杯纺纱机专利和图纸，同时还进口了 5 台捷克 BD200 型转杯纺纱机，并仿制了 39 台，后经改进的转杯纺纱机销于美国和亚洲等国家和地区。日本丰田公司研制的 MS400 型转杯纺纱机也投入成批制造。现在日本丰田公司制造的 AS 全自动转杯纺纱机、HS6 转杯纺纱机、HSL6 转杯纺纱机已销往世界各地。

德国舒伯特·萨尔策公司制造的 Rotospinnen/RLI0 型、Rotorspinner/Rull 型、Rotorspinner/

spinoomat 型，赐来福公司制造的 Autocoro 型，瑞士立达公司的 M1/1 型、M2/1 型等转杯纺纱机也广泛应用于工业生产中。

　　我国对转杯纺纱的研究，是从 1958 年开始的，通过多年的研究、摸索，现已形成一定的生产能力。我国于 20 世纪 70 年代先后生产了一系列转杯纺纱机，目前生产的转杯纺纱机主要有：上海生产的 CW2 型、A591 型、SQ1 型第一代转杯纺纱机；20 世纪 80 年代至今，山西经纬纺机厂先后生产了 FA601 型、FA601A 型、BD200SN 型（引进捷克专利）、CR2 型、F1603 型、TQF268 型、F1631 型第二代转杯纺纱机，天津生产的 TQF 型以及西安 113 厂生产的 FA611 型转杯纺纱机等。经过不断的改进，以及变频调速、同步带传动、计算机控制等先进技术的采用，新型转杯纺纱机的纺纱性能已达到国外同类机型的水平和规模。

二、转杯纺纱过程与成纱原理

（一）转杯纺纱工艺过程

　　如图 4-1 所示，棉条经过喇叭口 8，由喂给罗拉 6 和喂给板 7 缓慢地喂入，被表面包有金属锯条的分梳辊 1 分解为单根纤维状态；然后经过输棉通道，被杯内呈负压状态（风机抽吸或排气孔排气）的纺纱杯 2 吸入，由于纺杯高速回转的离心力作用，纤维沿杯壁滑入纺杯凝聚槽，凝聚成纤维须条。生头时，先将一根纱线送入引纱管口，由于气流的作用，这根纱线立即被吸入杯内，纱头在离心力的作用下被抛向凝聚槽，与凝聚须条搭接起来；引纱由引纱罗拉 5 握持输出，贴附于凝聚须条的一端，和凝聚须条一起随纺纱杯回转，而获得捻回。由于捻回沿轴向向凝聚槽内的须条传递，使两者连为一体，便于剥离。纱条在加捻过程中与阻捻头摩擦产生假捻作用，使剥离点至阻捻头的一段纱条上的捻回增多，有利于减少断头。引纱罗拉将纱条自纺纱杯中引出后，经卷绕罗拉 4 卷绕成筒子 3。

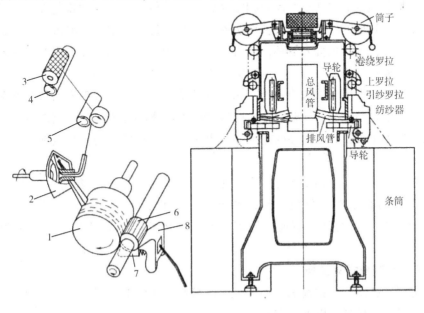

(a)工艺过程　　　　　　　　(b)转杯纺纱机剖面示意图

图 4-1　转杯纺纱工艺过程

1—分梳辊　2—纺纱杯　3—筒子纱　4—卷绕罗拉　5—引纱罗拉　6—喂给罗拉　7—喂给板　8—喇叭口

目前，国内主要有两种工艺路线配置。

（1）高效开清棉联合机（附高效除杂装置）→高产梳棉机→两道并条机→转杯纺纱机。

（2）高效开清棉联合机（无附加装置）→双联梳棉机→两道并条机→转杯纺纱机。

（二）转杯纺纱原理

转杯纺纱是利用高速回转的转杯及杯内负压，完成对纤维输送、凝聚、并合、加捻成纱的一种新型纺纱方法，它属于自由端纺纱范畴。转杯纺纱的成纱过程包括喂入、断裂、凝聚、加捻和卷绕。直接喂入纺纱器的棉条首先经过分梳辊分梳成单根纤维状态，使之与纤维条断开，形成自由端，然后将分梳后的单纤维脱离分梳辊锯齿，借气流输送到高速回转的转杯凝聚槽内并凝聚成须条。该凝聚须条随同转杯高速回转而加捻成纱，由引纱罗拉引出，卷绕成筒子纱。其纺纱原理如图4-2所示。

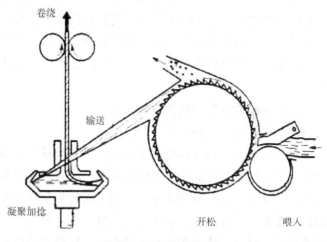

图4-2 转杯纺纱原理

三、转杯纺纱技术的特点与优势

（一）转杯纺纱技术的特点

转杯纺纱是利用机械力和空气动力相结合的方法进行纺纱的，加捻与卷绕分开，通过转杯回转使纱线获得真捻的效果。现代转杯纺纱机都是通过分梳辊，将喂入条子分梳成连续不断的纤维，并随气流均匀地输入转杯，由引纱卷绕机构将转杯纺的纱引出并卷绕成纱筒。由于转杯纺纱可以使加捻与卷绕分开，所以解决了高速和大卷装之间的矛盾。

转杯纺纱要继续发展必须解决两个问题：一是纺杯的高速回转带来的磨损问题和轴承负荷过大的问题；二是纺杯高速回转使杯内回转纱段上的离心力剧增，导致纺纱张力剧增和断头增多。从根本上来说，转杯纺纱的加捻方式仍然是陈旧和落后的，严重地限制了加捻能力的大幅度提高。

转杯纺纱的原料不仅以棉为主，而且还包括化纤、毛、麻、丝等，同时还包括废棉和再生纤维等。转杯纺纱与传统环锭纺纱相比，不仅具有高速高产、大卷装、流程短、改善劳动条件等特点，而且具有使用原料广泛、成纱均匀、结杂少、耐磨性和染色性能好等特点。

（二）转杯纺纱技术的优势

目前全世界转杯纺纱已达到800多万头，产量约占棉纱总产量的45%，我国也拥有100多万头，其优势主要体现在以下几方面。

1. 速度高、产量高

转杯纺纱速度是以纺杯的转数为标准，目前转杯纺纱速度一般为$6 \times 10^4 \sim 8 \times 10^4 \text{r/min}$。在纺粗支纱方面，转杯纺纱具有稳定地位的优势，完全可以替代环锭纺纱。

近年来，由德国赐来福公司制造的 Auto312 型及瑞士 R40 型全自动转杯纺纱机，转杯速度达到 $1.5×10^5r$ 以上，该机还配有电子清纱、自动接头、自动换筒、自动验纱装置及卷绕张力自动控制系统，纺纱支数最高可纺 60 英支，应用这种高档转杯纺纱机生产的针织用纱及牛仔布用纱，纱线及织物档次高，条干、纱疵和毛羽等均优于环锭纱，但强力略低一些，只有环锭纱的 80%，但由于转杯纱的纱疵少，强力均匀，纱线强力弱环少，在喷气织机上织造时织机效率反而比环锭纱高。

2. 产品独具特色、用途广泛

转杯纱的一大特色是条干均匀度好和棉结杂质粒数少，还具有蓬松、耐磨、保暖、染色性能好、纱线毛羽少等特点。因而用途比较广泛，不仅用于机织品，还可用于针织品。在机织产品中有：蓬松厚实的平纹织物；高质量的府绸；起毛均匀、手感柔和的绒布；外表美观、色泽鲜艳的纱罗；挺中有柔、绒条圆润的灯芯绒；布面光洁、透气性好、耐磨易洗的床单；还有绒毯、睡衣、毛巾被、提花布、窗帘布、家具装饰织物和工业用品等。在针织产品中，转杯纱的用途也很广泛，它能够用于编织棉毛衫、内衣、睡衣、衬衫、裤子、裙子、外衣、手套袜子等保暖性比较良好的产品。近年来，用转杯纱织制的劳动布、灯芯绒、薄绒衫、起绒织物、床单、纱卡等已打入了国际市场。

3. 工艺流程短、生产效率高

转杯纺纱可直接用棉条纺纱并直接卷绕成筒子纱，省去了粗纱和络筒两个工序，缩短了工艺流程，减少了设备和占地面积，制成的筒子最大重量可达 5kg，筒子容量大，落筒次数少，落筒时可以不关车，这样既减少了劳动量，又提高了生产效率，还节省了投资。生产率约为环锭纺的 4~6 倍。在省人、省工资费用方面，纺粗支纱时约为环锭纺的 1/4、纺细支纱时约为环锭纺的 1/3，在这方面还具有很大的发展潜力。

4. 改善劳动条件，减轻劳动强度

转杯纺纱的接头操作比环锭纺简单，并配有断头自停装置，可以防止纺纱器堵塞现象。再加上纺纱器是密封的，飞花外流少，清洁工作量不大，因而劳动强度比环锭纺纱低，劳动负荷环锭纺为 90%，而转杯纺则为 78.8%。再者由于飞花少，车间含尘量少，机器的噪声比环锭纺纱低，因而改善了工作环境和劳动条件。

同任何事物一样，转杯纺纱也有其不足的一面：就纱的强力来说要比环锭纱低 15%~25%，加捻效率只有环锭纺的 80%~90%。目前只适宜纺中、低支纱；设备造价比较高，一次性投资费用大；另外，在纱的质量上还存在着煤灰纱问题。

第二节　转杯纺纱主要机型与特点

一、国外转杯纺纱主要机型与特点

（一）国外转杯纺纱机主要机型的发展

苏拉·捷克公司（其前身为捷克 Elitex 公司）从 1967 年以来，生产的机型为 BD200M

型、BD200R 型、BD200RC（RCE、RN）型、BD200S（SCE、SN）型、BD-SD 型、BDA10
（N）型、BD-D1 型、BD-D2 型、BDA20 型、BD-D30 型，2002 年后生产的机型为 BD-D310
型、BD-D320 型、BD-D321 型、BD330 型；立达·捷克公司（其前身为捷克 Basetex 公司）
生产的机型为 BT902 型、BT903 型、BT905 型等。

德国赐来福公司从 1979 年开始研制全自动化转杯纺纱机以来，生产的机型为
Autocoro192 型、Autocoro216 型、Autocoro240 型、Autocoro288 型；赐来福公司被苏拉·捷克
公司兼并后，生产的机型为 Autocoro312 型和 Autocoro360 型。

瑞士立达公司（包括兼并的德国 Ingorstat 公司）从 20 世纪 70 年代以来，生产过 RU11
（02、03）型、RU04 型、M1/1 型、M2/1 型、RU14 型、R1 型、R20 型和 R40 型等机型。

除此以外，现在意大利萨维奥公司的 FRS 型转杯纺纱机仍占有一定的国际市场；日本丰
田公司制造的 BS 型、HS 型转杯纺纱机在我国也有一定的数量；德国青泽公司、SKF 公司分
别制造过 ZINSER342 型、SKF 型；英国 Platt 公司制造过 T883 型、T887 型；法国 SACM 公司
推出过 SACM300 型。

（二）国外转杯纺主要机型与特点

国外部分转杯纺设备主要技术特征见表 4-1。

表 4-1　国外部分转杯纺设备主要技术特征

机型	Autocoro312 型	R20 型	R40 型	BD-D320 型	BT903 型
锭距（mm）	230	245	245	210	216
每台锭数	312	280	320	288	192~240
每节锭数	24	20	20	16	16
适纺纤维长度（mm）	<60	<60	<60	<60	<60
纺纱线密度（tex）	15~240	10~125	10~170	15~250	15~240
转杯轴承形式	双盘支承，磁性止推	双盘支承，空气止推	双盘支承，空气止推	直接轴承，防震套	直接轴承，防震套
转杯转速（r/min）	40000~150000	60000~140000	40000~150000	31000~100000	36000~95000
分梳辊速度（r/min）	6600~9000	6500~8500	6500~9000	5000~10000	5000~10000
牵伸倍数	37~350	40~400	40~400	24~207	18~330
纺纱器	SE11 抽气式，整体式输纤通道	抽气式，分开式输纤通道	SC-R 抽气式，整体式输纤通道	抽气式短通道	排气式
引纱速度（m/min）	30~230	30~220	<235	30~170	27~170
转杯直径（mm）	28~56	28~56	28~56	36~52	50，36
分梳辊直径（mm）	65	80	65	64	64
排杂装置	大排杂，输送带	垂直大排杂，输送带	大排杂，输送带	小排杂，吸风管	小排杂，吸风管

二、国内转杯纺纱主要机型与特点

（一）国内转杯纺纱机主要机型的发展

山西经纬纺机厂从 1972 年起，先后生产过 CW1 型、CW2 型、A591 型、FA601 型、FA601A 型、BD200SN 型、F1603 型等机型，2002 年起生产 F1604 型、F1605 型等型。上海地区自 1975 年起到 1996 年有闽新、沪东、新型纺中心及二纺机先后生产过 AN9 型、SQ1 型、SQ1A 型、CR1 型、CQ2 型等转杯纺纱机。天津地区自 1975 年到 1994 年生产过 TQF3 型和 TQF4 型，西安远东生产过 FA611 型，江苏通州生产过 CR1 型，石家庄纺研所与川江于 1977 年起生产过 JA029 型、ZZF168 型、FA621 型等机型，2002 年起川江生产 FA621BH 型和 FA622 型，现在还有山西福晋（FA601A 型、F1603 型、FA608 型等）、榆次贝斯特（BS603 型、BS613 型、BS/D2 型等）、浙江泰坦（TQ168 型、TQ268 型）、浙江日发（RFRS10 型、RFRS20 型）、浙江精工等公司相继推出各自的转杯纺纱机。

（二）国内转杯纺纱主要机型与特点

国内转杯纺纱主要机型与特点见表 4-2。

表 4-2　国内转杯纺纱设备主要技术特征

机型	FA601A	F1604	F1605	FA621BH
每台锭数	200	168、192	192	168.192
锭距（mm）	120	200	230	195
适纺纤维长度（mm）	<40	<60	<40	22~38
纺纱线密度（tex）	15~100	15~166	17~125	16~100
喂入品线密度（tex）	6000~2200	5000~2200	5000~2200	5000~2200
转杯支承形式	直接轴承	直接轴承，防震套	双盘支承	空气动压支承
转杯转速（r/min）	50000	75000	90000	75000
转杯驱动方式	龙带	龙带	龙带	中频小电动机
分梳辊转速（r/min）	5000~9000	5200~8200	5000~9000	6000~9000
牵伸倍数	35~230	35~230	23~235	27~186
纺纱器形式	自排风	自排风	抽气式	抽气式
引纱速度（m/min）	<100	20~120	<150	50~140
转杯直径（mm）	54, 66	40~66	36~56	40~52
条筒直径（mm）	230	350	400	350
排杂及回收方式	小排杂，吸风管	小排杂，吸风管	大排杂，输送带	大排杂，输送带
机型	RFRS10	BS/02	FA608	TQ268
每台锭数	192	192	192	192
锭距（mm）	216	200	200	210
适纺纤维长度（mm）	<40	<40	<40	<60
纺纱线密度（tex）	16~120	15~150	15~100	10~250
喂入品线密度（tex）	2200~5000	2200~5000	2200~5000	3000~7000

机型	RFRS10	BS/02	FA608	TQ268
转杯支承形式	直接轴承，防震套	直接轴承，防震套	直接轴承，防震套	直接轴承，防震套
转杯转速（r/min）	90000	90000	75000	100000
转杯驱动方式	高速龙带	龙带	龙带	高速龙带
分梳辊转速（r/min）	5500~9000	5200~8200	5200~8200	5000~10000
牵伸倍数	32~220	30~240	35~230	28~300
纺纱器形式	抽气敞开式	自排风	自排风	抽气式
引纱速度（m/min）	50~150	40~150	20~116	<170
转杯直径（mm）	36~50	36~66	43~66	34~66
条筒直径（mm）	400	350	350	400
排杂及回收方式	大排杂，输送带	小排杂，吸风管	小排杂，吸风管	大排杂，吸风管

第三节　转杯纺纱设备主要构造与作用

转杯纺纱机主要由喂给、分梳、凝聚加捻和卷绕等机构组成。转杯纺纱所用的主要部件有转杯、喂给机构、分梳辊、阻捻头和引纱管等，整套装置称为纺纱器或纺纱单元。

一、纤维喂给机构与作用

在转杯纺纱机纺纱过程中，纤维的喂给机构主要由喂给喇叭、喂给板、喂给罗拉组成。其作用是将条子均匀喂入，并对条子施加一定压力，供分梳辊分梳。图4-3是喂给机构的示意图。

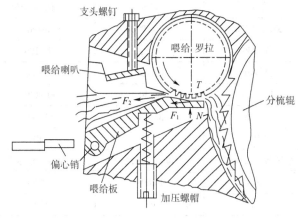

图4-3　喂给机构的示意图

（一）喂给喇叭

喂给喇叭的作用是引导条子和防止条子缠结，并且在条子进入握持机构以前，受到必要的整理和压缩，使须条横截面上的密度趋于一致，以扁平截面进入握持区，其横向压力分布要均匀。为避免意外牵伸，喂给喇叭的出口要尽量接近握持钳口，使纤维条子经过握持机构向前输送时，受到一定的张力，能够使纤维得到进一步地伸直。喂给喇叭的出口位置应稍低于分梳辊中心，以免缠绕分梳辊。

喂给喇叭内壁要求光滑，可减少对条子外层纤维的摩擦，避免破坏喂入条子的内部结构和均匀度。喂给喇叭的出口截面尺寸大小与喂入棉条定量有一定的关系，一般为 9mm×5mm、9mm×2mm、7mm×3mm 等。如果截面尺寸过小或棉条定量过重时，则容易阻塞；反之，当截面尺寸过大或棉条定量过轻时，则会失去收拢集聚的作用。

（二）喂给罗拉与喂给板

条子的握持喂给机构包括双给棉罗拉、喂给罗拉与喂给板组成的两种类型，目前，后者普遍使用。当条子从条筒中引出后，经过喂给喇叭收拢集聚后，以扁平状截面进入喂给罗拉与喂给板的握持区，一般喂给罗拉为表面带斜齿的沟槽罗拉，喂给板依靠弹簧加压（喂给板可绕支点上下摆动，可以自动调节加压大小），使喂给罗拉与喂给板比较均匀地握持条子，并借助喂给罗拉的积极回转向前输送，供分梳辊下一步抓取分梳。

如图 4-4 所示，喂给罗拉上带有斜齿纹沟槽，能够保证条子均匀稳定地喂给。喂给罗拉由喂给离合器驱动，齿轮与喂给轴组件上的蜗杆啮合。当纱断头后，离合器分离，喂给罗拉停转，使纺纱器中的纤维喂给中断。喂给轴组件由喂给轴和套在轴上的蜗杆组成，每根轴上套有八个蜗杆，它们能在喂给轴上移动，以便调整其与喂给罗拉上的斜齿轮的啮合位置。每根喂给轴有四个回转支撑，安装在纺纱器壳体上。

喂给离合器
齿轮

(a) 喂给罗拉结构示意图　　　　　　(b) 喂给罗拉实物图

图 4-4　喂给罗拉结构

分梳辊对条子的分梳与除杂效果，除了受到喂入条子结构的影响外，主要取决于喂给握持机构对条子的握持状态，以及喂给握持机构中喂给罗拉与喂给板设计的合理性。

条子在输送进程中会受到喂给板的摩擦阻碍，为了能使条子顺利输送，要适当增加喂给罗拉与条子之间的摩擦力，对条子施加适当的压力；为了能防止条子上下纤维发生分层现象，条子与喂给板之间的摩擦系数应尽量小些，故喂给板表面必须光滑。

为保证条子能顺利地通过喂给板而不破坏条子的均匀度，由喂给罗拉与喂给板组成的握持钳口要对条子有足够的握持力，且要求握持力分布均匀，握持稳定。因此，喂给罗拉加压要适当，若压力过小，条子会在罗拉钳口下打滑，影响分梳辊对纤维的分梳作用；若压力过大，则会增加喂给板对条子的摩擦阻力，出现上下纤维分层和底层纤维在给棉板上拥塞的不良现象。喂给钳口的压力来自由分梳腔体后侧的板簧经压缩后产生的反弹力，其大小可根据工艺要求调节板簧压缩量来设定。

为确保对条子的有效握持作用，喂给罗拉与喂给板之间的隔距大小要求自进口至出口应控制在由大到小的范围内，喂给板分梳工艺长度（指自喂给罗拉与喂给板握持点至分梳辊中心水平线与喂给板交点间的长度）应等于或接近于纤维的品质长度。

喂入转杯纺纱机的条子经过分梳辊分解后，由于要求达到单纤维状态，并排除微小的尘杂，因此，对喂入机构的设计要求较高，喂给板工作面的形状要满足分梳力由弱逐渐增强与均匀分解的要求。采用圆弧形喂给板，可以满足上述要求，有较好的梳理效果。

喂给板与喂给罗拉式的喂给机构，具有握持均匀，且须条中的纤维在分梳过程中不会过早脱离握持点以及控制纤维能力强的特点，适用于短纤维须条的喂给。而双罗拉喂给机构握持效果不如喂给板与喂给罗拉组成的喂给机构，但它能避免须条的分层现象，适用于长纤维须条的喂给。

二、纤维分梳机构与作用

将纤维分梳成单纤维主要是由分梳辊在喂给机构的配合下完成的。在分梳和输送时应尽量减少纤维损伤与弯钩纤维的形成，如分梳作用不足，易在成纱上造成粗节；如分梳作用太强，又会使纤维断裂，降低成纱强力。在分梳时，如针齿被纤维充塞，也会产生棉结和粗节。因此，良好的分梳辊结构及合理的工艺配置是使须条得到良好开松并提高成纱质量的关键。

（一）分梳机构与作用

转杯纺纱机上，分梳辊是在喂给机构的配合下，将条子梳理分解成单纤维并排除杂质，将纤维流转移到输送管道的元件，由龙带直接传动。分梳辊结构、包覆锯齿的规格和质量、分梳工艺参数等直接影响分梳质量。

1. 分梳辊结构

分梳辊一般采用铝合金或铁胎表面包有金属锯条或植有梳针的结构。目前生产中普遍采用高速小分梳辊，其直径为 60~80mm，转速为 5000~9000r/min，基本上能将条子分解成单纤维状态。分梳辊与喂给板和喂给喇叭的位置关系如图 4-5 所示。影响分梳辊分梳效果的因素很多，主要包括喂给机构、锯齿规格、分梳辊转速及喂入条子的定量等。实际生产过程中使用的分梳辊如图 4-6 所示。

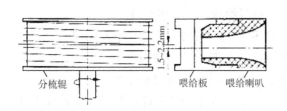

图 4-5　分梳辊与喂给板和喂给喇叭的位置

图 4-6　分梳辊实物图

2. 锯齿规格

分梳辊锯齿规格如图 4-7 所示。分梳辊的锯齿规格包括锯齿工作角、齿尖角、齿背角、齿高、齿深和齿密等，以锯齿工作角、齿高、齿密对分梳质量的影响最大。

根据不同的原料，选择不同的锯齿规格。锯齿型号与纺纱原料的关系见表 4-3。根据分梳理论分析可知，锯齿工作角对分梳效果起主要作用。

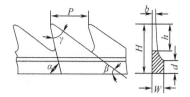

图 4-7　分梳辊锯齿规格

α—工作角　β—齿背角　γ—齿尖角
H—齿总高　h—齿尖深　b—齿尖厚度
P—齿距　W—基部厚度　d—基部高度

表 4-3　锯齿型号与纺纱原料的关系

锯齿型号	OB20	OK36	OK37	OK40	OK61	OS21
原料种类	棉，棉/黏，棉/涤	化纤，丝，毛/黏，毛/棉	化纤，丝，毛/黏，毛/棉	棉，棉/黏，棉/涤	腈纶，涤/棉，黏，毛/棉	化纤，毛/棉，棉/涤

（1）工作角。锯齿工作角与成纱质量的关系十分密切。在分梳辊转速固定的条件下，随着锯齿工作角的增大，转杯纱粗节、细节和棉结均会增加，条干不匀率也会增大，断头相应增多。这是因为锯齿工作角越大，纤维越容易脱离锯齿，削弱分解作用，影响成纱质量；相反锯齿工作角越小，纤维越容易被锯齿握持而增加分解作用，提高成纱质量。但工作角过小，纤维易绕锯齿，影响纤维转移。因此，在纺棉时，锯齿工作角较小；而纺化纤时，锯齿工作角必须适当放大。

（2）齿形。为了不仅能够加强对纤维的有效分梳，而且使纤维不绕锯齿，在齿形设计上，即在离齿尖一定深度以后，工作角改变为大于 90° 的角（即负角），配合采用圆弧形齿背，就能解决分解与转移的矛盾。齿尖角越小，越容易刺入条子，分解作用越强；但齿尖角过小，齿尖强度不够，同时齿尖角过小，齿背角必然增大，纤维易下沉，影响分解质量。

（3）齿密。齿密分纵向齿密和横向齿密。纵向齿密比横向齿密对分解质量的影响大，一般横向齿密（即横向螺距）变化不大。因此，选择齿密时，大多数考虑纵向齿密。齿密越密，分解作用越强。选择的齿密也要与纤维长度和摩擦性能相适应，如纺化纤时要兼顾分解与转移要求，齿密可选择稀些；棉型锯条的齿距较小，齿密相对较密。

（4）齿尖角与齿尖硬度。齿尖角越小，齿越尖，越容易刺入条子，分梳作用越强；但齿尖角过小，齿尖强度不够，同时会使齿背角增大，纤维容易下沉，影响分梳质量。此外，齿尖直接关系到齿尖的锋利度和耐磨度，齿尖硬度与锯齿材料和热处理有关。齿尖截面大小（即齿尖角太小）易发脆，为了延长锯齿的使用期限，可采用新型合金材料，金属镀层和特殊的淬火方法，都可以获得良好的效果，锯齿的表面光洁度对分解效果也有影响。齿尖淬火后，锯齿表面往往还存在淬火的痕迹而粗糙不平，易绕分梳辊。因此，在锯条上采用电解抛光或射线磨光，可以避免产生绕分梳辊现象，而且纱疵可显著减少。

3. 分梳辊转速

分梳辊转速大小对纤维分解、纤维损失、除杂和转移有显著的影响，最终影响成纱质量。

（1）分梳辊转速与纤维分解。一般而言随分梳辊转速提高，对纤维的分解能力加强。化学纤维的力学性质差异较大,分梳辊转速对成纱质量的影响尤为显著。

不同化纤对分梳辊转速的适应性也不同,黏胶纤维在 3000~12000r/min 范围内均能纺纱,涤纶加工的适应范围较小,腈纶分梳辊转速至少应为 5000r/min 才能正常纺纱,锦纶必须在较高的分梳辊转速下才能分解纤维。

纺黏胶纤维、锦纶、涤纶时,成纱强力都随分梳辊转速的提高而降低,但条干均匀度都得到改善。只有腈纶成纱的强力随分梳辊速度的提高而提高,条干均匀度随分梳辊转速提高而改善。

由此可见,加工化学纤维时,分梳辊转速要适当,一般在 5000~8000r/min 的范围内。由于化学纤维的摩擦系数较大,生产中纤维绕分梳辊是主要矛盾,因此,提高分梳辊转速,不仅有利于纤维转移,而且因化学纤维一般强力较高,只要分梳辊转速配置在适当的范围内,成纱强力能保持在一定水平,成纱均匀度能得到较大的改善。

(2)分梳辊转速与纤维损伤。分梳辊转速对不同长度纤维有着不同的影响,纤维越长,纤维损伤越严重。加工 38mm 纤维,其短绒率为 0.68%,加工 51mm 纤维,其短绒率高达 12.22%。

(3)分梳辊转速与除杂和转移。分梳辊转速与直径有关,直径大,转速可慢;直径小,转速要快。根据分梳辊上的纤维与杂质随分梳辊高速回转时,所产生的离心力 $F = mr\bar{\omega}^2$,m 为纤维或杂质的质量,r 为分梳辊半径,$\bar{\omega}$ 为分梳辊角速度。

由此可知,纤维或杂质所受到的离心力与分梳辊直径成线性比,而与分梳辊角速度成平方比。因此,分梳辊转速对离心力的影响显著,故采用小直径分梳辊提高分梳辊转速,更有利于杂质的排除和纤维的转移。

(4)分梳辊转速与成纱质量。一般说来,在工艺条件不变的情况下,分梳辊转速越高,分解作用越强,杂质越易于排除(有除杂装置的纺纱器),成纱条干好。在锯齿工作角固定条件下,随着分梳辊转速的提高,分解作用增强,转杯纱粗节、细节和棉结数量减少;条干不匀率降低,断头相应减少;但单纱强力降低,这是因为分梳辊转速提高造成纤维损伤的缘故。

分梳辊转速与条子喂入定量和喂入速度有关,当齿形和喂入定量一定时,绕分梳辊的纤维量随分梳辊速度提高而减少。同时,分梳辊的纤维量还随条子喂入速度的增加而直线上升。因此,喂入条子的定量重,单位时间内喂给量增加,则分梳辊的转速要大,否则容易绕分梳辊。同时,考虑到封闭式给棉,分梳辊采用小直径,结构比较紧凑。综上可知,分梳辊转速的具体选用,应结合加工原料、锯齿规格、喂入条子定量以及纺纱杯真空度大小等一起考虑,才能获得预期的效果。

三、排杂机构与作用

目前,在转杯纺纱机上普遍附加排杂装置,并将补气与排杂相结合,利用气流和分梳辊的离心力排除微尘和杂质,达到减少转杯内凝聚槽的积尘、稳定生产、减少断头、提高成纱质量、适应高速的目的。转杯纺纱机的排杂机构应在须条松解的过程中清除杂质,并将所有纤维定向转移到剥离处。采用排杂机构,有利于减少纺杯内凝聚的积尘,增加剥离点的动态强力,减少断头,为纺杯高速创造有利条件,并且可以延长纺杯的清扫周期,有利于减轻工人的劳动强度。

排杂装置的类型繁多，但其原理基本相似，归纳起来主要可分为固定式排杂装置和调节式排杂装置两大类。

（一）固定式排杂装置

图4-8所示为固定式排杂装置。在转杯纺纱过程中，被分梳辊1抓取的纤维和杂质，随着分梳辊一起运动。因纤维的长度长，受到空气阻力和分梳辊腔壁的摩擦阻力的作用，被锯齿握持较牢，而杂质的质量大、动量大，所受到的离心力也大，容易脱离锯齿，被分离出来。

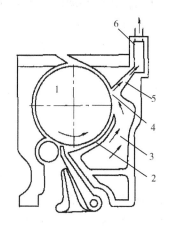

图4-8 固定式排杂装置
1—分梳辊 2—分梳点 3—补风通道
4—排杂口 5—排杂通道 6—吸杂管

当表面积小而质量较大的杂质经过排杂口4时，由于具有较大的动能，受到离心力的作用，从分梳辊上的锯齿抛出，经过排杂通道5及吸杂管6后，被车尾风机吸入吸杂管而进入车尾积尘箱。表面大且质量较轻的纤维，则被补入气流带回分梳辊锯齿，重新参加纺纱过程，从补风通道3进入的气流，一部分沿分梳辊表面进入输纤通道，满足工艺吸风要求；另一部分经吸杂管进入排杂通道，有助于输送尘杂。根据排杂口的大小分，固定式排杂装置可分为固定式大开口和固定式小开口两种排杂装置，固定式大开口排杂装置具有更高的排杂效率。固定式排杂装置的排杂口大小及位置都是固定的，具有结构简单，除杂效果好的特点，被广泛用于生产过程中，其发展趋势为：①将排杂与补气通道分开，减少排杂与补气的相互干扰，减少排出尘杂回收；②放大排杂口，使杂质有充分排除的机会；③排杂口的位置要合理，使分梳辊带动的气流从切向流入排杂通道。

（二）调节式排杂装置

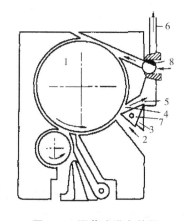

图4-9 调节式排杂装置
1—分梳辊 2—固定补风口 3—导流板
4—排杂口 5—排杂通道 6—补风口
7—吸杂管 8—可调补风阀

调节式排杂装置可分为多孔与单孔调节式两种。图4-9所示为单孔调节式排杂装置。杂质受到离心力的作用，自排杂口4排出，经过排杂通道5后由吸杂管7吸走。固定补风口2补入的气流起托持纤维的作用，防止纤维随杂质排出。可调补风阀8可以根据原棉的含杂情况，及成纱质量的不同要求，调节落棉率及落棉含杂率的大小。调节时只要旋动补风阀，使补风口6的通道打开1/6、1/2或全部。当补风口通道减小时，此处补入的气流量减小，而由于纺纱杯真空度的影响，固定补风口补入的气流量增多，回收作用增强，落棉量减少，落棉中排除的主要是大杂；当补风口通道开大时，因此补风口靠近纺纱杯，此处补入的气流量增多，而固定补风口受纺纱杯真空度的影响减弱，补风量减少，落棉量增多。调节式排杂装置最大的特点是排杂与补气分开，在补气通道处设计了一个阀门，用于调节补气量的大小，进而达到控制落棉率和落棉含杂率的目的，但结构较为复杂。

四、纤维的剥离与输送

（一）分梳辊周围的纤维运动

纤维在分梳辊周围的运动过程如图 4-10 所示。1 为分梳辊刺入须丛的始梳点，2 为分梳点，3 为分梳辊与腔壁间最小隔距区的终点，4 为剥离点即输送管的入口位置，5 为输送管道的出口位置。在分梳辊的周围，1—2 间为分梳区，2—3 间为输送区，3—4 间为剥离区，4—5 间为气流输送区。

经过分梳除杂区后，纤维在分梳区被分梳辊分梳为单纤维后，纤维随分梳辊一起进入输送区，在此区域，因分梳辊与其腔壁间的隔距很小（0.15mm），纤维受到分梳辊腔壁摩擦阻力的作用，被锯齿握持得很牢。当纤维到达剥离区时，由于分梳辊锯齿与其周围气流通道管壁间的距离增大，纤维在离心力及气流静压差的作用下，逐渐向齿尖滑移，并沿齿尖的圆周切向抛出。到剥离点 4 处，分梳辊又进入与腔壁最小隔距的状态，纤维则随气流进入气流输送区，即输送管道。此后在输送管道的引导下，纤维经过隔离盘与纺纱器壳体间的扁通道，到达纺纱杯滑移面，沿纺纱杯滑移面滑入纺纱杯的凝聚槽。

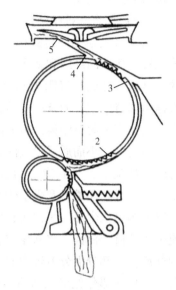

图 4-10　纤维在分梳辊周围的运动过程

（二）纤维的剥离

在剥离区内，因由分梳辊转动所带来的气流，以及从补风口补入的气流运动，为了使从锯齿剥离的纤维有一定的伸直度和方向性，要求剥离区内气流的流动速度大于分梳辊的表面速度。分梳辊到气流通道管壁间气流的分布如图 4-11 所示。由图 4-11 可知，气流的流速在靠近分梳辊胎基表面处较低，沿分梳辊径向存在气流速度梯度，因而齿根的静压大于齿尖的静压，加上纤维自身的离心力，纤维的剥离使得纤维克服锯齿的摩擦阻力而向齿尖滑移，最后脱离锯齿，随着高速气流运动。

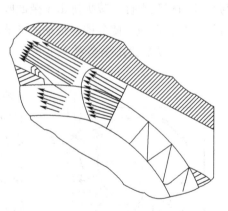

图 4-11　剥离区气流流速分布图

在剥离区内，气流的速度与分梳辊表面的比值称为剥离牵伸。实践得知，为使纤维从分梳辊上顺利剥离，剥离牵伸保持在 1.5~2 倍。锯齿的光洁度、锯齿的工作角、纤维和锯齿的摩擦系数都影响纤维的剥离。如果大量纤维到达剥离点时尚未脱离锯齿而被分梳辊带走，则出现绕分梳辊现象。

图 4-12 所示为一根纤维的剥离和伸直过程：图 4-12（a）为纤维的前端刚刚进入剥离区；图 4-12（b）为纤维的滑至锯齿尖端，其弯钩部分受高速气流的作用开始伸直；图 4-12（c）为纤维的大部分脱离锯齿，前端已基本伸直；图 4-12（d）为纤维完全脱离锯齿，前端已进入

输送管道。

(三) 纤维的输送

纤维的输送是指输送管道内的气流对纤维的转移与输送。转移与输送的要求是：保持单纤维状态并尽可能使弯曲或弯钩纤维伸直，并保持运动方位、定向、定点地输送到凝聚槽，达到纤维顺利转移和均匀输送的目的。为了保证纤维在运动过程中定向度和伸直度不恶化，输送气流应加速运动，使纤维的输送过程同时也是一个纤维伸直、牵伸的过程。

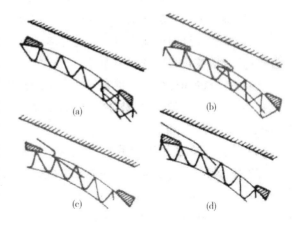

图 4-12 纤维的剥离和伸直过程

(1) 剥离区内纤维的伸直。如图 4-12 所示，纤维在进入剥离区后，由于气流及自身离心力的作用，克服锯齿摩擦力向锯齿齿尖滑移，滑至锯齿尖的端纤维，其弯钩部分受高速气流的作用开始伸直。在剥离区内，为使纤维的定向伸直度更好，剥离牵伸应大于 1.5~2 倍。

(2) 输送管道内纤维的伸直。为确保输送管道内纤维能够顺利伸直，一般输送管道中的剥离牵伸倍数保持在 1.5~4 倍，输送管道截面要设计成渐缩形，以使气流在管道内的流速随截面的减小而逐渐增大，即输送气流呈加速运动。因作用在纤维上的气流力与气流和纤维速度差的平方成正比，因此，纤维前端所受到的气流力大于后端，从而使纤维受到拉伸和得到加速，拉伸有利于纤维的伸直，加速可使相邻纤维间头端的距离增大，有利于纤维的分离。输送管道应光洁，其收缩角不宜过大，以免产生涡流回流，影响纤维的顺利输送。

由于要求剥离区管道内的气流速度必须大于分梳辊的表面速度，因此，纺纱杯的真空度和分梳辊的转速必须配合恰当。如果分梳辊转速较高而纺纱杯真空度较低，分梳辊带动的气流量超过纺纱杯的吸气量，则破坏了气流的平衡条件，将会使气流在输送管道口发生回流现象，影响正常输送和纤维定向伸直，并造成分梳辊的严重返花。自排风式纺纱杯的真空度取决于纺纱杯自身的转速，当纺纱杯的转速较低时，纺纱杯的真空度也低，分梳辊的转速不宜过高，否则气流失去平衡，将影响纤维的正常剥离与输送。为确保输送的正常进行，转杯内的吸气量应大于分梳辊所带的气流量，使分梳辊至纺杯间形成速度梯度。否则，渐缩形输送管道气流不但不能使纤维加速和伸直，而且会使气流在输送管道出口通道发生回流现象，造成分梳辊的返花。因此，当转杯纱毛羽增多时，一方面要增大转杯的真空度，另一方面要降低分梳辊的转速。

五、纤维凝聚加捻机构与作用

(一) 凝聚加捻机构组成与作用

转杯纺纱机的凝聚加捻机构主要由输送管道、隔离盘（自排风式用）、纺纱杯（或称"转杯"）、阻捻盘、引纱管等机件组成。凝聚加捻机构的作用是将分梳辊分梳后的单纤维从分离状态重新凝聚成连续的须条，实现棉气分流，经过剥取，并且加上一定的捻回而成纱，再由引纱引出，以获得连续的纱线。这是转杯纺纱实现连续纺纱必不可少的条件。

实现纤维凝聚的方法和机构型式很多，效果也不一样，但基本原理都是将分解后的单纤维和输送纤维的气流通过凝聚机构进行分离，将气流排除而保留纤维，并排列成连续的须条，为连续加捻成纱准备必要的几何条件。

实施对纱条的加捻任务，也有各种不同的机构，但基本作用原理是相同的，即将纱条一端握持，另一端绕其轴线回转，对纱条加上捻回。转杯纺纱的凝聚与加捻是依靠纺纱杯旋转完成的。

（二）纺纱杯分类及其作用

纺纱杯一般用铝合金制成，外观近似截头圆锥形，其内壁称为滑移面，直径最大处称为凝聚槽，纺纱杯高速回转产生的离心力起凝聚纤维的作用，所以又称为内离心式纺纱杯。纺纱杯每一回转，就给纱条加上一个捻回。因此，纺纱杯是凝聚加捻机构的主要部件。

目前纺纱杯按纺纱杯内负压产生的原因分两种类型：一种为自排风式（图4-13），纺纱器主要由输送管道、阻捻盘（自排风式纺纱杯与隔离盘结合在一起）、纺纱杯等部件组成。自排风式纺纱杯逐渐被淘汰，但目前国内仍有相当数量的此种机器。另一种为抽气式纺纱杯（图4-14），纺纱器主要由输送管道、吸风机、纺纱杯、阻捻盘等部件组成。

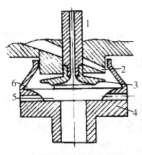

(a) 自排风式纺纱杯主视图

(b) 自排风式纺纱杯实物图

图4-13　自排风式纺纱杯

1—引纱管　2—输送管道　3—阻捻盘
4—纺纱杯　5—排气孔　6—凝聚槽

1. 纺纱杯中气流和纤维的运动规律

由于纤维质量比较轻，其运动规律基本上由气流的运动规律来决定。因此，控制纺纱杯内气流的运动规律，不仅可以控制纤维运动，而且也能够达到提高成纱质量和减少断头的目的。纺纱杯的排气方式不同，杯内气流运动的规律也不同。不论是抽气式还是自排风式，均是在纺纱杯内形成一定的真空度，以便从输送管道和引纱管中吸入气流，依靠这两股气流达到输入纤维和吸入引纱的目的。

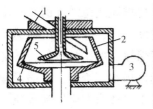

(a)抽气式纺纱杯主视图

(b)抽气式纺纱杯实物图

图4-14　抽气式纺纱杯

1—输送管道　2—纺纱杯　3—吸风机　4—凝聚槽　5—阻捻盘

（1）自排风式纺纱杯。自排风式纺杯在纺纱杯4下部开有若干排气孔5，当纺纱杯高速回转时，如离心风机一样，产生的离心力将气流从排气孔排出，而在纺纱杯内形成负压，使输送管道2内气流与纤维吸入纺纱杯，气流不断从排气孔排出，纤维则不断沿纺纱杯壁斜面滑移到离心力最大（即直径最大）的凝聚槽6内，形成周向排列的须条。引纱纱尾也在纺纱杯负压的作用下从与假捻盘相连的引纱管 1 吸入，在离心力作用下被甩至凝聚槽内，与已凝聚的须条相接触。此时纺纱杯回转产生加捻作用，然后卷绕机构将凝聚槽内须条连续地剥取、加捻成纱，并卷绕成筒子。

自排风式纺纱杯的特点是杯内负压与纺杯转速有关，每只纺纱器的负压大小稳定一致。自排风式纺纱杯的气流主要从纺杯上方的输送管道和引纱管补入，然后从底侧部的排气孔排出，随着纺杯的回转，气流呈空间螺旋状自上而下地流动。从输送管道出来的纤维在未到达凝聚槽前，受纺杯内气流的影响，可能会直接冲向已被加捻的纱条上，形成松散的外包纤维，影响纱线的强力与外观，为防止这种俯冲的飞入纤维，凝聚加捻机构中必须配备隔离盘。

（2）抽气式纺纱杯。抽气式纺纱杯是利用吸风机从纺纱杯内吸风，使气流从纺纱杯顶部与固定罩盖的间隙中被抽走而在纺纱杯 2 内形成负压。抽气式纺纱杯的特点是内气流从输送管道和引纱管补入后，依靠外界风机集体抽气，进入杯内气流从纺杯与罩壳的间隙被吸走，随着纺杯的回转，气流呈自下而上的空间螺旋状。为避免气流的影响，输送管道必须伸入纺杯内，且比较接近纺杯的杯壁。抽气式纺纱杯的特点是内负压与风机风压、抽吸管道长度有关，所以全机纺杯负压有差异。

由于两种纺杯内的气流流向不同，所以纺纱情况不同。自排风式纺纱杯凝聚槽中易积粉尘，断头后杯内有剩余纤维，需清除后方可接头。因其纺杯构造复杂而造价高，运转时噪声大。抽气式纺杯薄而轻，造价低，运转噪声小，适应于高速，纺杯内粉尘易被气流吸走，断头后可直接接头，有利于使用自动接头器。

2. 纤维在纺纱杯壁上的滑移运动

当纤维到达纺纱杯壁后，随着纺纱杯的回转，纤维在离心力的作用下，会克服杯壁的摩擦阻力，而呈螺旋线滑向凝聚槽。转杯滑移面与水平线的夹角即滑移角 α（图 4-15）大，杯壁对纤维的摩擦阻力大，纤维滑移困难。实践证明，$\alpha > 70°$ 就不易纺纱；但若 α 过小，纤维滑移速度过快，少数纤维尚未到达凝聚槽即附着于纱条上，使外包纤维增

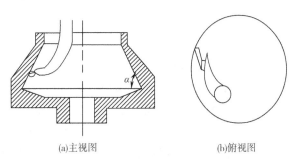

(a)主视图　　　　(b)俯视图

图 4-15　输送管道出口的纤维运动

加，断头增多，而且纤维滑移过快也不利于纤维在滑移过程中伸直。转杯滑移大小与纤维对转杯的摩擦因数有关。因此，要根据纺纱品种选择相应滑移角的转杯，α 一般在 60°~65°。

3. 纤维在纺纱杯内的并合作用

当纤维进入纺纱杯后，在向凝聚槽凝聚的过程中发生了大约 100 倍的并合作用，这样的并合作用不仅对改善成纱均匀度具有特殊的作用，而且它也是转杯纺纱的均匀度比环锭纺纱好的主要原因。当喂入条子线密度低，成纱线密度高，纺纱杯直径大、转速高，喂入罗拉直径小、转速慢时，纺纱杯的并合作用强，成纱条干好。特别当喂入棉条不匀或喂给机构不良而造成周期性不匀时，只要不匀的波长小于 πD（D 为纺纱杯直径），纺纱杯的并合作用就能改变这种不匀，从而保证成纱均匀度。

4. 凝聚槽

凝聚槽的形式较多，规格不一，一般情况下主要包括有两种：一种是截面为圆形槽的凝聚槽，另一种是截面为 V 形槽的凝聚槽。实践证明，V 形凝聚槽凝聚的须条结构紧密，纤维之间的抱合力大，成纱强力增加。所以，现代纺纱杯多采用 V 形凝聚槽。

V 形凝聚槽截面的角度称为凝聚角，如图 4-16 所示。凝聚角的大小、深度应与所纺线密度、喂入品的含杂量相适应，它们对成纱质量有很大的影响。凝聚角角度过大，凝聚须条的结构不紧密，影响成纱强力；角度过小，凝聚槽中的尘杂，不易被纱条带出而随气流排除，所以容易积杂，若尘杂增多将影响成纱的强力和断头。所纺纱线线密度大、含杂多，凝聚角宜大；反之，线密度小、含杂少，凝聚角宜小些。T 形杯适用于普梳机织纱、针织纱，S 形杯适用于加工棉纤维，U 形杯适用于加工粗特纱，G 形杯适用于加工精梳纱。凝聚角一般为 50°~80°。

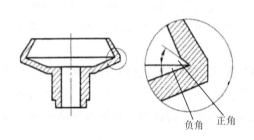

图 4-16　凝聚槽的结构

为了兼顾凝聚须条的紧密和便于顺利排除积杂，纺纱杯的凝聚角设计成由正角和负角组成，如图 4-16 所示。通过凝聚角顶端垂直于纺纱杯轴的平面，将凝聚角分为两部分：在杯口一侧的称正角，应使纤维易于滑入；在杯底一侧的称负角，应使尘杂易被纱条带出。正角使纤维易于滑入，负角使尘杂易于被纱条带出。凝聚角的负角一般为 15°~20°。在纺制同一产品时，凝聚角小，纺杯的自我清洁作用较好，成纱强力高；采用较大凝聚角，则缠绕纤维较少。

5. 纺纱杯的直径和转速

（1）纺纱杯的直径。通常情况下是指纺纱杯凝聚槽的直径，纺纱杯的直径有大直径和小直径之分，但没有严格界限。国内以 60~67mm 为大直径，以 50~57mm 为小直径。在低速和其他纺纱工艺条件相同的情况下，大直径纺纱杯的成纱质量比小直径优良，而且大直径纺纱杯还有利于运转操作，降低断头以及减少纺纱杯的磨损。但在相同转速条件下，大直径纺纱杯的动力消耗比小直径大，而且大直径纺纱杯不适用于高速。

纺纱杯直径的选择要与纤维长度相适应，一般认为纺杯直径必须大于纤维的主体长度，有利于减少缠绕纤维，并使纤维从输送管道向纺纱杯杯壁过渡时，纺纱杯的回转角不至于过大而影响棉气分离，适当的回转角有利于纤维和空气分离。纺杯直径也应与纺纱线密度相适应，线密度越大，则纺杯直径相应增大。在相同转速的条件下，大直径纺杯比小直径纺杯的成纱质量优异，但动力负荷增加。自排风式纺纱杯因结构较复杂、所用材料多，纺杯直径较抽气式纺杯大。

（2）纺纱杯的转速。纺纱杯转速与纺杯直径、纺纱线密度、纺纱杯轴承类型及纺纱器有无排杂装置有关。

①纺纱杯转速与成纱质量的关系。转杯纱的产量与纺纱杯的转速及纺纱线密度有关，纺纱杯转速越高产量越高。但产量高，喂入的原料多，分梳效果差，使束纤维增多，纺纱杯的积杂也多，影响成纱质量，增加断头。当纺纱杯直径一定时，提高纺纱杯转速，可增加产量；

但纺纱杯速度过高，必然降低纤维的分梳、除杂效果，并加大纺纱段的假捻捻度，使成纱强力降低，粗细节、棉结增加，不仅影响成纱质量，而且使断头率增大。所以纺纱杯转速的选择应视成纱质量而定。当产量一定时，为了稳定质量，纺细特纱时纺纱杯速度宜高，纺粗特纱时纺纱杯速度宜低。

②纺纱杯转速与纺纱杯直径的关系。转杯纱的纺纱张力与纺纱杯转速、纺纱杯直径的平方成正比，而纺纱张力又与纱线的密度、强力，以及纺纱过程中的断头密切相关。由于纺纱张力受转杯纱自身强力限制，故不能过大。所以，大直径纺纱杯转速宜低，小直径纺纱杯转速宜高。

③纺纱杯转速与纺纱杯轴承的关系。纺纱杯高速必须有适应于高速的纺纱杯轴承做保证。纺纱杯轴承有滚动轴承和滑动轴承两类。滚动轴承采用龙带传动的纺纱杯，其轴承分直接轴承和间接轴承（加防震套轴承），直接轴承因滚珠长时间处于高速摩擦状态，噪声大，寿命低。后者能吸收震动，使纺纱杯回转稳定，故纺纱杯的转速可高于前者。间接轴承通过托盘支撑纺纱杯轴，纺纱杯速度可提高。滑动轴承分空气轴承和磁悬浮轴承，依靠轴与轴承间形成的气膜或磁场支撑。随着这种轴承的进一步完善，将为转杯纺纱进一步实现高产高速创造条件。

④纺纱器有无排杂装置。纺纱器有无排杂装置会影响纺纱纱杯的转速，有排杂装置的纺纱器，纺纱杯积杂少，成纱质量好，转速可以提高。

（三）隔离盘

1. 隔离盘的位置

输送管道与扁通道组合位置示意图如图 4-17 所示。隔离盘 2 是一个表面有倾斜角、边缘上开有导流槽的圆盘，装在阻捻头上，位于输送管道出口与纺杯凝聚槽之间。隔离盘主要用于自排风式纺纱杯中，自排风式纺纱杯内的气流自上而下地流动，位于输送管道出口 5 与纺纱杯 3 凝聚槽之间，它的顶面与纺纱器壳体的间隙形成一个环形扁通道，扁通道与输送管道相连。自分梳辊 1 剥离下来的单纤维，随气流由输送管道输出，从输送管道出来的纤维，在未到达凝聚槽以前，会受到气流运动的影响而俯冲到回转纱条上，形成缠绕纤维。自分梳辊剥离下来的单纤维，随气流通过输送管道，通过扁通道而到达纺纱杯 3 的滑移面，然后滑向凝聚槽。

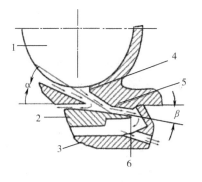

图 4-17　输送管道与扁通道组合位置

1—分梳辊　2—隔离盘　3—纺纱杯
4—输送管道入口　5—输送管道出口
6—扁通道出口

2. 隔离盘的作用

（1）隔离纤维与纱条。自排风式纺纱杯采用短输送管道，并配合隔离盘，输送纤维到纺纱杯杯壁，隔离盘起到隔离纤维与纱条的作用，原因在于输送管道短，如不采用隔离盘，纤维自输送管道输出后，有可能受气流的吸引，附在凝聚槽至引纱管的一段纱条上，形成缠绕纤维。抽气式纺纱杯中的气流有自下向上运动的趋势，纤维不可能与纱条相交，所以不需要隔离盘，而是采用长输送管道，直接将纤维送至纺纱杯壁面（图 4-16）。

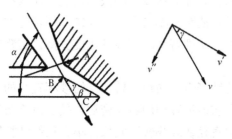

图4-18 输送管道与隔离盘配置示意图

（2）定向引导纤维。纤维经过输送管道时，因为输送管道的截面呈渐缩形，气流能够得到加速，可使纤维定向伸直。为了保证纤维继续定向伸直地到达纺纱杯壁面，扁通道与输送管道必须合理组合。输送管道与隔离盘配置示意图如图4-18所示。

①输送管道与扁通道截面间的关系。输送管道出口截面A，应大于扁通道入口截面B，可以使气流自输送管道流入扁通道时得到一定的加速作用。但A、B之间差异不能过大，否则气流到达B处时，因阻力增大，使气流速度将不按比例增加，而向隔离盘顶部扩散，形成逆向气流，不利于纺纱。扁通道入口截面B至出口截面C处，也应该逐渐减小，可以使气流逐渐加速，有利于纤维进一步定向和伸直。

②输送管道倾斜角 α 与隔离盘倾斜角 β 的关系。当气流通过输送管道出口，进入扁通道入口时，须要转折一个角度 γ，令 ν 为输送管道出口的气流速度，它可分解为两个分量：垂直于隔离盘倾斜面的速度分量 ν'' 和平行于隔离盘倾斜面的速度分量 ν'。ν'' 减小，ν' 增大，这样可以减少纤维对隔离盘的冲撞，减少弯钩纤维的产生。由于 $\nu'' = \nu \sin \gamma$，$\nu' = \nu \cos \gamma$，所以只要减少 γ 角，即可满足 ν'' 减小、ν' 增大的要求。因为 $\gamma = \alpha - \beta$，所以输送管道倾斜角 α 与隔离盘倾斜角 β 间的差值不宜过大。

（3）使气流与纤维分离。当纤维随着气流进入扁通道，沿隔离盘表面到达纺纱杯滑移面。由于纺纱杯的表面速度远大于扁通道出口处气流的速度，当纤维前端与滑移面接触时，由于受到滑移面的摩擦力，对纤维前端有伸直作用；当纤维大部分贴附于滑移面后，即随纺纱杯回转，纤维后端受到空气阻力，也有一定的伸直作用。此后，纤维完全贴附在滑移面上，在离心力的作用下向凝聚槽滑移。与纤维一起进入扁通道的气流，到达纺纱杯壁面，即被壁面带动回转，转过一个角度后，在纺纱杯真空度的吸引下自导流槽流入纺纱杯，然后由排气孔排出，实现了气流与纤维的分离。图4-19所示为气流与纤维分离示意图，实线箭头表示纤维运动方向，虚线箭头表示气流运动方向。

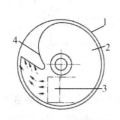

图4-19 气流与纤维分离示意图

1—纺纱杯 2—隔离盘
3—输送管道出口 4—导流槽

隔离盘的导流槽，按纺纱杯回转方向，比输送管道出口超前一个角度。这个超前角有两个作用。

①避免纤维随气流沿导流槽进入纺纱杯，成为缠绕纤维。

②利用向导流槽流动的气流吸引纤维，使纤维向滑移面运动的方向与滑移面切向的夹角减小，避免纤维冲撞壁面，破坏伸直度。

导流槽超前于输送管道出口的角度，关系到隔离盘能否很好地发挥隔离作用，但超前角也不宜过大，否则气流阻力增加，影响输送管道及扁通道的真空度，降低气流在管道中的流动速度。这个角度的大小，主要根据纤维种类和纺纱杯转速而定。纤维长，纺纱杯转速高，超前角宜大；反之，超前角宜小。不同品种，使用的纺杯直径不同，则隔离盘规格不同。不同规格的隔离盘如图4-20所示。

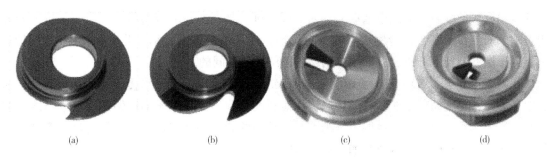

图 4-20 不同规格的隔离盘

导流槽位置的调整示意图如图 4-21 所示。该图是从纺纱杯底侧观察隔离盘，所以导流槽的方位与图 4-19 相反。图 4-21 中表示以隔离盘的中心线（此中心线与输送管道的顶面平行）为基准，在纺纱杯壳体上有 15°、45°、90°三个标记。隔离盘的尖角对准 15°的标记，适用于棉和低速；尖角对准 45°、90°两个标记，适用于化纤和高速。

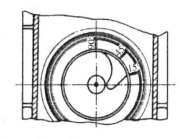

图 4-21 导流槽位置调整示意图

（四）须条的剥取与加捻

1. 须条的剥取与加捻

纺纱杯凝聚槽中须条的剥取与加捻是同时进行的。如图 4-22所示，当引纱被吸入纺纱杯 1 后，依靠纺纱杯回转时产生的离心力，能够使纱尾紧贴于凝聚槽的须条 2 上。引纱的前端被引纱罗拉 4 握持。假设剥离点为 A，纺纱杯出口的颈部为 B，罗拉握持点为 C，AB 段纱条因离心力的作用紧贴杯壁，受高速回转的纺纱杯的带动而使纱条得到捻回。纱条被带着与纱段 AB 一起回转，则沿纺纱杯的回转轴产生一扭力矩，此扭力矩促使 BC 段纱段加上捻回。

引纱的尾端随着纺纱杯回转，因而捻回增多，引纱的尾端将捻回向须条传递，便与须条合在一起，由于引纱罗拉的回转牵引，将须条从凝聚槽中逐渐剥取下来，随着纺纱杯的回转加捻成纱。

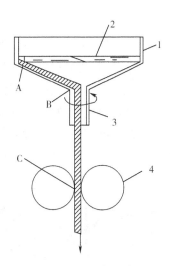

图 4-22 须条加捻

2. 剥取过程分析

（1）剥取分析。须条的剥取是依靠两个条件完成的，一是纱条与凝聚槽中须条的联系力大于凝聚槽对须条的摩擦阻力，二是剥离点与凝聚槽有相对运动。为了顺利地剥取凝聚槽中的须条，必须使纱条上的捻回通过剥离点延伸至剥离区，把加捻力矩向凝聚槽中须条传递，依靠纱条与凝聚槽内须条的联系力克服凝聚槽对须条的摩擦阻力，才能把凝聚槽中的须条剥取下来。如果纱条没有足够的捻回，剥离区内纱条与凝聚槽内须条的联系力小于凝聚槽对须条的摩擦阻力，则不能实现剥取，纱条与须条将在剥离点断裂，形成断头。

在转杯纺纱过程中，须条的剥取和纤维向凝聚槽滑移是同时进行的。纺纱杯每转一周，剥离点剥取一段纱条，而凝聚槽中又补入一圈纤维。当剥离点环绕纺纱杯剥取一圈后，凝聚槽内须条的分布形态，将沿剥离点的相对运动方向，由粗逐渐变细，此后剥离点连续剥取。由于凝聚槽不断补入纤维，剥取下来的纱条粗细都是相同的。

在剥取过程中，剥离点的运动可以略快于纺纱杯的速度，也可略慢于纺纱杯的速度，前者纱条的回转速度超前于纺纱杯的转速，称为超前剥取；后者纱条的回转速度迟于纺纱杯的转速，称为迟后剥取或反向剥取。剥离点与纺纱杯两者的回转速度之差，就是自凝聚槽剥取的须条圈数。须条的剥取示意图如图4-23所示。

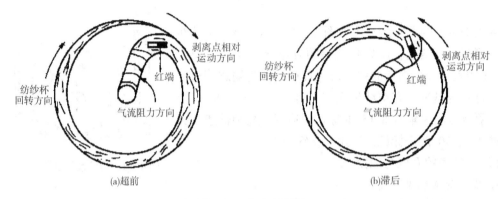

图4-23 须条的剥取

正常纺纱时是超前剥取。发生滞后剥取有两种情形：一是由于开始纺纱接头时，引纱吸入纺纱杯，纱尾正好通过纺纱杯的涡流区，纱尾受涡流影响而后弯或是纱尾触到隔离盘的底侧，因减速而后弯，与凝聚须条贴紧捻合后，形成滞后剥取；二是在正向纺纱过程中，未分离的大纤维束处于骑跨状态（骑跨在剥离点和须条尾部），破坏了加捻力矩的正常传递方向，使加捻力矩经骑跨纤维束传向须条的尾部，改变了剥离方向。因骑跨纤维束引起迟后剥取时，剥取下来的须条会突然变细，在纱上出现细节，以后又逐渐增粗，形成纱疵，甚至造成断头。

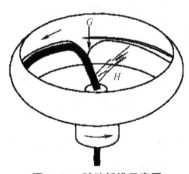

图4-24 骑跨纤维示意图

（2）骑跨纤维。高速摄影观察到理论剥离点后面空隙并不明显存在，而是被少量纤维所填补。这些少量纤维骑跨在剥离点和须条的尾端，称为骑跨纤维或搭桥纤维，如图4-24所示。图4-25为凝聚条的展开图，$2\pi R$为凝聚槽的周长，M为纱条截面内纤维的平均根数。剥离点处的纤维凝聚数量约等于成纱截面中的纤维数量，之后凝聚的数量逐渐减少，其变细的长度相当于凝聚槽的周长。

这种骑跨纤维的前端处于捻度传递区中，有可能与须条捻合在一起。当纱条向外引出时，骑跨纤维的前端随纱条脱离凝聚槽，其后端则从凝聚须条的尾端抽出，缠绕在纱条表面，成为缠绕纤维，如图4-26所示。骑跨纤维的尾端从凝聚须条抽出时，对须条中的纤维排列有干扰。骑跨纤维缠绕于纱条上，本身将形成弯钩纤维或对折纤维。此外，如隔离措施不良，有的纤维随着沿导流槽下行的气流进入纺纱杯，附在回转纱条上，也能形成缠绕纤维。缠绕纤维是转杯纱结构

的特点，在现有的转杯纺纱机上纺
纱，缠绕纤维是不可避免的。但是
缠绕纤维缠附于纱条表面，其纤维
强力不能充分利用，因而影响转杯
纱的强力。缠绕纤维的缠绕角与纱
条的捻回角不一定相同，且不规
则，因而影响转杯纱的外观。

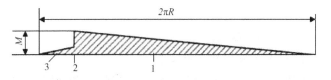

图4-25 凝聚须条的展开图
1—凝聚须条 2—剥离点 3—骑跨纤维

缠绕纤维的数量与骑跨纤维的数量有关，此外，纤维长度长、纺纱杯直径小，都能增大缠绕纤维占纤维总根数的百分比。据估算，主体长度28mm、纺纱杯直径50mm时，缠绕纤维约占纤维总根数的8.9%。

3. 加捻过程分析

转杯纺纱的捻向是由纺纱杯的回转方向决定的，如图4-27所示。从引纱管一侧观察，若纺纱杯顺时针方向回转，纱条可获得Z捻；若纺纱杯逆时针方向回转，纱条则获得S捻。转杯纱一般是Z捻。

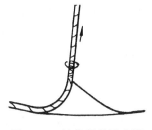

图4-26 缠绕纤维示意图

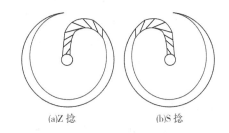

(a)Z捻　　(b)S捻

图4-27 转杯纱的捻向

从纺纱杯凝聚槽中剥取的纱条因纺纱杯回转而获得真捻，转杯纺纱的捻度决定于纱条的回转速度和引纱罗拉的引纱速度。计算捻度 T_t 为：

$$T_t = \frac{n_y}{V \times 10}$$ (4-1)

式中：T_t 为转杯纱的计算捻度，捻/10cm；n_y 为纱条的回转速度，r/min；V 为引纱罗拉的引纱速度，m/min。

正常纺纱时，纱条的回转速度大于纺纱杯的回转速度，两者之差就是从凝聚槽剥取下来的须条圈数，但差异较小，因此，实际生产中，计算捻度可直接用纺纱杯的回转速度进行计算，即：

$$T_t = \frac{n}{V \times 10}$$ (4-2)

式中：n 为纺纱杯的回转速度，r/min。

前已述及，顺利剥取须条的条件之一是纱条与须条的联系力必须大于凝聚槽对须条的摩擦阻力，为了达到这一目的，转杯纱的设计捻度一般比同类环锭纱的捻度多20%左右。另外，还须采用假捻措施增加假捻盘至凝聚槽间的一段纱条的捻度，使纱条的加捻力矩经剥离点向须条传递，形成一定长度的捻度传递区（剥离区），保证纱条与须条间有足够的联系力，减少断头。

（五）假捻盘及其作用

1. 假捻盘类型及假捻效果

假捻盘也称阻捻盘或阻捻头，材料由钢材经过热处理或化学处理制成，目前，主要有金属和陶瓷两种材质，一般形态有表面光滑、表面刻槽及盘香式假捻盘。不同规格的假捻盘外形如图 4-28 所示。

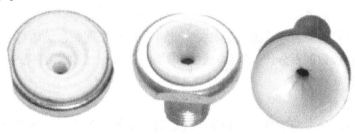

图 4-28　阻捻盘外形

影响假捻效果的因素主要有纺纱杯的转速、转杯直径、假捻盘的材质与结构、假捻盘的规格、纱条的摩擦系数、纱条的包围角等。当纺纱杯的转速、直径与成纱线密度一定时，影响假捻效果的因素主要是假捻盘的材质、结构与规格。摩擦系数大，假捻效果提高；纱条与假捻盘包围角增大，假捻效果随着提高；假捻盘直径大，假捻捻度也大。假捻盘表面刻槽能有效地提高假捻效果，降低纺纱断头。

2. 假捻盘的作用

图 4-22 中，AC 段纱条上的捻回分布是不均匀的，BC 段捻度大，而 AB 段捻度小，使捻回不能充分传递到纱的形成点，造成纤维剥离不充分，使成纱变细，引起断头。剥离点的捻度降低率有时可达 30%，原因在于扭力矩使捻回进入凝聚槽内，而在此区域，纤维条的截面尚未含有与成纱截面相当的纤维根数，直到须条被剥离时还在增添的一些纤维就不可能获得完全的捻度。另外，捻度在凝聚槽上传递时，由于纤维没有受到强制握持，引起尾端随加捻方向滑移转动而使捻度损失。未实现顺利纺纱，需在引纱管的转弯处加装假捻盘。

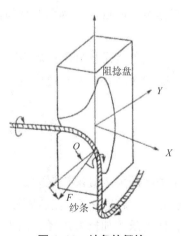

图 4-29　纱条的假捻

假捻盘的作用包括阻捻和假捻两个作用。阻捻是阻止捻回传递，捻回集中分布在回转纱条（假捻盘至凝聚槽的一段纱条）上；而假捻则使回转纱条上的捻回增多。在阻捻与假捻的两个作用中，假捻作用是主要的。纱条的假捻过程如图 4-29 所示，纺纱杯带动纱条高速回转时，纱条获得 Z 向捻回，在离心力作用下的纱条被引纱罗拉引出时紧贴于假捻盘表面运动，因为假捻盘对回转纱条产生了一个与纺纱杯转向相反的摩擦阻力 F，B 点纱条在该摩擦力矩的作用下绕自身轴线回转，也使 AB 段纱条获得 Z 捻，即依靠假捻的捻回传向剥离点，从而增加了剥离点 A 处纱条与凝聚槽中纤维的联系力，以达到降低成纱捻度、减少断头的目的。

六、留头机构与作用

(一) 留头的目的与要求

转杯纺纱属于自由端纺纱，它的成纱是连续的，但从喂入到输出纱条是不连续的，因此，带来了转杯纺纱开关车留头的特殊要求。所谓开关车留头，其实质是由于关车时正常纺纱的连续性遭到破坏，而在开车时要设法恢复其纺纱的连续性，也就是要解决重新集体接头的问题。所以，一旦关车，纱就全部断头，开车时就要人工生头。因此，就必须解决留头这个关键问题。对留头机构的要求是：留头率高且稳定，减少人工生头，提高劳动生产率；接头处纱的质量要好；结构简单，维修方便。

(二) 开关车断头的原因

1. 开关车过程中纤维与纱线的运动情况

转杯纺纱机关车后，纱尾捻度逐渐增多。由于纱尾捻度的内应力作用，部分捻度即沿纱轴自然退捻，同时发生不规则的卷曲收缩，卷曲收缩的程度随关车后的时间延长而增加。卷曲收缩到一定程度，纱尾就从阻捻盘引纱孔中跑出，或卷曲收缩在阻捻盘引纱孔的下口处，形成"纱团"。开车后，纤维进入纺纱杯，而引纱则在引纱管外部吸不进，或即使在引纱管下口受纺纱杯气流和离心力作用，纱尾被甩到凝聚槽但由于纱尾卷曲收缩成团，与须条接触长度显著减短，联系力减弱，因而接不上头。有时，即使接上头也会因为纱尾捻度过多而产生脆断头现象。

2. 正常纺纱遭破坏的原因

由于纺纱杯转速较高，其转动惯性较大。当关车后，给棉罗拉、分梳辊、引纱罗拉及卷绕罗拉等早已停止转动，而纺纱杯仍在继续降速过程中。因此，在纺纱杯内一段长度的纱尾获得过多的捻度，直到饱和为止。

另外，给棉罗拉、分梳辊、引纱罗拉、卷绕罗拉惯性不同，也影响正常纺纱条件。例如，给棉罗拉惯性最小，它比引纱罗拉先停，于是关车就要断头，开车时就留不到头。

3. 留头的措施

(1) 改善纱尾在关车后的状态。当关车时，给棉罗拉、分梳辊停转后，卷绕罗拉适当卷取一段纱线（其长度近似等于凝聚槽的周长），使纱尾脱离凝聚槽。此时，即使纺纱杯由于惯性而继续回转，但对纱尾并不发生继续加捻的作用。这样就可避免纱尾捻度过多，造成严重卷曲收缩的弊病，为留头准备了必要的条件。同时，为了防止在捻缩和内应力的作用下纱线退解而跑出引纱管外，还需要有一个压纱动作，将纱保持在引纱管内，为开车生头做准备。

(2) 控制各运动机件的开动时间。由于开车后纺纱杯达到正常转速，需要一个加速过程的时间，因此，纺纱杯的启动时间应超前于给棉罗拉、分梳辊和引纱罗拉。超前的时间，应该等于纺纱杯加速过程的时间减去引纱罗拉、卷绕罗拉的启动惯性时间，这样才能保持纺纱的正常进行。当纺纱杯达到正常转速后，即将卷取的多余纱尾倒送回纺纱杯内，或将拉杆拉出的纱尾释放回纺纱杯内，依靠纺纱杯正常转速所产生的真空吸力和离心力，将纱尾吸入并引向凝聚槽。倒转和释放的速度不宜过快，如果超过了纺纱杯真空吸力对纱尾的吸取速度，则纱尾容易卷曲收缩。反之，过慢亦会影响与给棉、引纱速度之间的配合，影响留头率与留头质量。

给棉罗拉与分梳辊开启应超前于引纱罗拉、卷绕罗拉。同时，要求在纱尾释放和倒回的过程中，当纱尾到达凝聚槽时，纤维也恰好到达凝聚槽，并立即引纱。因此，卷绕罗拉倒转或拉杆释放纱尾的启动时间应稍迟后于给棉罗拉的启动时间。例如，给棉罗拉启动后，分梳辊抓取的纤维从脱离锯齿开始，经输送管道，到达纺纱杯杯壁，最后滑移到凝聚槽，这一过程的总时间为 t_1，而卷绕罗拉开始倒转送纱（或拉杆释放纱尾）到纱尾贴附于凝聚槽所需时间为 t_2，则卷绕罗拉倒转（或拉杆释放纱尾）的启动迟后于给棉罗拉启动的时间应为：

$$T=t_1-t_2 \tag{4-3}$$

当纱尾与槽中须条接触后应立即引纱。因此，引纱罗拉、卷绕罗拉正转启动，应迟后于倒转开动的时间为 t_2。

（3）注意关车顺序。如果采取卷绕罗拉倒转留头的方法，则必须注意关车顺序，即按：纺纱杯→分梳辊→给棉罗拉→卷绕罗拉的顺序关车。如果采用拉纱法留头，则除纺纱杯先关外，其他各运动机件可同时关停。

七、卷绕机构与作用

卷绕成型机构由横动防迭、卷绕罗拉、筒子架及张力补偿机构等组成。在一定压力下，通过卷绕罗拉的回转运动及导纱作用，将纱卷绕成外形美观、张力均匀、松紧适度、退绕方便的筒子纱。筒子的卷绕原理与络筒机的卷绕原理基本一致，有圆柱形和圆锥形筒子两种形式。锥形筒子的锥度一般为 3°~5°，卷装一般为 1.5~4kg。

转杯纺纱的特点是将加捻机构与卷绕机构分开，可以增大卷装容量，减少落纱次数，提高劳动生产效率，常用的导纱成形机构主要有急行往复式和槽筒式两种。

采用连杆机构，筒子架总加压大小随筒子卷绕直径的增加而基本保持不变，以确保筒子纱内外层卷绕松紧的基本一致，这是获得良好卷绕成形的重要条件之一。筒子加压机构的原理与络筒机基本相同，最新机型在筒子架加装防震动和减震装置。

八、自动接头装置

自动接头装置分半自动接头装置与自动接头装置。

（一）半自动接头装置

在 DB 系列、AS 系列、RU11 型等转杯纺纱机上，均有半自动接头装置，它是一种附属设备，在接头后不影响机器的正常工作。

半自动接头装置采用一套杠杆机构，当杠杆在工作位置时，先使纱筒脱离卷绕罗拉并将纱筒制动后固定于某一位置，同时确定接头所需的引纱长度。清洁完纺纱杯后，将引纱送入引纱管道，然后按动控制杆，使杠杆脱离工作位置，纱筒顺势落在卷绕罗拉上，引纱胶辊与引纱罗拉接触，由引纱胶辊与夹持器握持的引纱头被放松，引纱被吸入纺纱杯，接头操作完成。

（二）自动接头装置

转杯纱的接头强度与进入纺纱杯凝聚槽中的纤维根数有关。纤维太多，接头粗，捻度减少；纤维太少，接头细，捻度增多。要获得最佳接头强度，必须严格控制接头时间。据测定，纺纱杯转速为 $4.5×10^4 r/min$ 时的接头时间应为 $0.55s$；转速为 $5.5×10^4 r/min$ 时的接头时间应为 $0.45s$；转速为 $6.7×10^4 r/min$ 时的接头时间应为 $0.33s$。因此，纺纱杯转速越高，接头时间应该越短，人的动作也就越难达到要求。

一般纺纱杯转速高于 $6.0×10^4 r/min$ 时，必须采用自动接头。目前，国内外新型高速转杯纺纱机都配有自动接头装置。自动接头装置一般有以下功能：首先由传感器感应出发生断头的纺纱器；自动引入引纱并清洁纺纱杯；自动接头时使纱筒退绕；自动接头时使引纱头解捻；自动接头时控制喂入罗拉的喂入量；自动接头。

第四节　主要工艺参数与关键部件对成纱质量的影响

一、前纺工艺流程对成纱质量的影响

转杯纺纱对条子质量的主要要求有三个：一是条子均匀度；二是条子的清洁度；三是条子内纤维的分离度。虽然转杯纺纱具有高倍并合作用，但这种作用仅限于喂入品不均匀的波长小于纺纱杯周长的情况下，否则，将使转杯纱的长片段不匀增加，强力也大大下降。喂入条子中的杂质会使成纱品质恶化，纺纱杯积杂增多，断头增加。条子的清洁度不仅影响断头和纱的许多性能，而且影响机器的效率和整个运转情况。虽然分梳辊具有分解纤维束的作用，但是完全依靠转杯纺纱机来实现开松单纤维的要求，还是有一定困难的，因此，必须加强前纺工序对纤维束的分解作用。

目前，前纺工序加强对纤维的分离，除杂主要有两种工艺路线。

一种是加强在开清棉工序的开松除尘作用，即在六滚筒开棉机后加入四刺辊开棉机和强力除尘器。四刺辊开棉机对纤维块或纤维束进行细致的开松，使小杂质与纤维分离。在离心力的作用下，较大杂质被排除，而细小杂质经过强力除尘器排除。

另一种加强开松除杂的措施是采用双联梳棉机。采用双联梳棉机，由于重复梳理，除去较多的细小杂质，同时纤维的分离度、伸直平行度提高，对减少纺杯积杂，提高成纱强力与减少断头是有利的。特别是在加工杂质较多的原棉或采用无排杂装置的转杯纺纱机时，效果会更明显。

改善喂入条子的均匀度，可以在并条机上采用自调匀整装置改善条子质量，使纱线的均匀度提高，并条道数一般采用二道即可满足纺纱要求。

二、定量和牵伸倍数对成纱质量的影响

如果所纺的纱线线密度不变，定量的大小跟牵伸倍数的大小是一致的，定量重，喂入的纤维量大，分梳速度如果不变，则纤维分解不够充分，将会产生较多的纤维束。

一般来说，喂入定量轻，牵伸倍数小，分梳作用越充分，纤维的分离度越高，使纤维的伸直度得以提高，须条紧密，成纱强力和均匀度都比较好，进入纺纱杯的尘杂也较少。但条子定量也不能过轻，因为定量轻，前纺供应压力较大，前纺生产效率低，所以，在能达到质

量要求的前提下，要尽量增大定量，提高产量。

三、转杯纺纱工艺与关键部件对成纱质量的影响

（一）分梳辊类型与转速

1. 分梳辊类型

目前，分梳辊主要包括锯齿辊和针辊两种。锯齿辊是在一个圆柱形的铁胎上包有锯齿，就像梳棉机的刺辊一样。一般直径为 60~74mm，有的机型为了加工中长化纤，直径设计为 80mm。针辊是在铁胎上植有一定密度的钢针，钢针的直径一般为 0.6~1.07mm。针辊的直径一般为 64mm 左右，机型不同，直径也不完全一样。一般情况下，锯齿辊主要用于加工棉纤维，而针辊主要用于加工化纤或毛纤维。

2. 分梳辊转速

分梳辊速度大小对转杯纱质量有很大的影响。在其他工艺条件不变时，当分梳辊转速高时，分梳作用较强，杂质容易排除，纤维转移较为顺利，成纱条干好，粗细节数量少，结杂数量少，不匀率小，但强力会下降，主要原因是在于分梳辊高速梳理后，会导致纤维损伤增加，随着转速的提高，短绒率不断增加，转速越高，梳断的纤维越多。一般情况下，纤维长度越长，纤维损失越严重，通常在不损伤纤维的前提下要适当提高速度，有利于排杂和去除短纤维，提高分梳质量，使纱条顺利转移。可根据不同原料及分梳要求，而确定分梳辊的速度范围，纺棉时分梳辊的速度适当控制为 6000~9000r/min，纺化纤时分梳辊转速一般掌握为 5000~8000r/min。

（二）纺纱杯直径

在整台转杯纺纱机的功耗中，纺纱杯的消耗的功率最大，一般占到50%以上，纺纱杯所耗功率与纺纱杯直径呈四次方的正比例关系。大直径纺纱杯的动力消耗、机械振动、轴承磨损都较小直径纺纱杯大。因此，为了增速后减少功耗，只能将纺纱杯直径减小。纺纱杯的直径一般指纺纱杯凝聚槽的直径，是纺纱杯结构的一个重要参数。纺纱杯直径有大小之分，但无严格的界限，国内规定以 60~67mm 为大直径，57mm 以下为小直径。自排风式纺纱杯的直径较抽气式纺纱杯直径大。抽气式纺纱杯直径较小，凝棉槽的周长短，这就不利于棉纤维伸直舒展与分布，所以不适宜纺粗支纱。

选择纺纱杯直径时，首先，纺纱杯直径大小应与纤维长度相适应，一般情况下认为纺纱杯直径必须大于纤维的主体长度，这样有利于减少缠绕纤维，并能够使纤维从输送管道向纺纱杯杯壁过渡时，纺纱杯回转角不至于过大而影响棉气分离。纺纱杯直径应大于适纺纤维长度的 1.5 倍，才能正常纺纱。当纺纱杯直径小于纤维长度的 1.5 倍时，也能纺纱，但成纱质量较差，骑跨纤维、缠绕纤维及断头数量比较多。纺纱杯直径的选择还应考虑纺纱杯的转速。一般来讲，纺纱杯速度要求低时，纺纱杯直径可适当大一些。其次，纺纱杯直径也要与纺纱线密度相适应，线密度大，则纺纱杯直径也相应选大。

一般说来，纺纱杯直径增大，成纱强力增加，伸长下降，对条干均匀度影响较小。大直径纺纱杯的成纱质量比小直径的要好，反映在大直径纺纱杯所纺的纱中，各种弯钩纤维的百分率比小直径的要小，而且露出纱外的各种弯钩纤维也比小直径的要少，弯钩纤维不能承受较大的拉力，尤其是露在纱外面的弯钩纤维更不能承受拉力。另外，纺纱张力随纺纱杯直径

增大而迅速增大，使纱中纤维紧密，成纱强力增加。纺纱杯纱断裂伸长随直径的增加而降低，这主要是由于纺纱张力与离心力增加，使纱中纤维紧密、伸直所致。因此，合理选择纺纱杯直径对工艺上和机械上都是非常有意义的。

（三）假捻盘

一般大直径阻捻盘适用于粗支纱，小直径阻捻盘适用于细支纱。化纤、毛纤维等抱合力较差的纤维可采用表面刻槽、假捻作用强的阻捻盘。假捻盘直径增大，假捻捻度增大。一般纺高线密度纱及纺纱杯低速时，假捻作用要强，可选用大直径、大曲率半径的假捻盘，可提高假捻效果，降低断头。

假捻捻度对增加纱条的动态强力、减少断头有利，但对成纱强力不利。一般若纱条与假捻盘的摩擦作用越强，凝聚须条上的假捻捻度越多，往往会使纱条的内外层捻度差异增大而引起成纱强力降低；同时，由于假捻捻度增多，会有较多的骑跨纤维在纱条表面形成缠绕纤维，而使成纱强力降低。另外，假捻作用越强，剥离点附近纱条的动态强力越大，可减少剥离点附近的断头，但会使成纱强力越低。假捻盘对纱条的摩擦作用过大，会使纱条表面的毛羽增多。因此，假捻作用并不是越大越好，在生产上要结合成纱特点和质量，选择合适的假捻器形式和型号。

（四）纺纱杯速度

随着纺纱杯速度的不断提高，纺纱杯纱质量总体趋于恶化。这种关系在棉结指标中尤为显著。$6 \times 10^4 \text{r/min}$ 的纺纱杯棉结数较 $4 \times 10^4 \text{r/min}$ 的纺纱杯棉结数约增加 10 倍，高速纺纱时，纱线的条干 CV 值也较大。

纺纱杯转速提高，则相应的条子喂入速度也要加快，但分梳辊的转速不能提高，如分梳辊转速过高，容易损伤纤维。因此，分梳辊的转速基本保持不变，这就使得条子单位长度内的纤维受到分梳辊开松的次数减少，从而降低条子的开松度，而使纤维束数量增多。此外。纺纱杯速度增加，纺纱杯积尘增多，也会影响转杯纱的质量。

纺纱杯的速度与纺纱杯直径、纺纱线密度、纺纱杯轴承类型有直接关系。当纺纱杯直径一定时，通过提高纺纱杯的速度，可以增加产量；但当纺纱杯速度过高时，会降低纤维分梳和除杂的效果，导致粗细节和棉结数量增加，这样，不仅直接影响成纱的质量，而且还会使断头率增加；通常当产量一定时，加工细特纱时，纺纱杯速度宜高，加工粗特纱时，纺纱杯速度宜低。另外，转杯纱的纺纱张力与纺纱杯转速、纺纱杯直径的平方成正比，而纺纱张力又与纱线的密度、强力以及纺纱过程中的断头等密切相关，并且，因为纺纱张力受转杯纱自身强力所限不能过大，所以，采用大直径纺纱杯纺纱时，纺纱杯转速宜低；反之，采用小直径纺纱杯纺纱时，纺纱杯转速可适当高些。

第五节　转杯纺纱线结构与性能

一、转杯纱的结构

转杯纱的结构如图 4-30 所示。须条经加捻后，纤维在纱线中的排列形态以及纱线的紧密程度称为纱线的结构，不同的加捻过程具有不同的纱线结构，转杯纱的结构由芯纱和缠绕纤维两部分组成。转杯纱表面有一部分缠绕纤维，缠绕纤维的长短、松紧不一。缠绕纤维数量和缠绕情况与纺纱原料、纺纱器机构和工艺参数等因素有关。大纺纱杯所纺纱线较小纺纱杯所纺纱线的缠绕纤维少。

(a)大转杯纺纱的结构　　　　　　　　(b)小转杯纺纱的结构

图4-30　转杯纱的结构

纺纱杯内的回转纱条经过纤维喂入点时，可能与喂入纤维长度方向的任何一点接触，该纤维就形成折叠、弯曲形态，形成缠绕纤维。这种纤维排列混乱、结构松散，影响成纱结构。转杯纱中纤维形态大体可分为圆锥形螺旋线、圆柱形螺旋线、前弯钩、后弯钩、对折打圈等形态，其中，圆锥形螺旋线纤维约占15%，圆柱形螺旋线纤维约占9%。在环锭纺纱中，圆锥形螺旋线纤维约占46%，圆柱形螺旋线纤维约占31%。圆锥形螺旋线和圆柱形螺旋线是承担纱条强力的主要规则纤维，环锭纱中占80%左右，而转杯纱中占30%左右。转杯纱中纤维的伸直度差于环锭纱，主要是纤维紊乱、弯钩纤维多而造成。转杯纱的纤维转移程度、径向迁移程度低于环锭纱，这也是造成转杯纱强力低于环锭纱的原因。转杯纱的捻度在纱的径向分布是不均匀的，内层捻度比外层捻度大。

二、转杯纱的性能

（一）转杯纱的强伸性能

当纱线受外力作用时，要使纤维之间不发生因滑移引起的纱线断裂，就应使纤维之间有足够的抱合力和摩擦力，如果纤维的排列形态不良，即有弯曲、打圈、对折、缠绕等，且纤维存在混乱，就相当于减短了纤维长度，因而容易产生纤维之间的滑移而降低成纱强力。如果纤维不能均匀地分布在纱线截面的内外层，纱线受力后内外层纤维的受力就不均匀，受力大的纤维就容易先断裂，其余纤维依据其受力大小依次断裂。因此，纺棉时转杯纱的强力比环锭纱低10%~20%，纺化纤时低20%~30%。

转杯纱的断裂伸长率高于同规格环锭纱，原因在于转杯纺属于低张力纺纱，转杯纱比较蓬松，纱中纤维伸直度差，卷曲多，纤维自身受外力而产生的伸长变形大，拉伸时，纱中纤维相互滑移伸长增大。

（二）纱线条干均匀度

转杯纺纱不用罗拉牵伸，因而不产生环锭纱条干具有的机械波和牵伸波，且在凝聚过程中又有并合效应。但如果凝聚槽中嵌有硬杂，也会产生等于纺纱杯周长的周期性不匀。此外，如果分梳辊绕花、纤维分离度不好或纤维的运动不规则，也会造成粗细节条干不匀。然而一般情况下，分梳辊分梳作用较强，纤维分离度较好，纤维籽屑、棉束等疵点少，有利于条干均匀。因此，转杯纱的条干比环锭纱均匀。纺中线密度转杯纱时，乌斯特条干 *CV* 值为 11% ～ 12%，有的低于 10%。

（三）纱疵数

转杯纺的原棉经过前纺工序的开松、分梳、除杂、吸尘后，再通过带有排杂装置纺纱器的作用经过了一次单纤维状态下的除杂过程，排杂较多，在纺纱杯中纤维与杂质有分离作用并在纺纱杯中留下了部分尘杂和棉结，故转杯纱比较清洁，纱疵小而少，其纱疵数仅为环锭纱的 1/4～1/3。

（四）纱线耐磨性

纱线的耐磨性除与纱线本身的均匀度有关外，还与纱线结构有密切的关系。环锭纱中纤维呈有规则的螺旋线，反复摩擦时，螺旋线纤维逐步变成轴向纤维，整根纱因失捻解体而很快磨断。而转杯纱外层包有不规则的缠绕纤维，不易解体，因而耐磨性好。一般转杯纱的耐磨性能比环锭纱高 10%～15%；至于转杯纱股线，由于其表面毛糙，纱与纱之间的抱合良好，因此，转杯纱股线比环锭纱股线具有更好的耐磨性。

（五）纱线弹性

纺纱张力和捻度是影响纱线弹性的主要因素。一般情况下，纺纱张力越大，弹性越差；捻度越大，弹性越好。因为纺纱张力大，纤维易超过弹性变形范围且成纱后纱线中的纤维滑动困难，故弹性差。纱线捻度大，纤维倾斜角大，受到拉伸时，表现出弹簧般的伸长性，故弹性好。转杯纺纱属于低张力纺纱且捻度比环锭纱大，因此，转杯纱的弹性比环锭纱好。

（六）纱线捻度

一般转杯纱的捻度比环锭纱高 20% 左右，这将给某些后加工造成困难（如起绒织物的加工）；由于捻度大，纱线的手感较硬，从而影响织物的手感。所以，需要在保证一定的纺纱强力和纺纱断头的前提下，研究降低转杯纱捻度的措施。

第六节　转杯纺纱产品开发

一、纯棉纱产品开发

我国转杯纺设备主要纺制棉类转杯纱，其纺织产品多为牛仔布绒类织物、纱卡、针织品、装饰及床上用品、产业用品等。常见的产品有用于牛仔布（劳动布）和灯芯绒的转杯纱。牛仔布有高档牛仔布和低档牛仔布之分，前者用粗线密度高档棉纱，后者用粗线密度低档棉纱。转杯纱牛仔布除具有转杯纱的布面清晰、光洁、手感厚实、色泽鲜艳、棉结杂质少等特点外，还具有起毛、磨白优于环锭纱的特点。转杯纱具有条干均匀、纱条光洁、毛羽少、耐磨好、蓬松度大等特点，因此，适宜于织制灯芯绒。它具有绒毛丰满、绒条圆润、色泽鲜艳等特点。由于灯芯绒织物纬密较密，开口与打纬次数较多，因此，要求经纱有较高的强力和较好的耐磨性，对纬纱要求条干均匀、短绒结杂少，使割绒好割，跳针次数减少。

二、化纤及混纺纱产品开发

我国转杯纺主要以棉、化纤为主，但随着转杯纺纱线品种扩大，麻、毛、丝、新型化纤原料的开发，特别是新型化纤原料（天丝、莫代尔、超细纤维、差别化纤维、功能性纤维）的开发，给转杯纺带来了新生命力。

采用丙纶短纤维加工转杯纺纱，加工过滤帆布，具有无毒、无味、耐酸、耐碱、耐有机化学溶剂、不吸水等特殊性能，为满足市场需要，提高丙纶过滤帆布的产品档次，开发了丙纶 59tex，采用丙纶中长型短纤维，规格为 2.2tex×51mm，强力为 3.48cN，伸长率为 74.53%。转杯纱的设计捻系数为 450，成纱条干 CV 值为 14.73%，细节-50% 为 18 个/km，粗节+50% 为 43 个/km，棉结+200% 为 23 个/km，断裂强度为 26.5cN/tex。

采用先进转杯纺纱机生产的 19.7tex 黏胶纱线及其混纺针织纱，具有纱线条干、毛羽、疵点等质量指标优于环锭纺同规格黏纤纱；以黏纤为主体原料，与 15%~20% 羊毛、亚麻及功能性涤纶等混纺，因其强力提高、服用性能改善，产品的附加值得以提高。采用日发 RFRS30 型转杯纺纱机加工 36tex 竹浆纤维转杯弱捻纱，设计捻度为 55 捻/10cm，捻系数为 330，纺纱速度为 60000r/min，分梳辊速度为 7000r/min，喂棉速度为 64cm/min，总牵伸倍数为 169 倍，引纱速度为 60m/min，横动频率为 19.5Hz，风机负压为 8000Pa。所开发的竹浆纤维转杯纱平均强力为 482cN，断裂强度为 13.3cN/tex，单纱强力 CV 值为 10.5%，断裂伸长率为 7.9%，细节-50% 为 14 个/km，粗节+50% 为 8 个/km，棉节+200% 为 16 个/km，具有柔软舒适、吸湿性好、透气性好的特点，适合开发针织服装。采用 BD200SN 型转杯纺纱机加工 Lyocell/Amicor 70/30 19.7tex 转杯纺纱，纺纱杯直径为 43mm 的，OK37 型锯齿分梳辊，采用陶瓷假捻盘，适当控制纺纱杯的引纱速度，采用低张力纺纱。熟条定量为 14.2g/5m，车间温度为 25℃，相对湿度为 75%。捻系数 275~330，纺纱杯速度为 50000~56000r/min，分梳辊速度为 7000~8200r/min。转杯纱断裂强度为 15.3-17.8cN/tex，单纱强力 CV 值为 8.9%~12.5%，断裂伸长率为 12.9%~17.5%，细节为 16~21 个/km，+50% 粗节为 12~17 个/km，+200% 棉结 16~20 个/km。采用 Lyocell/Amicor 70/30 19.7tex 转杯纺混纺纱，加工的针织面料，服用性能较好，具有酷似天然纤维的触感和悬垂性，抗菌性和抑菌性较好，吸湿透气，耐磨性好，弹性好，适合加工各类保健内衣面料。

总之，通过对化纤及其混纺纤维的选配，利用转杯纺具有高度并合的优点进行多种纤维的混合；利用转杯纺适合长、短、粗、细纤维混纺的特点以及适宜纺制低档原料、废棉、下角、再生纤维回用的优势，开发差别化、功能性、高附加值的转杯纺化纤及混纺纱线产品。

使用绿色环保纤维，由于竹浆纤维具有光滑、强力低的特点，要采取有效的技术措施，减少纤维的损伤，加强管理和提高操作水平，保持各纺纱通道光洁和畅通，所开发的弱捻转杯纱具有柔软舒适、吸湿性好、透气性好的特点，适合开发针织服装。

三、花式纱产品开发

（一）转杯纺包芯纱

转杯纺包芯纱原理如图 4-31 所示。转杯纺包芯纱技术就是使用转杯空心锭子，所谓转杯空心锭子是指具有轴向通孔的转杯轴。纺纱时长丝通过转杯空心锭子进入纺纱杯，与经过

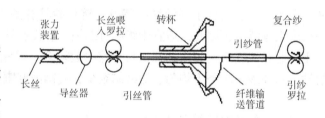

图 4-31　转杯纺包芯纱成纱原理

分梳进入凝聚槽的短纤维在转杯高速回转加捻的作用下形成转杯纺包芯纱，之后由引纱罗拉引出并卷绕成筒子。

转杯纺包芯纱对原料的适用性很强，短纤原料可以是棉，也可以是化纤，只要是适用于常规转杯纺纱的原料都可以；用作芯纱的既可以是常规的普通长丝、弹性丝，也可以是非常规的玻璃长丝，甚至是金属丝。包芯转杯纱兼具转杯纱和包芯纱的优点，具有结构稳定、条干不匀率低、毛羽少和生产效率高、工序比环锭纺短的特点，同时转杯纺短纤纱包覆长丝芯纱，克服了转杯纱强力低的弱点。

一般可制得三种结构的转杯包芯纱：

①转杯包芯纱，它是以长丝为芯纱，短纤纱包缠在外；

②转杯平行纱，它的结构形态类似于一般股线；

③转杯包缠纱，它是以短纤纱为芯，长丝包缠在外。

通过控制和选择长丝超喂比（长丝芯纱的喂入速度与引纱速度的比值）和捻系数等参数，可获得不同结构的转杯包芯纱。转杯包芯纱中长丝的喂入速度必须小于引纱速度；当纺弹性包芯纱时，长丝喂入速度应远远低于引纱速度；纺制非弹性包芯纱时，长丝的喂入速度则只需略低于引纱速度。当控制长丝喂入速度略大于引纱速度时，可制得转杯平行纱，结构形态类似于一般股线，没有花式效应；通过采用较低的捻系数也可能制得转杯平行纱。当控制长丝喂入速度远远高于引纱速度时，可以纺制出转杯包缠纱，这种纱是以短纤纱为芯，外包长丝通过控制超喂比和捻系数，可以得到不同的花式纱，如结子纱和圈圈纱等。

（二）转杯纺竹节纱

在喂入熟条（须条）速度不变的情况下，通过改变引纱罗拉速度来改变引纱罗拉速度与转杯纺的牵伸倍数，产生粗细节。粗细节间距的大小可以通过改变引纱罗拉速度的变化周期来实现。也可在转杯纺纱机上的纺纱杯滑移面上添加阻碍物，使纤维在纺纱杯的凝聚过程中受到周期性阻碍作用，改变纤维输送量的周期，从而产生相同间距的转杯纺竹节纱；或者在纺纱杯凝聚槽内设置合理的障碍锯条丝来产生竹节纱。此外还可在转杯纺纱机的纺纱通道或分梳辊的位置，通过添置附加喂入纤维机构来产生粗节。目前，转杯纺竹节纱的基础参数有基纱线密度、竹节长度、粗节倍数和竹节间距大小。

转杯纺竹节纱具有独特的风格，不同于环锭纺竹节纱。在BD-200RCE型转杯纺纱机上使用纺纱杯凝聚槽镶嵌锯条丝的方法，产生障碍作用，该方法产生的竹节纱竹节圆滑饱满，竹节细而长，独具特色，用其加工的织物具有麻的风格，织物表面呈现醒目颗粒的效果。用转杯纺竹节纱生产的牛仔布和室内装饰品能够给人赏心悦目和回归自然的感觉，其独特的凹凸花纹感深受客户的欢迎，在国际市场上具有较高的市场占有率。

四、色纺纱产品开发

转杯纺纱工序短、产量高、经济效益高，用于开发的纺纱杯色纺纱产品风格区别于环锭纺色纺纱。例如，转杯纺纱可在清梳工序和纺纱杯中两次除杂，开发的色纺纱具有条干均匀、纱疵少、色差小、色泽均匀的特点，同时纱线耐磨性好、毛羽少（相对环锭纺）以及织物抗起毛起球性能好，抗起毛起球等级一般比环锭纺织物高1~2级。

转杯纺纱工序是转杯色纺的关键工序，各部件和工艺参数要合理选择，它的变化直接影响色纱的质量和风格特征。合理选用转杯纺纱机的成纱关键元器件和工艺参数，确保纱线具有条干好、毛羽少、强力大、外观洁净、色泽艳丽等特点。采用 Autocoro288 型转杯纺纱机加工 27.8tex 转杯色纺纯棉针织纱时，前纺各工序要按照色棉的性能特点来进行设计，清梳工序和并条工序采用轻定量、慢速度和好转移的工艺原则，各工序的半制品定量和速度要比本色纱时降低 10%~15%，减少纤维的损伤，降低短绒率，减少棉结杂质数量，严格控制熟条的重量不匀率，确保前纺各工序的混色方法要合理配置，混合均匀。转杯纺纱工艺参数：阻捻盘要采用非光滑的阻捻头，可以提高加捻效率，减少断头率，提高生产效率，条子定量为 21.0g/5m，车间温度为 25℃，相对湿度为 72%，捻系数 380，捻度为 72.2 捻/10cm，总牵伸倍数为 159 倍，纺纱杯速度为 110000~120000r/min，分梳辊速度为 8000~8200r/min，卷取速度为 97.5r/min，纺纱杯型号为 T331BD，分梳辊型号为 B20DN。

思 考 题

1. 简述国内外转杯纺纱机的发展阶段及代表机型？
2. 转杯纺纱对前纺工艺有什么要求？如何合理配置转杯纺纱的前纺设备？
3. 分析并阐述转杯纺纱机各组成机构的主要作用。
4. 分析转杯纺喂给机构的组成、作用及喂给工艺选择原则。
5. 比较自排风式与抽气式纺纱杯的特点。
6. 阐述转杯纺分梳过程针辊与锯齿辊特点比较。
7. 分析转杯纱捻度损失的原因及影响捻度损失的因素。
8. 分析转杯纺凝聚加捻过程加装假捻盘的原因及功能。
9. 转杯纺纱过程中，假捻捻度对增强纱线动态强力、减少纱线断头有利，但为何提高假捻捻度对转杯纱强力不利？
10. 阐述转杯纺中影响梳送通道气流速度的因素，并指出对纱线加工过程的影响。
11. 简述分梳辊速度与纺纱杯真空度应如何进行匹配，为什么要这样匹配？
12. 分析工艺参数对转杯纺成纱结构性能的影响。
13. 分析转杯纺包芯纱的纺纱过程及纱线特点。

参 考 文 献

[1] 谢春萍，徐伯俊. 新型纺纱 [M]. 2 版. 北京：中国纺织出版社，2009.
[2] 肖丰. 新型纱线与花式纱线 [M]. 北京：中国纺织出版社，2008.
[3] 狄剑锋. 新型纺纱产品开发 [M]. 北京：中国纺织出版社，1998.
[4] 杨锁廷. 现代纺纱技术 [M]. 北京：中国纺织出版社，2008.
[5] 宋绍宗. 新型纺纱方法 [M]. 北京：纺织工业出版社，1983.
[6] 张百祥. 转杯纺纱 [M]. 北京：纺织工业出版社，1990.

［7］邢声远．气流纺纱［M］.北京：纺织工业出版社，1980.

［8］上海市纺织科学研究院．气流纺纱原理与实践［M］.上海：上海科学技术出版社，1984.

［9］φ.M. 普列汉诺夫．气流纺纱工艺过程［M］.沈天培，译. 北京：纺织工业出版社，1990.

［10］朱友名．棉纺新技术［M］.北京：纺织工业出版社，1992.

［11］上海纺织控股（集团）公司，《棉纺手册》（第三版）编委会．棉纺手册［M］. 3版. 北京：中国纺织出版社，2004.

［12］赵博．影响转杯纺纱单强变异系数的因素［J］.纺织标准与质量，2006（4）：23-26.

［13］赵博．转杯纺竹节纱的产品开发与工艺探讨［J］.中国纤检，2003（12）：35-38.

［14］姚锄强，徐士琴，陈顺民，等．转杯纺非棉针织纱的开发［J］.纺织导报，2010（6）：110-112.

［15］伍枝平，洪新强．转杯纺生产色纺纱的工艺技术探讨［J］.现代纺织技术，2010（4）：25-26.

第五章　摩擦纺纱

本章知识点

1. 摩擦纺纱的概念、工艺过程和特点。

2. 几种国内外主要摩擦纺纱机的作用原理和区别。

3. 摩擦纺纱的原料及前纺的工艺特点。

4. 摩擦纺纱的喂给分梳机构及作用、纤维输送机构及作用、加捻机构及作用。

5. 摩擦纺纱工艺参数选择原则。

6. 摩擦纺纱线结构和性能特点。

7. 摩擦纺纱的纱线特点和产品开发。

第一节　概　　述

一、摩擦纺纱发展历程

摩擦纺纱（又称尘笼纺纱）方法是由奥地利费勒尔博士（Dr. Ernst Fehner）于 1973 年发明的一种自由端纺纱法。费勒尔博士受非织造布织物加工方法的启示，以机械—空气动力相结合来吸附凝聚纤维，同时借摩擦回转原理对纱条进行加捻。该方法于 1973 年 1 月首先在奥地利申请专利，随后又在美国、英国和瑞士等国申请了专利，并以发明者的姓名缩命名为 DREF（德雷夫）纺纱方法。

1974 年，费勒尔公司研制成一台采用单尘笼的摩擦纺纱机，即 DREF-Ⅰ型摩擦纺纱机。在此基础上，又采用双尘笼凝聚纤维并加捻，研制成了 DREF-Ⅱ型摩擦纺纱机。1975 年在米兰国际纺织机械展览会首次展出，1977 年投放市场，遍及美国、捷克、德国、英国等 30 多个国家和地区。

1978 年，费勒尔公司还研制了 DREF-Ⅲ型摩擦纺纱机，1979 年，生产出样机并在当年的汉诺威国际纺织机械展览会上展出，1982 年，正式批量生产并投放市场。与此同时，英国、捷克、德国、日本、瑞士和我国都对摩擦纺纱进行了研究，从而逐步完善了摩擦纺纱方法。我国在这方面的研究始于 1979 年，杭州纺织研究所研制的样机已于 1988 年通过鉴定，除杭州纺织研究所外，上海国棉二十二厂、中国纺织大学（现东华大学）、天津纺织工学院（现天津工业大学）等也从事这方面的研究。我国于 20 世纪 80 年代进口了不少 DREF-Ⅱ型和 DREF-Ⅲ型摩擦纺纱机。摩擦纺纱具有设备简单、生产效率高，使用原料广泛、产品结构有特色、品种多样化、经济效益高、断头少等特点，因而获得较快的发展，得到各国纺织界的重视。

目前，国外生产的摩擦纺纱机主要有奥地利费勒尔公司生产的 DREF-Ⅱ（D2）型和 DREF-Ⅲ（D3）型、英国泼拉脱和萨克洛威公司生产的 Master Spinner 型等。国内生产的摩擦纺纱机主要有 FS2 型、FS3 型等机型。代表性的尘笼式摩擦纺纱机的技术特征见表 5-1。

表 5-1 尘笼式摩擦纺纱机的技术特征

机型		DREF-Ⅱ型	DREF-Ⅲ型
适纺原料（线密度×长度）		（1.7~17dtex）×（10~150mm）各种纤维	芯纱：特种纤维、长丝、化纤（0.6~3.3dtex）×（30~60mm）；表层：棉及各种短纤
纺纱线密度（tex）		100~3952	33.3~66.6
喂入定量（ktex）	第一单元	10~15/4~6	3~3.5
	第二单元	—	（2.5~3.5）×（4~6）
牵伸装置	第一单元	三罗拉和一根分梳辊	（100~150）四罗拉双胶圈
	第二单元	—	三罗拉和一对分梳辊
尘笼	直径（mm）	81×2	44×2
	转速（r/min）	1600~3500	3000~5000
	负压（Pa）	1470	2450~2940
分梳辊	直径（mm）	180	80
	转速（r/min）	2800~4200	12000
筒子尺寸（直径×宽度）（mm×mm）		平筒：380×（150、200、250）锥筒：3°31′，4°42′，φ280×200、250	450×200
筒子重量（kg）		3~9	约9
纺纱速度（r/min）		100~280	<300
加捻效率（%）		65~80	25~30
每头电动机数及功率		7台共3.5kW	5台小电动机
每台头数		48（8节、每节6头）	短机12（4节、每节3头）；长机96（32节、每节3头）

二、摩擦纺纱流程与纺纱原理

（一）摩擦纺纱流程

摩擦纺纱机使用的主要是低级和下脚类原料，其开清棉工序的工艺流程较短，主要经过开松和除杂机，采用棉卷喂入，其前纺准备工序与转杯纺相类似。摩擦纺集粗纱、细纱、络筒、卷绕一体，除粗纱和络筒工序外，还可省去两道并条。采用高效开清棉联合机和高产梳棉机制成的生条直接喂入摩擦纺纱机。

摩擦纺在纺低级棉、再用纤维、粗线密度纱方面占有优势，在纺粗线密度纱时对棉条质量要求略低，可直接用生条喂入。纺中细线密度纱及质量要求高的纱时，棉条仍需要两道并条，甚至需要精梳工序，以加强除杂，提高纤维的伸直平行度。

对棉型粗线密度纱的纺纱工艺流程，一般为：开清棉→梳棉→摩擦纺纱机。

对纱条的重量不匀率要求严格时，可再经过一道或两道并条，即：开清棉→梳棉→（1～2）道并条→摩擦纺纱机。

对落毛、落麻、短麻下脚等纤维原料，精梳落毛摩擦纺的纺纱工艺流程是：精梳落毛→梳毛机→摩擦纺纱机。

麻类摩擦纺纱工艺流程是：亚麻（短麻）→梳理机/联梳机→并条机→摩擦纺纱机。

废棉纺，首先要经过扯松机械，如粗纱头机、布边纱头开扯机等，再经开清棉→梳棉→摩擦纺纱机。

（二）摩擦纺纱原理

摩擦纺纱是一种自由端纺纱，以机械—空气动力相结合来吸附和凝聚纤维，借助带抽吸装置的筛网来凝聚纤维，并靠摩擦回转作用对纱条加捻。回转器可以是圆柱形（尘笼式），也可用圆锥形或履带式，还有圆角罗拉与圆盘组合式。回转器回转一圈，可以给纱条加上几十个甚至几百个捻回，因而可以实现低速高产。

摩擦纺纱原理示意图如图 5-1 所示，它主要依靠两只同向回转的尘笼及来自尘笼内部的气流吸力，将纤维连续凝聚在其表面并传递到一个楔形区，在这个楔形区产生一个搓捻力矩使凝聚的纤维得到搓捻效应。纤维凝聚的楔形区是沿两尘笼长度方向，长度等于好几倍纤维长度的一个狭长区，搓捻效应发生在紧靠凝聚纤维的某一轴线附近。由于纤维因搓捻而回转，同时又不断沿尘笼轴向方向被抽引出去，纱线的尾端形成一个锥形的自由端，并沿加捻轴线得以伸直。在纺纱狭长区，远离输出端的纤维，首先形成芯纱，在向输出端运动的过程中，不断添加纤维，在搓

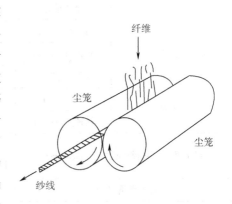

图 5-1 摩擦纺纱原理示意图

捻作用下包缠到芯线的表面。显然，这种自由端纺纱方法的凝聚与加捻作用是同时进行的，利用摩擦加捻使成纱获得的捻度值，其大小一方面取决于运动表面的速度与性能、吸气负压（它直接影响纱尾与运动表面间的正压力）以及引纱速度。

三、摩擦纺纱主要机型与特点

（一）国外摩擦纺纱主要机型与特点

国外摩擦纺纱机主要代表机型有 DREF-Ⅱ 型、DREF-Ⅲ 型、Master Spinner 型等，特点如下。

1. DREF-Ⅱ 型摩擦纺纱机

DREF-Ⅱ 型摩擦纺纱机是摩擦纺纱中应用比较广泛的机型，它由喂入牵伸、分梳辊梳理、凝聚加捻、输出卷绕四个部分组成，如图 5-2 所示。喂入牵伸装置由喂入喇叭 1 及三对牵伸罗拉 2 组成。分梳辊直径为 180mm，外包金属针布，锯齿的工作角为 70°～80°，分梳辊的转速为 2800～4200r/min。尘笼外观如图 5-3 所示，两只尘笼直径为 80mm，尘笼的网眼孔径为

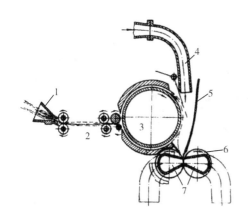

图 5-2　DREF-Ⅱ型摩擦纺纱机机构组成示意图

1—喂入喇叭　2—牵伸罗拉　3—分梳辊
4—吹风管　5—挡板　6—尘笼
7—吸气装置

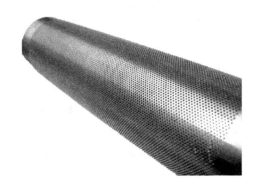

图 5-3　摩擦纺纱机尘笼外观实物图

0.8mm，表面孔眼 32000 个，两端装有轴承。尘笼内部装有吸气装置 7，吸气装置（内胆）的一端连有抽风机，其内胆开口对着尘笼的楔形槽，一端通过管道与风机相连。风机吸气装置的负压为 1470Pa 左右，根据实际情况，可以调节大小。吸气装置是一个开有条缝的金属管，条缝的位置（即开口）对着两只尘笼的楔形槽。

　　该机型的纺纱工艺过程为：条子→牵伸装置→分梳辊→尘笼→卷绕辊筒→筒子纱。棉条从喂入喇叭 1 喂入，经三对牵伸罗拉 2 的牵伸后，受到分梳辊 3 的梳理，被分解为单纤维状态；然后在分梳辊离心力的作用下，纤维从分梳辊上甩出，脱离锯齿，并在吹风管 4 吹出的气流作用下，沿着挡板 5 向两个尘笼 6（即网眼滚筒）运动，落在尘笼间的楔形缝隙处凝聚成须条；最后依靠两个尘笼 6 按 1600~3500r/min 转速同向同速回转，将凝聚的纤维须条加捻成纱。经过加捻后的纱条由引纱罗拉输出，并卷绕在筒管上，不仅可以卷绕成平筒，而且也可卷绕成锥形筒，重量可达 3~9kg。筒管由槽筒传动，其纺纱速度可达 100~280m/min。引纱罗拉引纱时，只需克服尘笼摩擦，受到的轴向力很小，属于低张力纺纱，故断头很少。

　　DREF-Ⅱ型摩擦纺纱机适合纺线密度为 1.7~17dtex、长度为 10~150mm 的各种天然纤维、化学纤维、再生纤维和特种纤维。可以说，只要能制成棉条，任何纤维都可以纺纱。该机适纺粗线密度纱，纺纱线密度为 100~3952tex，纺纱速度最高可达 300m/min。由于所纺纱线密度粗，所以单头产量很高。

2. DREF-Ⅲ型摩擦纺纱机

　　DREF-Ⅲ型与 DREF-Ⅱ型在机构上的不同之处在于，DREF-Ⅲ型有两套纤维喂入和牵伸机构，一个提供纱芯，一个提供外包纤维，第一牵伸区喂入一根棉条，经牵伸机构 1 牵伸后喂入尘笼 4 的加捻区形成芯纱，经第二牵伸机构 2 喂入的纤维流 3 包在芯纱外形成包缠纱 5，如图 5-4 所示。

　　DREF-Ⅲ型喂入牵伸机构如

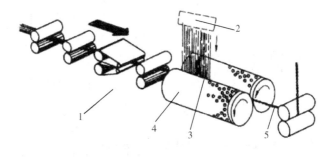

图 5-4　DREF-Ⅲ型摩擦纺纱机机构组成示意图

1—第一牵伸机构　2—第二牵伸机构　3—纤维流
4—尘笼　5—摩擦纱

图5-5所示。第一喂入牵伸机构是一套四上四下双胶圈罗拉牵伸装置，如图5-5（a）所示，牵伸倍数为100~150倍，喂入二并熟条，条重一般控制在3.0~3.5g/m，熟条经过三罗拉双胶圈牵伸装置后，牵伸后的须条沿尘笼3的轴向喂入加捻区，形成纱芯，输入和输出端的捻向相反，因而形成假捻。第二喂入牵伸机构为三上二下罗拉牵伸，如图5-5（b）所示，棉条经三上二下罗拉喂入牵伸

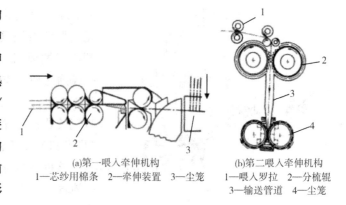

(a)第一喂入牵伸机构
1—芯纱用棉条 2—牵伸装置 3—尘笼

(b)第二喂入牵伸机构
1—喂入罗拉 2—分梳辊
3—输送管道 4—尘笼

图5-5　DREF-Ⅲ型喂入牵伸机构

后，受一对直径相同的分梳辊2梳理，分梳辊直径为80mm，转速为12000r/min，分解为单纤维，后由气流输送管道3进入两尘笼4的楔形槽中，通过尘笼搓捻包缠在纱芯上，形成包缠纱。成纱由引纱罗拉输出，经卷绕罗拉摩擦传动而制成筒子。该机型的尘笼直径为44mm，尘笼上分布有9000多个直径为0.8mm的孔眼，尘笼转速为3000~5000r/min，负压为2450~2940Pa，纺纱速度为200~300m/min。

DREF-Ⅲ型摩擦纺纱机适用于加工各类天然纤维和化学纤维，也适合用于加工它们之间的混纺原料。芯纱原料可用短纤维，要求纤维线密度应为0.6~3.3dtex，长度应为30~60mm，也可用化纤长丝、弹性丝、金属丝等。该机可纺本色纱或彩色纱，也可用优质纤维包缠廉价纤维，利用花式装置，还可纺各种花式纱。因此，DREF-Ⅲ型摩擦纺与DREF-Ⅱ型摩擦纺不同，DREF-Ⅱ型为自由端纺纱，生产普通纱，DREF-Ⅲ型为非自由端纺纱，生产包芯纱，属假捻包缠结构纱。

3. Master Spinner 型摩擦纺纱机

Master Spinner 型摩擦纺纱机与DREF-Ⅲ型和DREF-Ⅱ型的最大区别是专纺比较细的纱，每头喂入一根棉条，最细可纺14.5tex纱线。

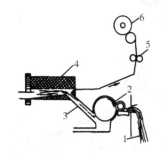

图5-6　Master Spinner 型摩擦纺纱机机构组成结构图

1—棉条 2—分梳辊 3—输送管道
4—尘笼 5—引纱罗拉 6—筒子

Master Spinner 型摩擦纺纱机的机构如图5-6所示。棉条1经过给棉罗拉喂入后，由分梳辊2进行分梳，然后纤维在分梳辊离心力的作用下脱离分梳辊进入输送管道3。分梳辊的直径为60mm，转速为4500~10000r/min。输送管道与尘笼4的轴线呈一定角度，最后纤维被输送到尘笼的楔形区。Master Spinner 型摩擦纺纱机的加捻机构由一个尘笼和一个实心摩擦辊组成。尘笼和摩擦辊作同方向回转，两者长度均为70mm，直径均为40mm。尘笼表面打孔，吸风装置吸风，对纤维起到吸附和凝聚作用。摩擦辊表面包覆着摩擦系数较高的硬质材料，对凝聚的纤维条起到加捻作用，加捻成纱后立即被引纱罗拉输出而卷绕成筒子纱。

Master Spinner 型摩擦纺纱机的一个重要特点是输送管道

与尘笼轴向的夹角与 DREF-III 型和 DREF-II 型不同，后者的夹角接近 90°，而前者的夹角为 25°~28°。小夹角输送管道使纤维以接近平行于尘笼的轴线方向喂入尘笼和摩擦辊的楔形区，纤维的平行伸直度得到显著提高，所以纱线强力比较高。该机为双面机型，每台 144 头（每边 72 头），每套空气系统通常供应两台机器，有自动接头和自动络筒系统，并可根据需要在每一头上安装上蜡装置。

该机适纺纯棉、化纤及其混纺纱，纤维长度可达 40mm，单根棉条喂入，适纺线密度为 14.5~58.3tex，能够生产平行筒子或 4°20′ 的锥形筒子，卷装尺寸（直径×宽度）为 ϕ290×150mm；纺纱速度最高为 300m/min。

（二）国内摩擦纺主要机型与特点

FS2 型、FS3 型摩擦纺纱机与 DREF-II 型类似。国产 FS2 型摩擦纺纱机机构示意图如图5-7所示。与 DREF-II 型摩擦纺纱机相比，只是两只尘笼与机器的平面（或地平面）呈倾斜式，一头高一头低。尘笼的倾斜使输送管道与尘笼的轴向夹角小于 90°，使纤维进入尘笼加捻区时减小纤维与成纱轴线的倾斜角度，从而提高纤维的平行伸直，有利于改善纱的结构，增加成纱的强力。另外，尘笼的抽风机采用多头集体吸风，每台机器 6 头，机

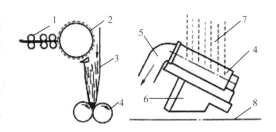

图 5-7　FS2 型摩擦纺纱机机构示意图
1—牵伸装置　2—分梳辊　3—输送管道　4—尘笼
5—抽风管　6—笼支架　7—纤维流　8—水平线

器功率 17.8kW/台。加捻部件采用一个尘笼和一个摩擦辊相配合，也可使用两只尘笼。该机适纺长度为 15~150mm 的各种天然纤维和化学纤维，线密度为 66~4000tex，纺纱速度最高为 200m/min。

四、摩擦纺纱技术的优势与特点

1. 低速高产

摩擦纺纱利用摩擦加捻原理，它是由两只尘笼对纱尾进行加捻，而尘笼直径与纱条直径之比为几百倍，因此，当尘笼一转，纱条就会转几百转，因此，摩擦纺加捻元件转速不高时，成纱就可以获得较多的捻度，具有进一步提高纺纱速度的潜力。摩擦纺纱的纺纱速度和加捻速度的提高均不受高速回转件速度的约束。再者，摩擦纺纱机的输出速度可达 100~300m/min，其引纱张力较小，为低张力纺纱，纺纱断头较少，也是摩擦纺纱生产效率高的重要因素。在加捻机件速度比较低的情况下，其产量为环锭纺纱的 10~15 倍，是转杯纺的 2~3 倍，属于低速高产的纺纱技术。

2. 适纺原料广泛

摩擦纺纱技术对纤维的伸直、定向、凝聚是依靠气流和机械的作用完成的，它可以不受纤维性能和形状的限制，所以适纺的纤维种类和长度范围非常广泛，如棉、毛、丝、麻、化学纤维，还可适用特种原料如凯夫拉、碳纤维等。摩擦纺纱不仅可以纺好纤维，也能纺下脚纤维，特别是粗特纱可用各种下脚料。当混合纤维原料中，有 50% 的纤维短于 15mm 或纤维长度离散度大、纤维线密度变异大、含杂多时，摩擦纺纱机仍可以顺利纺纱。

3. 产品品种多而新

DREF-Ⅱ型纺纱机是将单纤维相互平铺叠合后加捻成纱的，成纱具有良好的条干均匀度和足够的蓬松度，并形成"多组分"的分层结构和"里紧外松"的捻度结构。DREF-Ⅲ型纺纱机纱芯纤维和外包纤维可以分别单独控制，使得不同的纤维材料能有选择地组合和配置，纺制生产各种包芯纱，还能直接纺制出各种花式纱线，以适应使用性能、经济或美观方面的需要。

总之，摩擦纺纱不仅可以生产普通纱，而且可以生产多种花式纱线，如竹节纱、结子纱、包芯纱及独特的摩擦纺彩色花式纱等。

4. 工艺流程短，成本低

摩擦纺纱是目前各种纺纱方法中工艺流程最短的一种，它可以直接用生条纺成筒子纱，省掉环锭纺中的粗纱和络筒工序，大大缩短了工艺流程。由于纺纱张力很小，所以生产中很少出现断头，卷装容量大，筒子重量可达 4.5kg，因而换筒周期长，劳动强度小。另外，摩擦纺适纺纤维长度为 10~150mm，同时能用高档纤维包覆低档纤维。不仅能大幅度地降低原料成本，而且能对原料进行综合利用，可使总成本比环锭纱低 15%~30%。

摩擦纺纱也有致命缺点，如摩擦纱光洁度差，纤维紊乱；成纱强力低，纱线的均匀度差，且纺细线密度纱还比较困难，有待进一步的研究和改进。这使摩擦纺纱到现在为止并未得到大规模的应用。

第二节　摩擦纺纱工艺过程与特点

一、纤维喂入分梳过程与特点

在摩擦纺纱过程中，采用棉条喂入，需把须条开松梳理成单纤维状态。DREF-Ⅱ型摩擦纺纱机，一般情况下，条子 4~6 根绕过导条架并排喂入一只宽喇叭口，经过一组喂给罗拉的低倍牵伸后，以张紧的薄层喂入到分梳区，利用分梳辊表面包有的金属针布对纤维进行较强的开松与分离作用。喂入棉条采用轻定量多根喂入，目的是为了提高并合作用，对成纱质量有利；同时，喂入棉条要尽可能平行排列，以避免条子间的纠缠打结现象，便于分梳。条子的总重量以 15~25g/m 为宜，太高，影响分梳效果；过低，会加大对纤维的损伤。为提高对棉条的分梳效果，可加大分梳辊转速，但转速提高会加大对纤维的损伤。

对 DREF-Ⅲ型摩擦纺纱机，拥有两套喂入牵伸机构，第一喂入牵伸机构确保芯纱喂入，可以是棉条喂入，也可是长丝，长丝喂入时，是在第一牵伸机构靠近尘笼的最后一对罗拉中直接喂入长丝作芯纱。第二喂入牵伸机构确保外包纤维喂入，同样采用 4~6 根棉条平行喂入，后经分梳辊梳理，分解为单纤维，与 DREF-Ⅱ型摩擦纺纱机类似。

二、纤维输送转移过程与特点

(一) 纤维输送和转移的要求

纤维的输送和转移是摩擦纺在尘笼楔形区得以凝聚的前提。纤维的输送和转移过程的要求是纤维能顺利均匀地从分梳辊表面剥离，并在输送和转移过程中有效地控制纤维的运动，并使其获得一定的伸直作用，以提高成纱质量。

（二）纤维输送运动气流作用分析

DREF-Ⅱ型摩擦纺纱机利用吹风帮助剥离和输送纤维，因输送管道的不封闭，产生多处补风、漏风，这不仅使输送管道内的气流自上而下减速（图5-8），而且导致气流紊乱，流场不稳定，难以有效地控制纤维运动和伸直纤维。再者，吹风气流是利用尘笼回风，不可避免地将尘笼内的杂质带到输送管道。

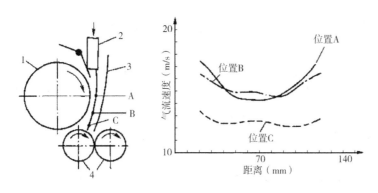

图5-8　DREF-Ⅱ型摩擦纺纱机输送管道内气流速度分布
1—分梳棍　2—吹风管　3—挡板　4—尘笼

纤维在输送过程中的形态以及纤维添入纱尾时的伸直和排列状态是影响摩擦纱的结构成型与成纱质量优劣的重要因素。如何有效对纤维进行剥离，合理设计输送管道，选择适合的纤维输送方式是获得高质量摩擦纱的关键。最显著的是，通过对输送管道的改进，调控输送管道内气流的流速，从而有效控制纤维输运，并提高纤维的伸直平行度。图5-9所示为改进型输送管道内气流速度分布，使气流流速从进口位置A至出口位置D总体呈现递增趋势，纤维在管道中有一定的加速运动，有助于对纤维的伸直。位置A处的气流速度分布曲线比较平坦，说明补风均匀平稳，有利于均匀地从分梳辊剥离纤维和输送纤维。位置D处的气流速度沿纱轴基本上呈现下降趋势，这是尘笼胆内吸气负压递减所致，可通过对尘笼胆进行结构设计，实现输送管道出口处气流速度沿纱轴均匀分布。

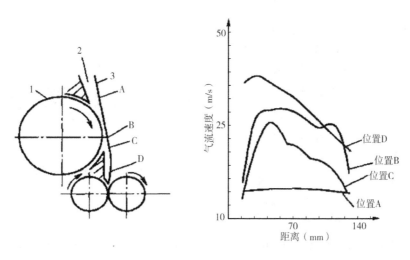

图5-9　改进型输送管道内气流速度分布
1—尘笼　2—补风　3—输送管道

1. 纤维剥离

为确保纤维顺利被输送和转移，纤维从分梳辊顺利剥离是关键。除加装剥棉刀外，还应注意以下几个方面。

（1）补风口的气流方向要保证与剥离点相切。

（2）剥离点的最小隔距决定了剥离区的气流速度，而气流速度与分梳辊表面速度的比值与剥离纤维是否彻底有关，因此，需要合理控制气流速度与分梳辊表面速度的比值，一般这一比值在 1.5~4 范围内可望获得良好的剥离效果。

（3）保持合理的气流速度与分梳辊表面速度的比值，以及控制纤维强力损伤的基础上，适当提高分梳辊转速，一方面有利于纤维开松，另一方面可提高纤维的剥离效果。

2. 纤维输送

摩擦纺纱过程中，纤维输送至楔形凝聚区目前有两种手段，即有输送管道（Master Spinner 型）和无输送管道导向（DREF-Ⅱ型）。无输送管道导向的纤维输送将使纤维的定向较差，因而不仅影响成纱的性能而且还影响纤维的可纺性，即最小纺纱线密度受到限制。依据现有的摩擦纺纱系统，纤维输送的引导方向，一般包括垂直于纱轴输送及倾斜于纱轴输送两大类。

（1）垂直于纱轴输送纤维。开松纤维的分梳辊安装在两摩擦辊的正上方，输送纤维的主气流（尘笼胆吸口的负压吸气）和纤维输送管道上方的吹风或补风气流的速度方向，基本上垂直于成纱输出方向，且纤维输送速度比成纱输出速度高许多倍。因此，来自分梳辊的单纤维由气流垂直地输送到楔形区并与回转纱尾接触时，其伸直与定向排列状态极差，在纱中的长度利用率小，成纱强力低。但这种的喂入输送纤维的方式有并合效应，即对凝聚区纤维的数量不匀有补偿作用。同时，在成纱断面内可以找到从各根喂入条子中的纤维，且是有规律地分布，即自成纱断面的中心起，从里层到外层的纤维是按一组条子的排列顺序分布的。这样，可以利用不同质量和性能以及不同颜色的原料，纺制具有复合成分和分层结构的多样化的粗线密度纱。

（2）倾斜于纱轴输送纤维。条子经分梳呈单纤维状态后，纤维沿一与纱轴倾斜一定角度的输送管道由气流输送至楔形区，如图 5-10 所示。这股气流来自尘笼胆内负压吸气，它要通过尘笼胆的狭长吸口、尘笼的孔眼、纤维沉降区才到达纤维输送管道。输送管道内气流速度的大小主要取决于尘笼胆内吸气负压的高低，负压越高，流速越大。气流速度的方向则主要取决于输送管道倾斜的方向与角度。倾角小，则气流输送的纤维与纱轴平行排列的可能性大。实验研究表明，选用的最佳倾角范围为 15°~30°。

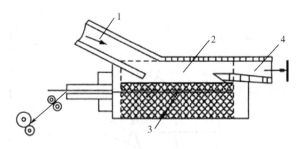

图 5-10 倾斜输送管道
1—倾斜输送管道 2—尘笼楔形区
3—尘笼 4—附加气流吸口

输送管道内腔的截面设计有利于保持和改善纤维在输送过程中的伸直状态，图 5-11 所示为附有渐缩区和辅助吸风装置的倾斜输送管道，分剥离区、渐缩区和渐扩区，该设计的优点在于：纤维在剥离区从分梳辊上剥离下来进入管道后，待其进入渐缩区，纤维加速而得到一定的伸直和定向；纤维在渐扩区的运动速度有所降低，减小纤维与尘笼表面的撞弯现象；因凝集区较长，一定量的纤维可均匀地分配在整个凝集区长度上，使尘笼对纤维有较强的吸附作用，有利于纤维较整齐地凝集在尘笼表面。此外，在输送管道设计时，通过附加压缩喷射装置和吸气装置，可进一步改善纤维在输送过程中的伸直度和纱中纤维沿纱轴的平行排列长度，如图 5-12 所示。图 5-12（a）是在输送管道中部开一压缩喷射口，纤维输入方向与引纱方向相同，称为顺向引纱；图 5-12（b）是在输送管道终部开一附加吸气口，纤维输入方向与引纱方向相反，称为反向引纱。两者均采用 30°倾角的输送管道，相同原料和工艺条件下，纺中、低线密度纱时，逆向引纱的成纱强度比顺向引纱的强度高，且强度不匀也较低。

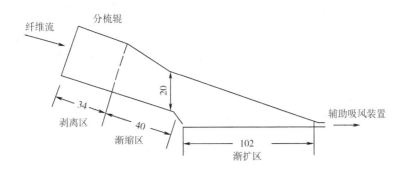

图 5-11　附有渐缩区和辅助吸风装置的倾斜输送管道

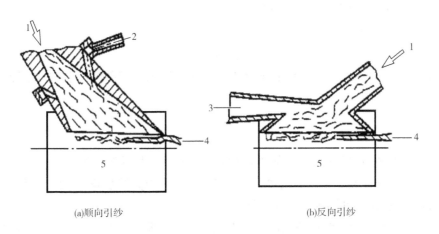

(a)顺向引纱　　　　　　　　　　　(b)反向引纱

图 5-12　基于不同引纱方向的输送管道
1—纤维喂入方向　2—压缩空气喷射口　3—附加吸气口　4—引纱方向　5—尘笼

综上可知，纤维在输送到楔形区前的速度及其伸直度，以及相对于纱轴定向排列的情况，主要取决于气流流动规律与气流输送速度，而这与摩擦辊胆内吸气负压、输送管道的附加吸气（或附加喷气）压力、输送管道内腔的尺寸和几何形状以及输送管道和分梳辊与楔形区的相对配置等密切相关。

三、纤维凝聚加捻过程与特点

(一) 纤维凝聚加捻过程与捻度结构

几根纤维条同时喂入开松机构，被分梳成单纤维状态，再由输送管道送到两个吸气尘笼之间的楔形区内（或单一尘笼吸气，另一尘笼实心），凝聚成须条，两尘笼同向回转，对须条进行搓动成纱，纱的输出方向与纤维喂入方向相互垂直，如图5-13所示。尘笼内有吸气胆，吸气口对准楔形区内的须条，角度可根据纺纱线密度进行调节。

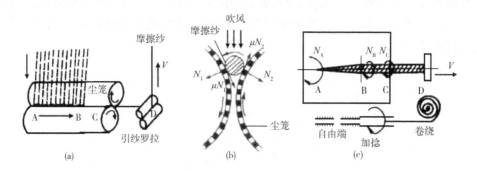

图5-13　摩擦纺纱加捻过程示意图

在加捻过程中，纱条的位置是根据纱条直径而自行调节的，但始终与两尘笼的表面相接触，如图5-13（b）所示。设两个尘笼表面对纱条的摩擦力分别为R_1和R_2，纱条在尘笼表面摩擦力R_1、R_2作用下，绕自身轴线回转而加上捻度。摩擦力的大小由两个尘笼对纱条的吸力N_1、N_2和尘笼表面摩擦系数μ决定，则：

$$R_1 = \mu N_1 \tag{5-1}$$

$$R_2 = \mu N_2 \tag{5-2}$$

R_1和R_2构成一对使纱尾绕自身轴线回转的力偶，因而发生搓捻作用。纱尾的理论转速n_2可按式（5-3）求得：

$$n_2 = \frac{D_1}{D_2} \times n_1 \tag{5-3}$$

式中：D_1为尘笼直径，mm；n_1为尘笼转速，r/min；D_2为纱尾直径，mm。

摩擦纺纱的加捻是在三个区域内进行的，即AB区称为分层加捻区，BC区称为整体加捻区，CD区称为匀捻区，如图5-13（c）所示。

（1）AB区。纤维沿分梳辊的宽度方向在楔形区凝聚形成自由端。由于受引纱罗拉的牵引，纱尾向输出方向运动，纤维又不断地添加到纱尾上，致使纱尾上的纤维在此凝聚，数量分布由A向B逐渐增多，在此区的纤维束处于复合运动状态。轴向运动向外输出，纱尾形成圆锥形。回转运动形成分层加捻，A点处纤维将成纱芯，越靠B点越靠近纱的外表。A至B之间各截面都有瞬时捻度。当受到尘笼摩擦而回转时，由于AB之间须条各截面的直径不同，回转速度各异，靠近A点的直径细而转速高，靠近B点的直径粗而转速低，因而各截面间因转速差异而获得不同数量捻回。但纱尾的回转加捻与添加纤维、轴向输出方向运动是同时进行的，靠近A点部分虽然已经获得捻回，当向输出方向移动并添加纤维后，仍能随着外层纤维继续获得捻回。这样，纱芯的捻回多、外层的捻回少，而且逐层变化。这种分层加捻的结果，形成了摩擦纺纱纱芯结实、外层松软的结构。

（2）BC 区。纱体已经形成，纱条各截面直径相同，纱芯的捻度也基本固定，回转速度没有差异。但靠近 B 点刚进入纱体的纤维需要在此区加捻，所以，虽然纱的整体在此区回转，但主要获得捻度的是纱的外表。纱条在此区内不增加捻回，纱条的回转只能对 CD 区纱条整体加捻。此区为捻度的增强区，纱的外层捻度在此区形成，即最外层的纤维由 B 点开始捻入纱体，到 C 点基本上全部包覆在纱体中。里层的纤维也逐步增强了捻度。

（3）CD 区。此区对纱体里外层捻度起到整理和匀整作用。D 点受引纱罗拉握持，相当于一个握持点。因 BC 段纱条的回转，使此区的纱条获得捻度。又因 CD 段纱条处于自由悬垂状态，纱体已不受尘笼表面的回转约束，在纱体本身存在的与捻向相反的反力矩作用下，使由于喂入 AB 区纤维不均匀造成的捻度不匀得到改善。

纱条外观上获得的捻度 T_t（捻/10cm）可由式（5-4）决定：

$$T_t = \frac{D_1 \times n_1}{D \times V \times 10} \times \eta \tag{5-4}$$

式中：V 为引纱速度，m/min；D 为纱条直径，r/min；η 为加捻效率。

加捻效率 η = 1-滑溜率，因纱条是在楔形槽内自由状态下加捻，纱条与尘笼间的滑溜率较大，加捻效率为 65%~80%。影响加捻效率的主要因素是尘笼对纱条的吸力的高低，以及尘笼表面与纱条的摩擦系数大小。因此，保持尘笼有足够的负压、增加尘笼表面与纱条之间的摩擦系数，是进一步发挥摩擦纺纱低速高产的关键。

纱条直径 D = Tt×C（其中 Tt 为纺纱线密度，C 为系数），代入式（5-4）得：

$$T_t = \frac{D_1 \times n_1}{C \sqrt{Tt} \times V \times 10} \times \eta \tag{5-5}$$

由式（5-5）可知，当改变纺纱线密度，而尘笼及引纱速度不变时，即可改变成纱的捻度。实践证明，在较广泛的线密度范围内，摩擦纺的引纱速度大致上是恒定的，这是摩擦纺纱的一个特点。

（二）纤维运动特征分析与摩擦纺纱线结构形成

1. 纤维运动特征分析

在利用一对圆柱形摩擦加捻辊的摩擦纺纱系统中，由于其中一只或两只辊子的薄壁圆柱面上开孔及其开有长槽的内胆吸气，使两辊间的楔形区内产生负压，由分梳辊开松的单纤维经在输送管道内处于自由飞行状态，进入凝聚区前的姿态各异，以及单纤维与回转纱尾相遇直到完全捻入纱尾的位置与时间都具有随机性，所以其凝聚过程相当复杂。

通常，纤维与纱尾接触瞬间可能情况如图 5-14 所示，其中图 5-14（a）为纤维一端与纱尾接触时的位置是顺着成纱输出方向，图 5-14（b）为逆着成纱输出方向，图 5-14（c）和（d）则分别为纤维垂直与平行纱尾的姿态。在摩擦纺纱中，首先不同结构的纤维输送系统确实会导致纤维进入凝聚区时的速度差异。但在所有情况下，纤维进入凝聚区时在成纱输出方面的分速度 V_H 都要比成纱输出速度 L_0 高许多倍。因此，纤维凝聚到纱尾时，其运动速度的大小甚至方向都要发生变化，即突然减速。这样，极易使纤维形成前弯钩、折皱或屈曲，纤维的伸直度将会受到破坏；其次，纤维是直接凝聚到回转的纱尾上。据有关文献对纱尾回转速度的分析计算表明：对于长度为 25mm 的纤维，假定其凝聚长度也为 25mm，在这根纤维的凝聚时间内，纱尾的回转数仅有 0.5r 左右，纱尾回转的表面速度比纤维与纱尾接触瞬间的输送速度以及成纱的输出速度要小得多。因此，讨论纤维凝聚过程时可以不考虑纱尾回转速度的影响。在楔形凝聚区内，一方面由于纤维的不断添入，使纤维条的直径不断增大；另一方面被凝聚和加捻而形成的

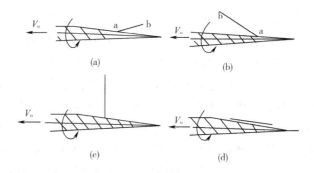

图 5-14 纤维与纱尾接触瞬间的可能情况

纱尾又作轴向输出运动，使纱尾各处截面具有不同的直径，越接近凝聚槽出口处的纱体，其直径越大。由于后来输入的纤维逐渐地被添加，并捻入到原先喂入并已凝聚的纤维条上去，因此，凝聚槽中的纱尾（自由端）呈现近似圆锥体的外形。

2. 摩擦纺纱线结构形成与特点

由一对表面带有孔眼的尘笼（又称摩擦滚筒），或一只尘笼和一只未开孔的摩擦滚筒就组成了摩擦纺纱机的凝聚加捻机构，单纤维由气流输送到由两只摩擦辊形成的楔形区，纤维流在一定长度 L_A 内被吸附凝聚成纱尾（自由端），同时纱尾被回转加捻。图 5-15 表明：条子①中的纤维落在凝聚区的起点，成为成纱最内层的纱芯；条子②、③中的纤维依次逐层凝聚包覆；条子④中的纤维最后加入纱尾，形成纱的最外层。

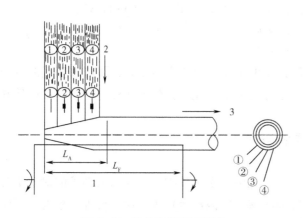

图 5-15 纤维在楔形区凝聚
1—尘笼 2—纤维供给 3—纱条输出

纤维凝聚区长度 L_A，即纤维凝聚包卷进纱尾的长度；L_F 为摩擦加捻区长度。L_F 比 L_A 长可以增加摩擦加捻作用，使凝聚到纱尾的所有纤维能有效而稳固地包卷在纱内，且 $L_F - L_A$ 的长度将影响最终成纱的外层捻度。尽管纤维喂入楔形区的方式（如多根条子垂直喂入或单根条子倾斜喂入等）不同，但在楔形区纤维凝聚成束的外形都是一端细另一端粗，类似"圆锥形"，这是因为在单纤维沿凝聚长度不断喂入纱尾的同时，成纱连续地沿其轴线方向输出所致，这样，在凝聚区长度上，纤维数量或重量分布沿成纱输出方向将逐渐增加，纱尾各截面的直径也相应地逐渐增大，这种形状的纱尾在同时接受摩擦加捻时导致其捻回沿纱尾长度分布不匀，从而使最终成纱截面内的径向捻度分布也不匀。圆锥段纱尾不断进行着凝聚—加捻、再凝聚—再加捻直至最后成纱的动作。因内层须条加捻较早，外层加捻较晚，故内层捻度比外层大，从而形成了纱线特有的径向捻度分布。

第三节　主要工艺参数与关键部件对成纱质量的影响

一、纤维条喂入与排列顺序

摩擦纱具有分层包覆结构，因此，喂入纤维条喂入与排列次序对成纱质量有较大影响。变化喂入纤维条的部位，将改变纤维在尘笼楔形区与纱尾凝聚的先后，纤维凝聚早，获得的捻度越多，成纱质量越好。用两根羊毛/兔毛/麻（70/10/20）下脚生条与一根中长涤/维（50/50）黑灰条在相同的工艺参数下喂入纺纱。当羊毛/兔毛/麻下脚生条作包覆层，而黑灰条作芯纱时，成纱强度明显低于用黑灰条作包覆层，下脚生条作芯纱纺制出的相同线密度的纱。这是因为里层捻度多，且是成纱强度的主要贡献者。对于不同颜色、不同性能的原料有意识地利用这种排列，也可生产出具有特殊风格和效应的花式纱。

二、分梳辊转速

摩擦纺纱机的产量高，单位时间内摩擦纺纱处理的纤维量较大，提高分梳辊速度，可以加强分梳，较快的分梳辊速度，有利于提高纤维的分离度，改善成纱质量。但转速过高，会使分梳作用剧烈，则对纤维的损伤严重，所以分梳辊的转速应根据原料的性能选择。据资料介绍，纺羊毛纤维（直径 $d=19.7\mu m$，长度 $l=35.7mm$）试验中，经分梳辊梳理后纤维长度减短23%，比转杯纺的损伤纤维程度严重。因此，当喂入纤维量一定时，要正确合理地选择分梳辊速度，兼顾良好的分梳效果，并减少纤维损伤，提高成纱质量。当加工线密度较小、强度较低的纤维时，分梳辊速度不宜过快，要适当偏小控制；反之可大些。

三、尘笼转速

一般情况下较高的输出速度，一定要有较高的尘笼转速与之配合，但是过高的尘笼速度，不仅要受电动机功率、转速的限制，而且又容易导致回转纱体径向跳动及不正常磨损现象的出现，故国产摩擦纺纱机尘笼常用的尘笼速度，一般要控制在 3500r/min 以下，同时相应的输出速度要保持在 200m/min 以下，这样可以确保纱条在尘笼加捻区内有足够的停留时间，从而获得必要的捻度。

尘笼转速高，则成纱捻度也大，从而使成纱强度得以提高。尘笼转速过高，会使加捻效率下降，反而会影响成纱捻度。适当地提高两只尘笼速差，有利于加捻效率的提高，DREE-Ⅱ型摩擦纺纱机上两只尘笼的速差为8%~10%，速差可根据所纺线密度的大小在3%~10%范围内选择，粗线密度纱时大些，细线密度纱时小些，但速差过大，会引起纱尾抖动或跳动，使握持加捻条件恶化，反而造成加捻效率下降。

四、尘笼吸气负压

尘笼表面纺纱负压的大小，代表着尘笼吸风量，影响通道中流场的分布和凝聚时纤维形态的变化，它不仅决定产生摩擦作用的正压力、须条动态直径与纤维密集度，使加捻效果发生变化，而且可以改变加捻效果，对捻度和条干均匀度都有重要影响。

当尘笼的抽气负压绝对值越大时（即真空度大），则在尘笼加捻区各处的捻度都增大。因为负压越大，纱条与尘笼之间接触越紧密，摩擦力矩越大，所以加捻效率越高。一般负压的绝对值应掌握在 4900Pa 以上，但也不能过高，过大的真空度容易使纱尾过于紧贴尘笼表面，而不够自由，阻碍其回转加捻，反而使加捻效率下降，同时噪声和能耗增加。尘笼的负压决定了正压力（吸力）的大小及纱条与尘笼的接触状态。负压增大，不仅使纤维与尘笼间的摩擦作用增大，凝聚加捻作用增强，而且可提高输送管道内纤维的伸直与定向，有利于成纱条干改善、强力和捻度提高，但过大的负压会造成输出困难。

加捻区的负压与尘笼内胆吸口位置、两尘笼间隔距有关。尘笼吸气负压的调节，可通过调节前、后两个尘笼内的节流环内径来实现。为了获得较好的加捻效果，一般应使前尘笼的吸气负压大于后尘笼。当所纺纱线密度较低时，纺纱加捻效率下降，吸气负压应增加。吸气负压适当增加，对改善成纱条也有利。纺粗线密度纱的 DREE-Ⅱ 型摩擦纺纱机的吸口宽度一般为 10~12mm，纺较细线密度纱的摩擦纺纱机的吸口宽度为 4~6mm；两尘笼间的隔距为 0.2~0.5mm。

五、纺纱速度

摩擦纺纱的加捻和卷绕机构是分离的，这样可以避免高速回转的加捻部件，为进一步提高纺纱速度创造了有利的条件。摩擦纺纱速度与所纺原料性能、成纱线密度、成纱质量、尘笼转速等有关。一般而言，纺纱速度增加，加捻效率下降，则成纱捻度减少，从而导致成纱强度降低。纺纱速度增加，成纱区并合作用减弱，从而使成纱条干恶化。选择摩擦纺的纺纱速度时，需考虑以下因素。

（一）原料性能

原料性能直接影响纤维的包覆和加捻效果，若纤维较粗硬、含油率较高、长度不整齐的原料，纺纱速度不能太快。否则，将导致包覆恶化、条干不良、强力降低、断头增加。

（二）纱线的线密度

当纺制较粗的纱时，加捻效率较低，纺纱速度要适当降低些，由于较粗的纱刚性较大，不容易加捻，要完成加捻，需要较长的时间。但纺过细的纱时，加捻效率也会下降，为防止纺纱断头增多，速度也不宜过高。国产 FS2 型摩擦纺纱机纺制 20~100tex 范围内的纱，可获得最高纺纱速度，质量也较稳定。纱的线密度过大或过小时纺纱速度都要低些。

（三）尘笼转速

较高的纺纱速度必须有较高的尘笼转速与之配合。但过高的尘笼转速，既受电动机功率、转速的限制，又易导致回转纱体径向跳动加剧及不正常磨损。

六、摩擦比

尘笼表面速度与纺纱速度的比值称为摩擦比。摩擦比是摩擦纺纱的一项重要工艺参数，它对成纱质量和机器的可纺性能都有显著的影响。根据摩擦纺纱的加捻原理，成纱外层的捻度可以由下式计算：

$$T_{tex} = 纱条转速/纺纱速度 \tag{5-6}$$

因纱条表面速度应等于尘笼的表面线速度与加捻效率的乘积，所以式（5-6）可改为：

$$T_{\text{tex}} = \frac{V_0}{\pi D V_1} \times \eta = \frac{m}{\pi D} \times \eta \tag{5-7}$$

式中：V_0 为尘笼表面速度，mm/min；m 为摩擦比。

从式（5-7）中可知，摩擦比是决定捻度的主要参数，在一定范围内，摩擦比与纱条的捻度成正比关系，摩擦比越大，纱线捻度越大。选择适合的摩擦比，是保证成纱质量的重要条件。当纺纱速度一定时，提高摩擦比，则增大了尘笼转速，使成纱捻度增加；但当尘笼速度增加到一定值时，达到一个临界限度时，受离心加速度的影响，纱条与尘笼间的滑溜率增大，尘笼速度越高，加捻效率越低，成纱捻度不再增加反而有所下降，工艺调试时一般不宜超过此限度。

不同的摩擦比时，成纱条干不匀率不同，摩擦比与条干不匀率之间的关系见表5-2。

表5-2　摩擦比与成纱条干 CV 值

尘笼转速（r/min）	1900	2100	2300	2500
摩擦比	2.375	2.625	2.875	3.125
条干 CV 值（%）	17.2	16.9	16.3	16.3

七、芯纱初捻张力

芯纱初捻张力与纱线捻度关系见表5-3。芯纱初捻张力加大，可以使芯纱的捻度减小，并导致成纱的质量明显下降。这是因为当张力增大时，会使芯纱的张紧程度增大，刚度增加，抗扭力矩增加，导致芯纱的加捻效率降低。因此，通过改变张力片重量，可以改变初张力。在实际生产过程中，采用改变张力片重量来改变初捻张力，初捻张力加大，纱线捻度减小，导致成纱质量下降。

表5-3　芯纱初捻张力与纱线捻度的关系

纱芯初捻张力（cN）	4.12	13.29	24.11	34.89
纱线测试捻度（捻/10cm）	140	114	103	98

第四节　摩擦纺纱线结构与性能

一、摩擦纺纱线的结构

摩擦纺的纱条成形和加捻过程与环锭纺及其他新型纺纱技术都不一样，因此，成纱结构及其性能也不同。摩擦纺纱外层纤维的螺旋捻回与环锭纱相似，不像转杯纱有外部缠绕纤维。纱体内纤维排列的种种形态则与转杯纱基本相似，但各种形态纤维所占的百分比与转杯纱明显不同。用同样的原料（棉、涤）纺制摩擦纱与转杯纱，并用示踪纤维观察其纤维排列形态，各类纤维形态的根数百分比见表5-4。由表5-4中可以看出，摩擦纱中呈圆柱、圆锥形螺旋线排列的纤维仅有3%~4%，转杯纱有16%~20%，且有一定的内外转移，而环锭纱则占有80%左右。摩擦纱中前后对折、纠缠等不规则纤维占50%，转杯纱只有30%~40%，环锭仅有10%左右。

表5-4　各类纤维形态的根数百分比

纤维类别	摩擦纺纱		转杯纺纱	
	棉（%）	涤（%）	棉（%）	涤（%）
圆锥形螺旋线纤维	0.65	1.97	2.34	3.23
圆柱形螺旋线纤维	3.27	1.32	14.02	16.77
头、中、尾端有缺陷的纤维（含各种弯钩、圈绕等）	45.76	47.39	50.28	39.37
不规则纤维（含前、后对折，纠缠等）	50.33	49.33	33.33	40.64

注　摩擦纺试样为DREF-Ⅱ型机纺出。

摩擦纱中纤维排列不规则，对折、打圈、弯钩纤维较多，其数量远多于转杯纺，更多于环锭纺。摩擦纺在单纤维输送过程中没有伸直纤维和控制纤维运动的机构，也不像转杯纺那样在进入高速回转的凝聚槽时有进一步伸直排列的效果。它仅靠气流输送纤维，难以保持和改善纤维伸直和定向排列程度。纤维在到达纱尾直至被捻入的过程中，各根纤维头尾接触纱尾的时间与位置以及纤维倾斜于纱轴的程度都不一样，纤维与纱尾接触时在纱轴方向的运动速度要比成纱输出速度高得多。摩擦纺属于低张力纺纱，其纺纱张力仅为环锭纺和转杯纺的10%~50%。所以，成纱时纤维内外转移困难，纱中纤维平行伸直度差，弯折纤维数量较多，成纱紧密度低。

由摩擦纺的加捻过程及特点可以看出，摩擦纺的成纱呈明显的分层结构，包括径向组分分层和捻度分层结构两种。

二、摩擦纺纱线的性能

1. 成纱强伸性能

与环锭纱和转杯纱相比，摩擦纱的强力最低，只有同线密度环锭纱的55%，比同线密度转杯纱也要低15%。强力不匀率比转杯纱低，但比环锭纱高。其原因一方面是因为其为自由端纺纱，且纤维在纺纱过程中要转向（垂直喂入，水平铺放），纤维在纱中的排列紊乱，平行伸直度差，纤维长度有效利用减小；另一方面是因为这种纱本身结构松散，摩擦纱中圆柱形和圆锥形螺旋纤维少，纤维间径向压力低，抱合力差，拉伸过程中纤维间摩擦阻力太小，容易发生相对滑动，使各种纤维断裂的不同时性加大。因此，摩擦纱断裂伸长率较环锭纱高。

2. 条干均匀度与毛羽

摩擦纱是由多层纤维凝聚加捻而成，采用分梳辊开松纤维、气流输送纤维代替了环锭纺的机械牵伸，在纺粗线密度纱时，其条干均匀度优于或接近环锭纱，粗节、棉结比相同规格的环锭纱少。但纺中细线密度纱时，其条干均匀度比环锭纱要差。摩擦纱的毛羽比环锭纱和转杯纱都多，且毛羽长度较长。

3. 纱线结构与耐磨性

由于摩擦纱的径向捻度分布，由纱芯向外层逐渐减小，纱条具有内紧外松的特点。因纤维在凝聚过程中缺少轴向力的作用，故纱条内纤维的伸直、平行度较差。因此，摩擦纱表层纤维丰满而蓬松，弹性与手感好。

摩擦纱的耐磨性较好，但次于转杯纱，原因在于摩擦纱内外捻度分层，内层捻度较外层高，且纱线的毛羽多而长，纱直径粗。

第五节　摩擦纺纱产品开发

摩擦纺纱可以纺制各种天然纤维及化学纤维的纯纺或混纺纱，也可以用纺纱生产的下脚料纺纱，还可以纺多种色泽的色彩效应纱或花式纱，使织物色彩缤纷，进一步扩大了其使用范围。此外，还可纺制包芯纱，包芯纱中的芯纱可以是氨纶，也可以是涤纶长丝、锦纶长丝、丙纶长丝和金属长丝等，芯纱从轴向喂入尘笼，并用短纤维包缠于外层，加工成包芯纱，即弹性包芯纱和无弹性包芯纱，它们具有复合结构纱的特点，能够弥补短纤维长度短、强力低的缺点。

摩擦纺纱属于一种低速高产的纺纱方法，其产量高，适纺原料广，成纱品种多，工艺流程短。纺制的纱线用途很广，可用于生产装饰织物、清洁用布、外衣织物、工业用织物、起绒织物等。

一、服用摩擦纺纱产品开发
采用摩擦纺纱机可以开发粗纺呢绒和针织物等多种产品用纱。

1. 粗纺呢绒用纱
摩擦纺纱机可纺制各种花式纱线，可增加粗纺呢绒的花色品种并满足粗纺呢绒用纱表面毛茸、手感丰满的要求，有良好的弹性及保暖性能的风格要求。毛和化纤的下脚料均可用于摩擦纺纱机纺制粗纺毛纱，用氨纶长丝喂入摩擦纺纱机充当芯纱，还可纺出用于弹性织物的用纱。

2. 针织用纱
摩擦纺纱线具有分层结构，可根据针织产品要求生产不同结构的新型纱线，如使用不同质量的毛纱时，喂入毛条时将优质毛纱条排在右端，成纱后位于纱的外层，可以改善成纱手感和质量。摩擦纺纱线的捻度内层高而外层低，生产兔/羊毛针织用纱有利；内层捻度高，毛纱可达到一定强度；外层捻度低，则有利于后整理，使织物表观厚度大、绒面丰满、蓬松度和保暖性好。

二、装饰用摩擦纺纱产品开发
装饰用织物以装饰、美化环境作为产品的主要用途。装饰用织物注重表面效果，即产品风格粗犷、色彩鲜艳、悬垂效果好、立体感强。摩擦纺纱机具有纺制花式纱线、粗线密度和特粗线密度纱的功能，加上独特的纱线结构，产品适用于品种繁多的装饰织物，如地毯、窗帘、贴墙布（壁纸）、家具覆盖织物（纱发布、床罩、台布）等。

1. 地毯用纱

地毯用纱要求厚实饱满，有良好的缩绒性能，优良的弹性，并具有防腐性和吸湿性。摩擦纺纱线由于外层捻度小，外观蓬松，因而具有良好的弹性和缩绒性能。

2. 窗帘布用纱

窗帘布要求耐光、防尘、隔音、保暖、色彩鲜艳明快、图案纹理立体感强。摩擦纺纱线手感柔软蓬松，通过改变不同颜色纱条的喂入位置，可纺制出色彩变化神奇的花色纱线；还可在成条之前加入带色的结子或色线，纺制结子纱或彩色纱、竹节纱等，织成窗帘布。花纹典雅随和，立体感强，具有环锭纱和转杯纱都无法比拟的优势。

3. 贴墙布（壁纸）用纱

贴墙布要求色泽柔和、富有立体感、吸湿性好、防腐耐污。摩擦纺纱机可以利用下脚棉或低级棉为主要原料，或是将原棉与腈纶或黏胶纤维混纺，制成吸湿性能好、富有立体纹理的贴墙布用纱。纺制出的纱线整成纱轴后，在浆槽中上黏合剂，再用墙纸胶压机将纱线压黏在大幅的墙纸上，经烘干而后成卷。

4. 家具覆盖织物

家具覆盖织物要求光滑平整、不易褶皱、颜色鲜艳、耐磨性能良好。摩擦纺纱线的条干均匀度好，可使织物外观平整；又因纱线伸长率较大，可抗褶皱；各式花式纱线可使织物色彩缤纷；但织物的耐磨性较差，可以通过调整工艺及外层纤维品种来改善纱线的表面结构以提高其耐磨性。

三、产业用摩擦纺纱产品开发

1. 过滤布用纱

由于摩擦纺纱线具有较好的均匀度、里紧外松的纱线结构，因而可以使过滤布具有均匀和立体的多层过滤效果。

2. 特种性能用布

摩擦纺纱的优点是适用原料范围广，对原料的可纺性能要求不高，因而可纺制具有特种性能的纤维，如高强度、防腐、绝缘、阻燃等特种性能的纤维，还可以碳纤维、陶瓷纤维、玻璃纤维等为原料，织制成特种性能用布，如消防服装用布、绝缘布、轮胎帘子布、运输带、制动器和离合器垫片等。

思考题

1. 摩擦纺纱对前纺有何要求？
2. 试述摩擦纺纱的纺纱原理及工艺过程。
3. 叙述 DREF-Ⅱ型与 DREF-Ⅲ型、Master Spinner 型和 FS2 型摩擦纺纱机特点。
4. 分析摩擦纺纱纱体结构形成过程。
5. 分析摩擦纺纱线的结构特点。

6. 影响摩擦纺纱加捻效率的因素有哪些？

7. 摩擦纱捻度分层结构的成因是什么？

8. 纤维在摩擦纺纱线中具有怎样的排列形态？其成因是什么？

9. 尘笼吸气负压对摩擦纺纱线质量有什么影响？其调节原则是什么？

10. 如何选择摩擦纺纱工艺参数？

11. 分析摩擦纺纱线性能特点与适宜何种产品开发。

参考文献

[1] 谢春萍，徐伯俊．新型纺纱 ［M］. 2 版. 北京：中国纺织出版社，2009.

[2] 肖丰．新型纱线与花式纱线 ［M］. 北京：中国纺织出版社，2008.

[3] 狄剑锋．新型纺纱产品开发 ［M］. 北京：中国纺织出版社，1998.

[4] 杨锁廷．现代纺纱技术 ［M］. 北京：中国纺织出版社，2008.

[5] 蒋金仙．摩擦纺纱 ［M］. 北京：纺织工业出版社，1991.

[6] 童步章，杨乐宁．DREF-Ⅱ型摩擦纺纱机加捻机理分析 ［J］. 西北纺织工学院学报，1988，6（2）：91-100.

[7] 童步章．DREF-Ⅲ型尘笼纺加捻过程分析 ［J］. 西北纺织工学院学报，1991，20（4）：61-69.

[8] 邵申梅．摩擦纺纱加捻工艺参数的优化设计 ［J］. 山东纺织工学院学报，1993，8（1）：8-16.

[9] 陈怡星．新型摩擦假捻纺纱方法的探讨 ［J］. 大连轻工业学院学报，1992，11（12）：100-104.

[10] 魏铭森．自由端摩擦纱的捻度结构及形成机理 ［J］. 纺织学报，2002，23（11）：10-12.

[11] 魏铭森．自由端摩擦纱捻度结构的理论分析 ［J］. 南通工学院学报，1999，15（2）：1-5.

[12] 刘士广．自由端摩擦纱凝聚加捻过程分析 ［J］. 纺织学报，1993，14（6）：4-7.

第六章　其他纺纱新技术

本章知识点

1. 自捻纺纱、平行纺纱、喷气纺纱和静电纺微纳米纤维纺纱的发展状况。
2. 自捻纺纱、平行纺纱、喷气纺纱和静电纺微纳米纤维纺纱的设备构造特点。
3. 自捻纺纱、平行纺纱、喷气纺纱和静电纺微纳米纤维纺纱的纺纱原理。
4. 自捻纺纱、平行纺纱、喷气纺纱和静电纺微纳米纤维纺纱的结构特征和纱线性能。
5. 自捻纺纱、平行纺纱、喷气纺纱和静电纺微纳米纤维纺纱的产品开发及用途。
6. 色纺的原理，色纺纱的特点和产品开发。

第一节　自捻纺纱

一、自捻纺纱概述

（一）自捻纺纱发展概况

自捻纺纱是用两根或两根以上纱条施以假捻，然后拼合成纱的一种纺纱方法，如图 6-1 所示，适用于羊毛及化学纤维纺纱。

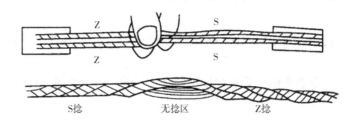

图 6-1　自捻纺纱原理

自古以来，不论是古老的手工纺纱，还是传统的锭子纺纱，或是新型的气流纺纱、静电纺微纳米纤维纺纱，一根纱线的捻度方向都是相同的。不是反捻就是正捻，这些都是实实在在的捻度，即真捻。自捻纱则不同，纱线的捻度是有周期性的，一段是反捻，另一段是正捻，在反、正捻之间的一段，没有捻度，叫"无捻区"。这样的加捻形式在纺纱工艺上称为假捻。

自捻纱的另一个特点是多股纱，一般纺纱机纺出的都是单股纱。自捻纱是两根具有同样捻度的纤维条，捻度是正反捻互相交替，呈周期性变化，当它们平行贴紧在一起时，依靠各自退捻回转的力量，互相扭缠在一起，这种作用叫作"自捻"作用。利用这种自捻作用纺的纱，叫自捻纱。一般常用的自捻纱都是双股的。

羊毛及化学纤维长度较长，抱合力较好，用该方法就能纺出有实际用途的纱线来。自捻纺纱是一种非自由端新型纺纱方法，自捻纺纱技术起源于澳大利亚。20世纪60年代初期，联邦科学与工业研究院（CSIRO）的D. E. 亨肖（D. E. Henshaw）等人于1961年10月19日在澳大利亚获得自捻纺纱专利（B. P. 1015291）。他们早期用于自捻纺纱的加捻机件不是搓辊。搓辊是另一名澳大利亚学者Q. W. 沃尔斯（Q. W. Walls）首先应用到自捻纺纱机上的，1964年10月28日，他在澳大利亚申请了搓辊的专利（B. P. 1121942），为搓辊的传动配上行星轮系，搓辊的支撑采用空气静压轴承，以及上搓辊架采用枢轴方式支撑以后，自捻纺纱方法与自捻纺纱机开始进入工业实用阶段。

最早生产自捻纺纱机的是澳大利亚的雷普科（Repco）公司，机器名称就是Repco。因此，有人把自捻纺纱称作雷普科纺纱。该公司生产自捻纺纱机的型号中最有代表性的是Repco 891型，后来，公司将自捻纺纱机的生产与销售权全部转让给泼拉脱—萨克洛威尔（Platt-Sacolo Well）公司，后来生产的自捻纺纱机型号定为MK1型及MK2型（相当于Repco 891型）。此后，英国马卡特公司融合预牵伸、主牵伸、自捻、膨化、并纱、络筒于一体，把自捻纺纱机整合为S300纺纱系统，主要用于加工腈纶膨体纱。2006年，马卡特公司把生产权转让给了中国天津宏大纺织机械有限公司。

自捻纺纱技术传入国内是在20世纪70年代初期。上海纺织科学研究院与上海第五毛纺厂首先将其应用于毛精纺。后来，北京、上海、天津、辽宁、广西、江苏等地，除了继续在毛精纺中扩大应用外，还将自捻纺纱技术发展到中长化纤、腈纶膨体纱、苎麻及维纶等领域。这段时间里，国内自捻纺纱技术也创造了一些具有中国特色的项目，其中主要有：中长化纤超大牵伸自捻纺、工艺流程特短的腈纶膨体牵切—再割—自捻纺、行纱路线直上直下的自捻纺纱机双联小型化、以色纺中长化纤为代表的自捻纺纱原料与产品品种多样化等。

（二）自捻纺纱设备构造与特点

目前，国内外自捻纺纱机种类虽然很多，但是它们的基本原理则一样，所不同的只是某些部件或传动方式有所变化而已。自捻纺纱机主要由喂入、牵伸、加捻和卷绕四部分组成。

1. 原料喂入方式

自捻纺纱喂入的半成品，像环锭纺纱机一样，有粗纱、有条子。国内试制的长毛绒自捻纺纱机，中长纤维超大牵伸自捻纺纱机，喂入的半成品较粗，均采用条子喂入方式。其优点是可以减少换粗纱次数，降低工人的劳动强度，提高劳动生产率。但是，用粗纱喂入也有较大的改进，由于采用了大卷装，粗纱重2~3kg，实际上能接近或达到小条筒的容量，也能起到条子喂入时类似的作用。

因为自捻纺纱机速度较高，所以装有慢速启动装置（又叫寸行机构），以缓和从停车到启动时粗纱的张力变化。

2. 改进了的牵伸装置

自捻纺纱机所用的牵伸装置，虽然和环锭纺纱机一样，采用罗拉胶圈型式但是却有不少的变化和改进，其中主要的区别在于：自捻纺纱机用的是宽胶圈，一个胶圈可以控制8~10根粗纱的牵伸，而环锭纺纱机用的是窄胶圈，一个胶圈只能控制一根粗纱的牵伸。

自捻纺纱机的牵伸装置一般采用三罗拉双胶圈，如图6-2（a）所示。化纤中长纤维采用的超大牵伸装置是四罗拉三胶圈式，如图6-2（b）所示。精梳毛纺和长毛绒采用的是单区滑溜牵伸装置，虽然用的也是三罗拉双胶圈，但在中上胶辊须条经过处，却刻有槽，如图6-2（c）所示，并套上胶圈。当上下胶圈加压牵伸时，须条处于刻槽的位置而不致被握持，加之下面又有胶圈的托持，因而须条得以顺利通过，条干比较均匀。在罗拉加压上，国内一般采用摇架弹簧加压，而雷普科纺纱机，采用弹簧加压和空气加压相结合的方法。

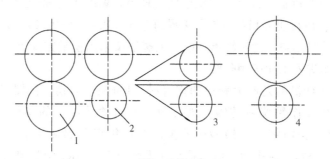

(a)三罗拉双胶圈牵伸

1—加捻罗拉 2—前牵伸罗拉 3—中胶圈罗拉 4—后罗拉

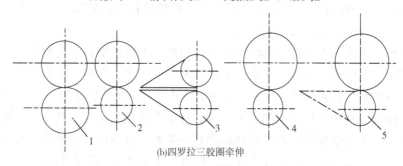

(b)四罗拉三胶圈牵伸

1—加捻罗拉 2—前牵伸罗拉 3—胶圈罗拉 4—中罗拉 5—后罗拉

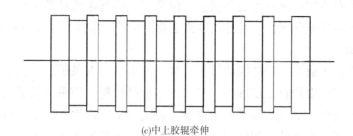

(c)中上胶辊牵伸

图6-2 自捻纺纱机牵伸装置示意图

由于自捻纺纱的速度高，纤维很容易扩散。为防止飞花和绕罗拉等现象，在牵伸区加装吸风装置。澳大利亚雷普科公司又对吸风系统作了一些改进，将前下罗拉改为表面开孔能吸风的空心罗拉，可消除前罗拉周围的空气紊流，以减少飞花，降低断头并改善条干。其吸风量为 $6m^3/h$，负压约为 125mm 水柱。

3. 独特的加捻机构

自捻纺纱机与其他纺纱机的主要区别在于加捻机构。自捻纺纱发展至今，一直以自捻罗拉往复运动对纱条进行搓捻的加捻方式为主，故自捻罗拉往复搓捻的加捻方式在设备运行稳定性和产品质量方面都是有保证的。

（1）搓辊式自捻纺纱机。两根纤维须条经牵伸装置牵伸后从前罗拉引出，将在导纱钩处汇合。在前罗拉与导纱钩之间有一对搓捻辊，搓辊既作往复运动，同时又作回转运动，给须条加上交替的同相假捻。须条在导纱钩处汇合时，由于须条上的假捻具有退捻的扭矩应变力，使两根须条互相捻合在一起，形成自捻纱，如图6-3所示。

图6-3 自捻罗拉搓捻辊加捻装置

自捻罗拉往复搓捻的加捻能力受到自捻罗拉惯性的限制，当自捻罗拉的往复运动速度超过2000次/min以上时，机器就难以承受自捻罗拉的惯性作用力所引起的机器震动，难以持续高速回转。但就目前最高纺纱速度达到300r/min，完全满足高生产效率的要求，在一定时间内仍存在很大的市场空间。但是这些年国内外有人提出了几种其他的自捻加捻方式。

（2）喷气式自捻纺纱机。喷气式自捻加捻方式采用喷嘴和涡流对纱条施加间断的捻回而自捻成纱，型号有PCK-Ⅱ型和PCKA-Ⅲ型。前罗拉送出的单纱条各自通过加捻小气腔接受加捻，经涡流假捻的两根单纱汇合在一起而形成自捻纱。喷气式自捻加捻方式结构简单，安装方便，但其加捻效率受单纱条张力等的影响很大，且为了便于偶尔出现的粗节通过，气腔直径必须偏大，从而使自捻纱的捻度难以控制。采用交替变向的喷气加捻机构以后，纺纱速度达到2km/min。目前，利兹大学的学者已经研究在Repco机器上安装喷气装置生产喷气自捻纱，喷气的频率由计算机控制，所试验的喷气自捻的成纱质量也和自捻罗拉搓辊式自捻的成纱质量相差不大，只是在速度提高时的成纱质量有待进一步提高。随着喷气技术和计算机技术的不断发展，喷气自捻技术很有可能取代自捻罗拉的自捻方式。

（3）摩擦式自捻纺纱机。法国纺织研究院研制的1984年在米兰展出的RS100型和RS200型包芯自捻纺纱机，其加捻方式采用一个摩擦式假捻器做单方向等速回转，在假捻器前方配置一对槽轮和胶辊控制加捻纱条，使纱条获得交变捻度。摩擦假捻式自捻加捻方式采用恒速回转的摩擦假捻器，辅以周期性地改变假捻器到牵伸前钳口间距离的方法，如图6-4所示，两根单纱条1进入由胶辊2、槽轮3、摩擦假捻器4等组成的加捻组合装置，其中摩擦假捻器4由高效能皮带恒速传动作单方向等速回转，使从假捻器出来的单纱条获得交替变向的捻回，如图6-4所示。假捻器内两根单纱条由固定的分纱器5隔离，经过该分纱器后才汇合自捻成纱。自捻纱的相位取决槽轮两道槽的相位差，这是可以任意调节的。槽轮非槽道部分的周长，应和单纱条从前罗拉走到槽轮表面的距离近似相等。适纺天然纤维与合纤长丝的包芯纱。天然纤维包覆在合纤芯纱表面，所

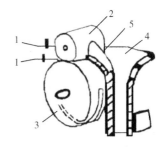

图6-4 摩擦假捻器
1—纱条 2—胶辊 3—槽轮
4—摩擦假捻器 5—分纱器

纺出的自捻纱在保持良好天然特性的前提下，具有较高的强度。即使在无捻区，也因有合纤芯纱而强度较好。单纱条断面内的纤维根数可以少至 15~18 根，所以纺纱线密度范围广，可用于机织和针织。该假捻器在工作过程中，不能积极地将纱条输送向前，纱条由引纱罗拉强行牵引向前运动，因而纺纱张力较大，意外牵伸增加。并且由于在纱条输出方向上假捻器和纱条存在相对运动而产生动摩擦，导致输出纱条的毛羽进一步增加。

(4) 胶圈式自捻纺纱机。我国研究人员提出采用两个交叉配置的胶圈和一个带有沟槽的控制罗拉来实现施加给纱条的交变捻度。胶圈自捻的加捻方式其加捻由交叉配置的两个胶圈来完成。胶圈式自捻的加捻方式至今只见提出未见成品机台出售，这有可能是由于胶圈运动的稳定性以及胶圈的磨损寿命限制所造成的。

4. 不同于环锭纺纱机的卷绕机构

自捻纺纱机由槽筒直接卷绕成筒子纱，由于加捻后捻缩的关系，槽筒的表面速度应该略低于前罗拉的表面速度。

为使纱线卷绕时的张力一致，设有张力调节装置。这样，可以随不同的纺纱纱线线密度和卷绕速度来调节张力。当筒子从槽筒上抬起时，应沿弧形路线运动，使纱线的张力保持一定，避免筒子突然抬起或放下时引起的断头。

自捻纺纱机可绕成两种型式的筒子，一种是一般的平行筒子，另一种是松式筒子。在做松式筒子时，除了使筒子架横动外，还用一只大直径的筒管。纺纱前，用等于筒管长度 2.5 倍的针织圆筒布，套在筒管表面，将两端多余部分塞在筒管中空内，再装在筒管架上纺纱。落纱后，从筒管两端翻出针织圆筒布，并包在纱的外面，然后抽出筒管，即成松式筒子。使用时，将布和纱一起进行蒸汽膨化，可节省 2~3 道工序，同时还可减少捻度在各道工序中的损失。这种松式筒子适合纺腈纶膨体纱。

二、自捻纺纱原理

自捻纺纱属于非自由端纺纱。两根纱条经过一对往复运动的搓捻（现称自捻罗拉）后对两根纱条施加交替的 S 捻和 Z 捻，两根同时具有 S 捻和 Z 捻的纱条（或具有一定错位）汇合时，两根纱条的退捻力矩加上两根纱条之间的摩擦力而使它相互抱合成股，直至两根纱条的退捻力矩和合股力矩达到平衡为止，这种由于两根纱条的退捻力矩产生自捻作用而形成具有 S 捻 Z 捻交替捻向的一根双股纱线称为自捻纱线。

自捻纺纱的基本原理是将两根须条的两端握持，同时施以假捻，形成两根具有正、反捻交替的单纱，此时，纱条受外来加捻力矩的作用，各断面被连续相对扭转，使其中纤维产生一定的变形，从而将外力对其所做的功转化成变形能。这种能量大部分储存在纱线内，力图使纱线退捻而向加捻前的状态回复。当加捻纱线被对折悬垂而呈一定程度的非约束状态时，变形能开始释放，迫使纱线向退捻的方向回转。由于两根纱线同时退捻反转，即形成两股纱条自捻的双股纱线，如图 6-5 (a) 所示。如果使两根纱线在纱线形成输出端距离不等，则会形成具有一定相位差的自捻纱，如图 6-5 (b) 所示。

自捻纺纱的工艺过程如图 6-6 所示。由前罗拉 1 输出的两根须条，一端受前罗拉握持，一端受汇合钩 3 的握持，在两个握持点中间有一对既做往复运动又做连续回转运动的自捻罗拉 2 (搓辊)。须条受自捻罗拉 2 的搓动，在自捻罗拉两侧分别形成两根同时具有 S 捻向的纱

(a)相位相同的自捻纱

(b)具有相位差的自捻纱

图6-5 自捻纱

条和两根同时具有 Z 捻向的纱条。当两根同时具有 S 捻向的纱条离开自捻罗拉而在汇合导纱钩处相遇时，由于两根纱条各自的退捻力矩产生了自捻作用而相互捻合成一根具有 Z 捻向的股线。而当两根同时具有 Z 捻向的纱条离开自捻罗拉在汇合导纱钩处相遇时，也会由于两根纱条各自的退捻力矩产生自捻作用而相互捻合成一根具有 S 捻向的股线。

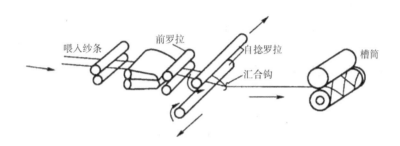

图6-6 自捻纺纱工艺过程

三、自捻纺纱工艺及纱线结构与性能

（一）自捻纺纱工艺控制

捻度和强力是自捻纱质量的主要指标，影响的因素很多，现将其主要因素作一简要分析。

1. 成纱捻度控制分析

（1）加捻罗拉动程和周期长度。试验证明，在周期长度相同时，加捻罗拉往复动程越大，捻度也越大。随着动程加大，纤维条的捻度也相应增加。往复动程短，则捻度也较小。

（2）加捻罗拉的压力。加捻罗拉的压力越大，捻度就越高。加工纤维的直径越粗，需要的压力也越大。但是当压力增加到一定程度后，对捻度的影响逐渐减弱。对细支纱来说，罗拉加压超过 300g 时，加捻效率的增加，就不明显了；但对粗支纱来说，罗拉加压超过 300g 时，捻度还会增加。调节罗拉压力是调节捻度多少的一个重要方法。

（3）前罗拉到加捻罗拉之间的距离。前罗拉到加捻罗拉之间距离增大，则纤维条进入加捻罗拉时易断头，纤维松散，很难搓上捻。所以要求这个距离尽可能小一些，这个距离越小，断头波动越小，一般控制在 4.5~5cm 为宜。

（4）加捻罗拉到汇合导纱钩间的距离。加捻罗拉到汇合导纱钩间距离越小，捻度越大。实际上，最低要 1cm。试验证明，超过 3cm 时，对捻度的影响逐渐减弱。

（5）纤维条的张力。前罗拉与加捻罗拉之间的纤维条，增加一点牵伸来加大纤维条的张力，则捻度也会显著增加。这是由于张力较大，能使纤维条紧缩，断面呈圆形，便于加捻的缘故。试验也证明，加捻罗拉到导纱钩之间的张力，对捻度也有同样的影响。但张力不能过大，否则易断头。

（6）纺纱速度。加捻罗拉转动的快慢对捻度的影响较大。速度增加，则捻度降低。自捻纺纱机在慢速启动和正常运行时，纱线捻度就有明显的差异。慢速时，捻度大，应减轻罗拉的压力，使捻度减小；快速时应加大罗拉的压力，使捻度增加。但罗拉加压也有一定的限制，因而纺纱速度进一步提高也就受到了限制。

（7）加捻罗拉间隔。纤维条捻度大小，直接依赖于：两个加捻罗拉的间隔。这种间隔即使变化很小，对捻度也有较大的影响。加捻罗拉间隔较大时，半周期捻度较小；间隔较小时，则半周期捻度较大。

除此之外，加捻罗拉包覆的橡胶材料是否有弹性、工作温度的高低、安装的是否精确等，对捻度也有影响。

2. 成纱强力影响分析

影响自捻纱强力的因素，主要有以下几方面。

（1）捻度的大小。捻度的大小对纱的强力有较大的影响。随着平均捻系数的增加，强力也相应地增加。但如果捻度过大，强力随之下降。因此，应根据织物的要求，采取适当的捻系数。

（2）相位差。在一定范围内，相位差逐渐增大，纱线强力也增加，但自捻捻度却逐渐下降，因此，在某种程度上又抵消了强力增加的效果。所以在考虑相位差时，要同时注意捻度的变化。对于半周期捻度相同的纱，如果无捻区错开的距离为 22mm，可使纱线强度提高约 0.5cN/Tex。因此，相位差是增加纱线强力的一个重要方法。

（3）纤维的长度和线密度。在一定的捻度条件下，纤维越长、越细，纱线的强力就越大。所以自捻纺纱对纤维长度和线密度的要求，比环锭纺纱更为严格。以棉花为例，棉纤维长度较短，自捻纱无捻区长度一般为 10~20mm，为棉纤维长度的 1/3~1/2。所以棉纺自捻纱强力很低，纺纱断头也高。因此，自捻纱主要用于纺毛和中长纤维，在棉纺中不宜采用。

（二）自捻纱的结构

常规自捻纱的结构特点如下。

（1）捻向。自捻单纱与自捻纱的捻向都是交替变化的，但捻向相反。

（2）无捻区。在捻向交替变化的过渡区内无捻或者少捻。自捻单纱和自捻纱都有无捻区。当两根自捻纱条汇合时，如两者捻向相同的各片段完全重合时（即 S 捻与 S 捻、Z 捻与 Z 捻、无捻区与无捻区重合），这样形成的自捻纱称为同相自捻纱，同相自捻纱由于其无捻区正好是两根单纱无捻区重叠的地方，因此，突出了自捻纱的弱点，会影响成纱的条干和强力，从而使纱的断头率高、质量差。

当两根自捻单纱汇合时，使两者捻向相同的各片段相互错开一段距离所形成的自捻纱称为相差自捻纱。即一根单纱对另一根单纱的相对位置比同相自捻纱移过一段长度，也即两根单纱的周期性相对位置（即相位）错开，其错开距离的大小称为相位差。相差自捻纱的无捻区不再和单纱的无捻区相重合，而是把原有的两根单纱无捻区的薄弱点分散开来，避免了单纱无捻区与自捻纱无捻区的重叠，从而消除了成纱的薄弱环节，因此，相差自捻纱的成纱质量和可纺性有所提高。

下面分别介绍单纱条、自捻纱条和自捻股线的捻度及其分布。

1. 单纱条的捻度

一般工艺上掌握的捻度实际上是一种捻度平均值，是指半周期长度内的总捻数，称为半周期捻数。

单纱条在前罗拉与搓捻辊之间获得的半周期捻数 T 可按单纱条的直径计算：

$$T = \frac{h}{\pi d} = \frac{h}{p} \tag{6-1}$$

式中：h 为搓捻辊动程（在搓捻辊输出半周期长度单纱条期间的横动路程），cm；d 为单纱条直径，cm；p 为单纱条截面的圆周长度，cm。

搓捻辊对单纱条所加的捻度在进入搓捻辊和汇合导纱钩之间时被反向捻回抵消了一部分。因此，实际进入导纱钩时所得捻数要少于式（6-1）计算值，下面简要说明这一点。根据研究可得出，进入汇合导纱钩并由导钞钩输出纱条上半周期的总捻回数 T 为：

$$T = \frac{h}{p} \times \frac{2\pi UL}{\sqrt{(L^2 + 4\pi^2 U^2)(L^2 + 4\pi^2 V^2)}} \tag{6-2}$$

式中：U 为喂入段长度，cm；V 为输出段长度，cm；L 为自捻纱的周期长度，即搓捻辊往复一次纱条通过的长度，cm。

当 $U \to \infty$，$V \to 0$，纱条的捻度最大，T 的极限值 T_{max} 为：

$$T_{max} = \frac{h}{p} \tag{6-3}$$

事实上，U 在 5cm 左右，V 在 1.5cm 左右，所以不能满足上述要求。如果把 L 看作变数，取 T 对 L 的偏导数并使它等于 0，可得 $L = 2\pi\sqrt{UV}$，这时 T 值最大，即：

$$T = \frac{h}{p} \times \frac{U}{U + V} \tag{6-4}$$

理论加捻效率 η：

$$\eta = \frac{T}{T_{max}} \times 100\% = \frac{U}{U + V} \times 100\% \tag{6-5}$$

即进入汇合导纱钩的单纱条半周期捻回数为：$\frac{h}{\pi d} \times \frac{U}{U + V}$，其值小于 $\frac{h}{\pi d}$。

在 T 的表达式中，如 U、V、L 和 h 不变，唯一影响 T 值的自变量是 p。而 $p \propto \sqrt{Tt}$（Tt 为纱线线密度），所以：

$$T = \frac{K}{\sqrt{Tt}} \tag{6-6}$$

在搓捻机构中，纱线捻系数 K 在生产中会保持在一个恒定水平上，不必像环锭纺那样在纱线线密度改变时，需要去调整前罗拉转速和锭子速度之间的比值。因此，自捻纺的适纺线密度范围相当大。

2. 自捻纱的捻度

在单纱条捻度求得的条件下，可用近似方法求得自捻纱的捻度。设单纱的捻系数 α 大致与自捻纱相等，并令单纱条捻度为 t，自捻纱捻度为 T；单纱条的线密度为 Tt_1，自捻纱的线

密度为 Tt_2。则:

$$t = \frac{\alpha}{\sqrt{Tt_1}}, T = \frac{\alpha}{\sqrt{Tt_2}} \tag{6-7}$$

所以:

$$\frac{T}{t} = \frac{\sqrt{Tt_1}}{\sqrt{Tt_2}} = \frac{d}{D} \tag{6-8}$$

因纱条的直径与线密度的平方根成正比,因此,两者捻度之比等于两者直径的反比。假定自捻纱的断面接近圆形,密度和单纱条相同,则自捻纱的直径约为单纱条的 2 倍,即:

$$\frac{\pi D^2}{4} = 2 \times \frac{\pi d^2}{4} \tag{6-9}$$

$$\frac{d}{D} = \frac{1}{\sqrt{2}} \tag{6-10}$$

所以:

$$\frac{T}{t} = \frac{d}{D} = \frac{1}{\sqrt{2}} \tag{6-11}$$

$$T = \frac{t}{1.414} \tag{6-12}$$

实际的自捻纱捻度等于 1/1.4~1/1.5 乘以单纱条的捻度。

3. 自捻股线的捻度

自捻股线有三种捻度,即单纱捻度、自捻捻度和追加捻度(其中还包括对偶捻度)。根据国外经验,追加捻度 T_a(每米捻度)为:

$$T_a = \frac{半周期自捻数}{0.071} + \frac{880}{\sqrt{Tt}} \tag{6-13}$$

式中: Tt 为自捻股线的线密度,tex。

根据国内的经验,追加捻度 T_a 为:

$$T_a = (0.7~0.8) \times 同品种环锭捻线的捻度 \tag{6-14}$$

(三)自捻纱的分类

自捻纱的历史虽然不长,但种类却不少。从纱线构成来看,自捻纱的品种有以下十个(S 代表短纤维条,m 代表化纤长丝,T 代表加捻,包括自捻)。

(1) ST 纱。即通常所说的自捻纱,也就是双股短纤维自捻纱。这种纱强力较低,一般只能用于某些针织品,不能用于机织。但也可用上浆的方法提高纱线强力,用于机织产品。也可用相差自捻纱,即将无捻区错开的方法,来提高强力。一般相位差为 90° 的自捻纱,可获得较高的强力。这种纱可用 ST_{90} 来表示。

(2) STT 纱。即通常所说的加捻自捻纱。STT 纱是将具有正、反方向捻度的自捻纱经复加捻后,使其成为具有同一捻向的股线。它与双股环锭纱的性质非常类似,它的牢度和织造性能基本相同,这种纱线使用比较广泛。

(3) (2ST)T 纱。即四股自捻纱。(2ST)T 纱也就是将两根自捻纱经复加捻后制成,可用以制造高质量的机织物。

(4) STm 纱。即一根短纤维条与一根长丝,经自捻而成。

（5）（STm)T 纱。即将一根短纤维条与一根长丝制成的自捻纱，再施行单向加捻，形成夹丝纱。

（6）（2STm)T 纱。将两根 STm 纱，经合股加捻后，形成两根纤维条和两根长丝合在一起的股线。

（7）(ST)²股纱。将两根自捻纱，再自捻在一起，形成四股纱。为了提高纱线质量，第二次自捻时，必须有相位差。这样纱线强力高，稳定性好。可直接用于机织、簇绒产品，但织物上纹路比较明显。

（8）(ST)m 纱。即将一根自捻纱和一根长丝再自捻而成的纱线，也就是两根纤维条和一根长丝的捻合体。单丝能将无捻区包缠起来。这种纱可直接用于织造地毯。

（9）STmm 纱。即赛络菲尔（sirofil）自捻纱，也就是包丝自捻纱，由一根纤维条和两根长丝组成。纱线强力和耐磨度高，可用于针织物和机织物。

（10）(STm)²纱。将两根 STm 纱自捻在一起，形成两根纤维条和两根长丝自捻纱。

在这十种纱线的生产过程中，（1）～（6）只需一个搓捻机构即可，而（7）～（10）则需要在自捻纺纱机上有两个搓捻机构，一般在生产中，自捻纱和加捻自捻纱应用较多。

（四）自捻纱的性能

由于自捻纱的结构特性，纱线中存在弱捻区，自捻纱的断裂强力和伸长率都比较低，与环锭纺纱线相比，羊毛、腈纶、涤纶自捻纱的断裂强力依次降低 81.25%、49.33%、31.39%。涤纶、腈纶等能直接采用自捻纺加工方式，而羊毛和苎麻不能直接采用自捻纺纱，必须和其他原料复合自捻。要使纱线拉伸性能符合要求，2 种原料的组分中涤纶含量需满足：毛/涤纶纱中占 60%以上，麻/涤纶纱中占 71%以上，但腈纶/涤纶纱的纤维配比不受限制。加捻自捻纱的性能主要取决于复加捻度的大小。从强力上说，纱线强力随复加捻度的增加而增加，当捻度达到临界值时，其强力最大；如果捻度继续增加，则强力反而下降。从织物的质量来说，复加捻度也有直接影响，复加捻度大，条影比环锭纱织物多，手感发硬，外观不好看；复加捻度小，织物又会产生斑纹。因此复加捻度要适当，试验证明复加捻系数一般在 3.5～4 为宜。有的试验证明，复加捻度值最好以纱线断裂伸长趋于最大时为好，用这种纱线织造的织物外观较好。

一般说来，加捻自捻纱的捻度不匀率比环锭纱大，特别是短片断不匀比较突出。加捻自捻纱的强力接近于环锭纱，但其断裂伸长较环锭纱为高，织物弹性和覆盖能力也较好。

四、自捻纺纱适纺性与产品开发

（一）自捻纺纱适纱性

自捻纺纱的特点主要有以下几点：一是自捻纱的输出速度最高达到 300m/min，其 4 锭产量相当于 80～100 锭环锭细纱机的产量，是一种高产的新型纺纱方法；二是因高速部件少，其能耗为环锭纺的 2/3 左右，且机器噪声低；三是工艺流程短，新型的 S300 纺纱系统一道可代替粗纱、细纱、络筒、并纱、捻线、蒸纱六道工序，且筒子卷装可直接用于针织；四是适纺纤维长度为 70～110mm，根据自捻纱结构特点，纤维越长越利于纺纱；五是自捻纺纱过程纺纱张力小，故可相应提高原料的可纺性和使用价值；六是自捻纱不仅可生产隐条呢、变形斜卡其、人字呢等中长织物用纱，而且可纺特殊风格的品种，如原液染色纱、雪花呢、疙瘩纱等，也可采用一般腈纶与高收缩腈纶相混，纺制腈纶膨体自捻纱。

和其他事物一样，自捻纺纱并不是十全十美的，存在的缺点和问题如下，一是捻度不匀，即使追加捻度后，不匀的问题并没有根本解决，纱线强力和耐磨性能都不如环锭纱线，因而自捻纱的产品有一定的局限性；二是使用的原料受到一定的限制，一般说来，自捻纺适用于长纤维或中长纤维，不大适用于棉花等短纤维；三是生产效率低，由于自捻纺断头后，整台机器就要停止生产，使生产效率降低，纱线越粗，效率越低。例如，纺72支纱时，环锭机的效率为96%，自捻纺为88%；纺20支纱时，环锭纺为91.596%，自捻纺则为82%。一般说来，由于纺纱粗细的不同，自捻纺的效率比环锭纺低6%~10%。虽然英国利兹大学试验的粗纺自捻纺纱机有单根断头自停装置，不会整台停车，但尚未正式用于生产。

（二）自捻纺纱的产品开发

国外用自捻纺纱技术生产的产品，主要是毛精纺与毛型腈纶膨体纱类，且较多地用于针织，也可用来加工粗羊毛以织制地毯。

1. 膨体腈纶类

膨体腈纶类是生产量最多的一类自捻纺产品，包括服装用布、装饰用布、围巾、毛毯、枕巾、披肩、毛巾等。这类产品采用膨体腈纶为原料，一般在化纤厂经牵切拉断直接成条。来自化纤厂的膨体腈纶牵切条俗称混合条，由40%高收缩纤维和60%常规纤维组成。在纺成自捻纱线后经汽蒸处理，其中高收缩纤维回缩，常规纤维便蓬松膨胀，形成既丰满又柔软的腈纶膨体纱。膨体腈纶类产品大多为17tex×4（2ST）自捻线，是在自捻纺纱机上将两根ST纱，通过第二次一定相位的汇合直接进行并纱，然后又通过捻线机的少量追捻纺成的。因为是四股并合，纱线均匀度好，加上其（2ST)T结构，追捻无须经过退捻再加捻，有利于克服自捻纱线的弱点，而且由于追捻捻度少，手感较理想。四股自捻截面结构松紧一致，吸色深且均匀。这类产品的纱线一般要求较粗，经拉毛、起绒等处理后，由于自捻纱线捻度分布不匀所引起的织物表面条干不匀及反光效应不甚理想等，都能得到一定程度的掩盖。膨体腈纶自捻纱线可用于装饰用布（窗帘布、沙发布等）、服装用布（粗花呢、花式呢等）、围巾、毛毯、枕巾、毛巾被、披肩等。

膨体腈纶自捻线的各类产品，都有一个毛型感要求，在这方面与环锭纺产品相比还是有差异的，除了要从自捻纱线结构方面采取措施外，不改变或尽量少改变腈纶牵切混合条中的纤维长度将会有好处。采用再割来减短纤维长度，主要是为了适应现有中长自捻纺纱机的超大牵伸机构。从发展来看，应设法使牵伸机构去适应纤维长度以及合理解决喂入条子的定量问题。

2. 色纺中长化纤类

色纺中长化纤产品是由中长化纤经原液染色后纺制的自捻纺产品。中长化纤包括涤纶、腈纶与黏胶纤维等化学纤维，一般是几种化纤混纺。在自捻纺纱中，应根据产品品种的需要选择混纺纤维的种类与比例，在纤维的性能上主要考虑纤维的长度与细度。

选择纤维长度时，应考虑中长散纤维要经过传统的棉纺前纺设备的加工，平均纤维长度应在76mm以下，否则现有的梳棉机工艺等难以适应。但也不能过短，若短于60mm，则由于自捻纱有无捻区，自捻纱强度就会过低而增加自捻纺与捻线追捻加工中的断头。大量实践证明，用于自捻纺的中长化纤，其纤维长度应控制在65~76mm，适当增加纤维长度可以使自捻纱（ST纱）及自捻线（STT纱）的强度等指标明显改善。所以，配有独立前纺设备的中长化纤自捻纺车间，均把纤维长度控制在 71~76mm，但有些中长自捻纺车间因与环锭中长合用前纺，纤维长度仍为 65mm 左右，其纺出自捻纱线的强度等指标偏低。通常，涤纶、黏胶纤维等中长纤维大多采用平切（等长）。纺纱时，应将两种以上长度不同的纤维混用，不要采用一种等长纤维。自捻纺用中长化纤的细度，应以每根单纱条断面内纤维平均根数不少于 35 根为宜。不同原料混纺时，与传统纺纱一祥，纤维可以粗细不同。

色纺中长化纤类自捻纺产品可用来生产细特全涤派力司、纺毛花呢、啥味呢、法兰绒、银枪大衣呢、丝毛呢以及针织产品等。

3. 羊毛类

根据纤维的长度来看，自捻纺可以用于毛纺，但发展并不是很快。主要原因可能是毛纺产品的原料成本在产品总成本中占的比重很高，且一般属于高档产品。由于自捻纱在质量上有某些缺陷，难以提高产品的质量和档次，故在毛纺上的应用受到一定限制。用于自捻纺的毛纤维原料一般需满足下述两项要求。

（1）若采用纯毛纺，则单纱条断面内平均纤维根数应不少于 37 根。一般，用于毛精纺织物的毛纤维细度应在 26μm 或更细。但粗羊毛也可以通过自捻纺做地毯、装饰布等产品。若用毛与化纤混纺，则单纱条断面内平均纤维根数应多于 35 根。

（2）用于自捻纺的毛纤维平均长度应在 60mm 以上，短于 20mm 的纤维含量应在 10% 以下。

目前，除长毛绒外很少用纯羊毛纺自捻纺精纺产品，大多采用毛与化纤混纺，如毛/涤、毛/黏花呢等，自捻纺线线密度大多为 17tex×2~28tex×2，但也有供衬衫用的 10tex×2 的自捻纱线。国内曾生产过三股自捻毛/涤花呢，通过三根单纱条的相位差调节，在一定程度上克服了自捻结构上的缺陷，加上便于多种颜色搭配，风格新颖，具有立体感。同时，国内还生产过涤/黏疙瘩纱钢花呢，在成品表面分布着彩色疙瘩点子，既可掩盖自捻纱的反光不匀，又可使成品别具风格。

4. 苎麻类

苎麻是我国的特产，做夏季衣料有良好的服用性能。按自捻纺纱的要求，苎麻纤维的长度是足够的。苎麻纺纱工艺在采用精梳以后，纤维整齐度也能满足要求，但苎麻纤维的细度不太理想，而苎麻纱用做夏季服装科又要求细度细，这是一个矛盾。即使有些地区生产的苎麻纤维较细，可达 0.53~0.64tex（1800~1900 公支），但根据自捻纱每根单纱条中纤维根数要达 40 左右这一基本要求，其纯纺的纱线密度范围也有限。再由于苎麻纤维的刚性大、抱合力差，因此，必须采用苎麻纤维与涤纶等化纤混纺的方法。一般使用的混纺比例为 30：70（苎麻：涤纶），若采用经碱改性处理的苎麻纤维，因其伸长、勾接强度与卷曲度、抱合力等性能都有改善，在纺 10tex×2 麻/涤自捻纱时，苎麻纤维的混用比例可提高到 40%。

由于传统苎麻纺的环锭工艺，生产水平相对于棉纺还有一定差距，故在苎麻纺中采用自捻纺的经济效果更为显著。采用自捻纺能降低麻/涤的可纺线密度及增加苎麻纤维的混纺比例用以织造更加凉爽的高档夏季服用衣料。自捻纺纺出的麻/涤纱比环锭毛/涤纱毛茸少，小白点少，布面光洁，这对苎麻织物是很可贵的。自捻麻/涤线的强力低于环锭麻/涤线，但织物的质量不相上下。

麻/涤织物都是浅色、细薄产品，故应注意自捻线结构缺陷在布面上的反映。除选择好自捻纱和自捻线的捻度外，还应注意织物结构与组织的选择，可以采用提花、变化平纹、隐条、隐格及印花等设计，以凸显苎麻类织物的风格特征。

5. 维纶类

用自捻纺生产的维纶产品，经试验研究成熟的主要是农用塑料管和三防（防水、防火、防霉）帆布。由于维纶强度高、伸长小，且具有耐碱、耐腐蚀、耐日晒的特点，适于做此类产品，且可节省棉花原料。同时，由于维纶环锭纺纺纱不利因素较多，因此，采用自捻纺在工艺、经济及产品质量等方面也有明显的好处。

（1）农用塑料管。农用塑料管是供农业输水的管道，利用多股线织成管状骨架材料，然后在内外涂塑而成。采用 28tex×2×7 牵切自捻纱多股线代替类似规格的棉/维混纺或维纶短纤纯纺环锭多股线，可以提高管子的柔软度与爆破强度，既提高了质量，又降低了成本。

（2）三防帆布。工业用的篷盖帆布大多采用 292tex、171tex 棉帆布经蜡漆处理而成，这要耗用大量的棉花，强度也低，还容易腐烂。改用 28tex×4×4 和 28tex×2×2 牵切维纶自捻纱多股线，强度提高，不易腐烂，用纱量减少，加工成本也有所降低。

另外，国内还研究成功用维纶自捻纱做装饰布、鞋面鞋里布等。

第二节 平行纺纱

一、平行纺纱概述

（一）平行纺纱发展概况

平行纱是 20 世纪 70 年代保加利亚研究开发的一种新型纺纱工艺，取名为包覆纺纱。随后在 20 世纪 70 年代末，美国和德国开始研发平行纺纱机，最成熟的 Susseen 公司研究开发了 Parafil 1000 型平行纺纱机。Parafil 纺纱系统采用包覆纺纱方法，其纺纱过程，因芯纱中的纤维没有加捻，命名为平行纺纱系统，把生产的纱命名为平行纱，简称 PL 纱。国外的平行纺纱机主要有德国 Susseen 公司生产的 Parafil 1000 型和 Parafil 2000 型等机型，国内机型主要有 FZZ031 型等。

（二）平行纺纱原理

平行纺纱原理如图 6-7 所示。平行纺纱（Parallel Spinning）是利用空心锭子进行纺纱的一种新型纺纱方法，将一根无捻平行纤维条作为芯纱，外包长丝或已纺成的纱，经过加捻成纱后绕在筒子上。平行纺纱过程：以粗纱或条子喂入，被牵伸装置拉细成平行的纤维条，再进入高速回转的空心锭子。锭子顶端装有假捻器，锭子上套着长丝筒管。锭子高速回转时，须条进入假捻器被加上假捻，然后与长丝同时进入空心锭子。假捻须条退捻，长丝即包覆在

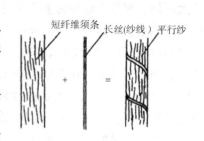

图 6-7 平行纺纱原理

须条上，形成平行纱。抽气机将平行纱引出，通过导纱罗拉卷绕到筒子上。图 6-8 为平行纺纱的工艺流程示意图。

平行纺纱工艺与传统环锭纺纱工艺相比，省去了粗纱、络筒、并捻三道工序，其工艺流程为：并条→纺纱→（倒筒/清纱），整个纺纱过程可分为三个阶段。

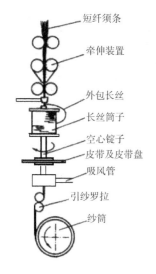

短纤须条
牵伸装置
外包长丝
长丝筒子
空心锭子
皮带及皮带盘
吸风管
引纱罗拉
纱筒

图 6-8 平行纺纱工艺流程

（1）第一阶段：短纤维条的牵伸。将经过并条机并合后纤维条从条筒中引出，经过导条架及导条喇叭口，进入垂直放置的高速牵伸系统，根据短纤维的不同情况，可以配置三种不同的牵伸形式，即三罗拉、四罗拉或五罗拉高倍数牵伸系统，三罗拉的牵伸倍数可达 40 倍，四罗拉及五罗拉的牵伸倍数可达 180 倍。牵伸装置的上下罗拉配有清洁装置。

（2）第二阶段：长丝的包绕。由前罗拉输出的须条以垂直方向直接引入位于下方的空心锭子中。长丝纤管套在一只空心锭子上，中空锭子有两个附加的吸震系统，能自动调整锭子的回转中心，最高锭速可达 35000r/min。当长丝从与空心锭子一起回转的纤管上退绕时，形成一个气圈，随着锭子的回转，在空心锭顶端将长丝包绕在平行排列的短纤维束外面。然后由装在前罗拉与锭端之间的积极回转的假捻器进行加捻，假捻器每回转一周，就对假捻器的上下段须条施加一定的捻度，以使短纤维束不离散，当短纤维束进入空心锭上方时，假捻退捻。这个退捻点即为长丝的包绕点。在包绕时，短纤维恢复平行排列，即形成了长丝螺旋状包缠的平行纱。为了保证长丝气圈能够避免飞花、气流的干扰和不良影响，以达到成纱清洁和降低断头率的目的，这个锭子部分安装在密封的盒箱中，在箱体的保护作用下，可以使长丝气圈小而稳定，可保证均匀地卷绕，锭子实际的最高速度取决于长丝所能够承受的气圈张力。

（3）第三阶段：络筒阶段。经过长丝包绕短纤维后纺成的平行纱，从中空锭子的下端输出，由一对输送罗拉将成纱送往络筒装置，以交叉卷绕的方式卷绕成平行筒子或锥形筒子。平行纺纱机在纺纱过程中，因没有钢领和钢丝圈速度上的限制，纺纱速度可达 180~200m/min，最高锭速可达 35000r/min，前罗拉输出速度可高达 300m/min。

二、平行纺纱设备构造与特点

（一）主要平行纺纱机技术特征

1. Parafil 1000 型平行纺纱机技术特征

Parafil 1000 型平行纺纱机主要有三种类型，每个类型又有不同系列，其主要技术特征见表 6-1。

表 6-1 Parafil 1000 型平行纺纱机型号与技术特征

项目	技术 特 征		
型号	Parafil 1000 型		
系列 1/系列 2	PL 1000-10/ PL 1000-20	PL 1000 花式线	PL 1000-11/ PL 1000-21
往复动程（mm）	84（3.3 英寸）	150（6 英寸）	150（6 英寸）
锭（节）	18	12	12
节（台）（最多）	7	5（8）	9

续表

项目		技术特征		
锭（台）（最多）		126	60（96）	108
卷装直径（mm）（最大）		250	300	300
卷装重量（kg）（最大）		1.7	2.2	4.2
条筒直径（mm）（最大）	1排	160	236	236
	2排	320	472	472
	3排	480	708	708
纱的线密度（tex）		25~100（10~40公支）	25~500（2~40公支）	25~500（2~40公支）
可纺纤维长度（mm）	普通牵伸	约60		
	滑溜牵伸	约90		
喂入条子线密度（ktex）（最大）		6		
牵伸倍数		15~185		
前下罗拉直径（mm）		27 或 32		
输出速度（m/min）（最大）		150		
锭子速度（r/min）		约35000		
包缠捻度（捻/m）	前下罗拉直径27mm	190~1010		
	前下罗拉直径32mm	170~900		
包缠捻度方向		S 或 Z		
长丝线密度（dtex）		13~167		
长丝纱管重量（g）（总重量）		410（在锭速为35000r/min 时）		

该机牵伸装置采用四罗拉双胶圈牵伸装置，采用条子输入，最大牵伸倍数可达156倍；采用三罗拉双胶圈牵伸装置，采用粗纱输入，最大牵伸倍数为46倍。适纺各种天然纤维或化学纤维及其混纺纱；采用普通牵伸时，最大纤维长度为60mm；当采用滑溜牵伸时，可纺长达90mm的纤维；喂入纤维条线密度为2500~10000tex；空心锭子的最高转速可达35000r/min；长丝可Z向包缠，也可以S向包缠。可纺纱线密度为25~500tex；最高引纱速度为150m/min；适纺原料包括各种天然纤维、化学纤维及其混纺纱。

2. Parafil 2000 型平行纺纱机型号及技术特征

Parafil 2000 型平行纺纱机主要有两种型号，主要技术特征见表6-2。

表6-2　Parafil 2000 型平行纺纱机的型号与技术特征

项目	技术特征	
	PL 2000-21 型	PL 2000-22 型
往复动程（mm）	150（6英寸）	200（8英寸）
锭（节）	8	6

续表

项目			技术特征	
			PL 2000-21 型	PL 2000-22 型
节（台）（最多）			15	15（18）
锭（台）（最多）			120	80（108）
卷装直径（mm）（最大）			300	320
卷装重量（kg）（最大）			4.2	6
条筒直径（mm）（最大）		1 排	220	295
		2 排	440	590
		3 排	660	885
纱的线密度（tex）			25~500（2~4公支）	
可纺纤维长度（mm）	普通牵伸，胶圈架	W70	60~75	
	滑溜牵伸，胶圈架	W110	80~110	
		W70	100~220	
		W110	120~220	
喂入条子线密度（ktex）（最大）	采用普通牵伸时		12	
	采用滑溜牵伸时		16	
牵伸倍数			30~180	
前下罗拉直径（mm）			40	
输出速度（m/min）（最大）			200	
锭子速度（r/min）			约 35000	
包缠捻度（捻/m）			标准：100~530；专门设计：根据需要	
包绕捻度方向			S 或 Z（可调节）	
长丝线密度（dtex）			13~167	
长丝纱管重量（g）（总重量）			410（在锭速为 35000 r/min 时）	

该机与 Parafil 1000 型的区别在于：牵伸装置采用五罗拉双胶圈式，牵伸倍数可达 180 倍；拆除第四罗拉形成四罗拉牵伸装置，最大牵伸倍数可达 120 倍；第四罗拉和后罗拉都拆掉后，就变成三罗拉双胶圈牵伸装置，最大牵伸倍数为 40 倍；采用普通牵伸时，可纺长达 100mm 的纤维，喂入纤维条的定量可达 12ktex；当采用滑溜牵伸时，可纺长达 220mm 的纤维，可喂入 16ktex 的纤维条；最高纺纱速度可达 200m/min。

（二）平行纺设备的主要构造特点与作用

1. 长丝筒子

平行纺纱设备上，在平行纱的表面外包长丝或短纤维纱，长丝筒子是平行纺纱机储存长丝，并对平行纱实施加捻的主要机构。因为长丝筒子要插在空心锭子上，随空心锭子一起回转，所以要求长丝筒子的容量大，且旋转速度较高，不仅可提高机器的产量，而且可以延长落纱间隔时间，提高生产效率。生产实践证明，长丝筒子的形状和卷绕形式会直接影响长丝退绕过程和退绕质量。图 6-9 所示为几种不同的长丝筒子及其卷绕形式，每种卷绕方法的左边图为卷装外形，右边图为卷纱器动程的变化图。

图 6-9（a）是常用的标准形筒子，卷绕动程自上而下运动。在卷绕时，筒子上、下两边缘同步进行，如果在边缘处略有重叠或间隙，会使外层长丝嵌入内层，导致在退绕时因退绕张力过大而造成断丝。

图 6-9（b）是粗纱形筒子，卷绕时上下两端动程逐层缩短，该卷绕形式能够避免在边缘处长丝易嵌入内层的缺点，这种形式便于退绕，但是卷状容量较小，体积没得到充分的利用，影响生产效率。

图 6-9（c）是卷纬式纱管，在卷绕时，该卷装形式具有较好的退绕性能等优点，其缺点是卷绕本身较窄，容量小，易造成长丝崩脱，影响筒子顺利退绕。

图 6-9（d）是下侧有边筒子，卷绕时，其动程会产生周期性变化，该卷绕形式的优点是外层卷绕具有保护作用，当筒子在卷绕过程中遇到意外的碰坏时，不会造成整个长丝都产生崩乱的现象，其缺点是卷绕机构较复杂。

图 6-9（e）的筒子外形与图 6-9（e）相同，在卷绕时，不同之处是该卷绕动程是逐层缩短，这对筒子顺利退绕极为有利。

德国 Susseen 公司生产的 Parafil 型系列平行纺纱机，采用的长丝筒子与图 6-9（a）相同。在纺纱使用时，可将整个长丝筒管套在空心锭子上，长丝的退绕气圈很小，稳定性较好，能保证把短纤维须条包缠得十分均匀。为了安全生产和降低噪声，整个空心锭子被安装在一个气圈箱内。成纱被直接卷绕在一个平头筒管上，满筒落筒时不需要停车，并配有吸枪及割刀，以便于重新生头。

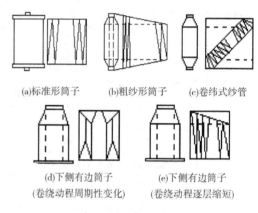

(a)标准形筒子　　(b)粗纱形筒子　　(c)卷纬式纱管

(d)下侧有边筒子　　　　(e)下侧有边筒子
(卷绕动程周期性变化)　　(卷绕动程逐层缩短)

图 6-9　长丝筒子卷装形式

研究表明，不同的卷装形式在退绕时的张力也不同。纺纱过程中，由于原料不同，卷绕形式不同，所测定的张力绝对值不尽相同，但其变化规律是一致的。

2. 牵伸机构

目前，平行纺纱机大多数是单面机，结构各异。单面机可采用条筒喂入或粗纱喂入，应用范围十分广泛。一般情况下，牵伸机构采用三罗拉即可满足要求，如需进行超大牵伸时也可采用四罗拉形式。在实际生产过程中，在加工地毯用粗线密度纱时，因总牵伸倍数较高，需采用多区牵伸机构的形式，可以采用四罗拉或五罗拉形式。生产实践证明，严格控制条子不匀率在标准范围以内，采用超大牵伸后，细纱的质量是能够达到技术要求，这样不仅能节省一道工序，而且还能提高经济效益。

德国 Suesseen 公司生产的 Parafil 型平行纺纱机，采用条子直纺的超大牵伸系统，设备配有 Suesseen-NST 五列罗拉，上罗拉采用气动摇架加压，压力可按要求进行灵活调整，加压卸压操作简单，使用方便。牵伸系统运行工作速度较高，有利于纤维的顺利牵伸及伸直作用。牵伸系统中的短下胶圈具有稳定的张力，可确保下胶圈均匀稳定地运转，可稳定纱线质量。

生产中胶圈更换次数较少，使用寿命较长。

3. 空心锭子

空心锭子是平行纺纱的主要加捻机构，长丝筒子套在空心锭子上，长丝和短纤条在负压作用下，从空心管喂入并一起加捻形成筒子纱。常见的空心锭子实物图如图6-10所示。

图6-10　平行纺纱的几种空心锭子

4. 假捻器

平行纺纱机的假捻器装在空心锭出口处。应用假捻器时，由前罗拉1输送短纤维须条2进入空心锭子时，因假捻器5与空心锭同步回转，须条在AB区产生了假捻，当纱进入BC区时，假捻将被退掉，而此时长丝筒子4上的长丝3则包缠上去而形成包缠纱7，然后由输出罗拉6输出，如图6-11所示。有无假捻器的平行纺纱包缠过程如图6-12所示。无假捻器时，长丝在空心锭子的入口处对纱条包缠，且短纤须条平行无捻。当使用假捻器时，假捻器给空心锭子中的短纤维须条加上假捻，在假捻器处长丝对已经加了捻的须条进行包缠加捻，能防止短纤维的飞出，可防止断头的产生。德国Susseen平行纺纱机及中国纺织科学研究院研制的FZZ031型包缠花式纺纱机都使用了有假捻器的空心锭子。

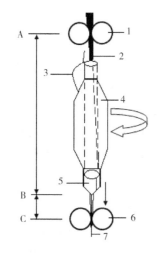

图6-11　空心锭子的纺纱系统
1—前罗拉　2—短纤维须条　3—包缠长丝
4—长丝筒子　5—假捻器　6—输出罗拉
7—包缠纱

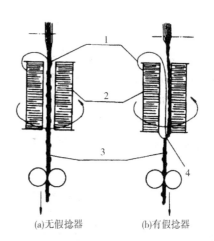

(a)无假捻器　　(b)有假捻器

图6-12　有无加捻器的平行纺纱包缠过程
1—外包纤维　2—长丝筒子　3—成纱　4—假捻器

（1）假捻器的形式。平行纺纱机常用的假捻器有以下五种形式，如图 6-13 所示。

图 6-13（a）所示是德国 Parafil 1000 型和 Parafil 2000 型平行纺纱机使用的假捻器，在空心锭杆的顶部，有两个不对称的小孔，长丝和短纤维可以一起穿过这两个小孔，在锭子回转时短纤维须条不仅得到了假捻作用，而且也产生了包缠作用，所以纺纱稳定性好，成纱质量好。缺点是操作不方便，需用钢丝将长丝和短纤维同时钩住再穿孔生头。

图 6-13（b）、图 6-13（c）所示是生产过程中常用的一种假捻器，其结构有两种形式，一种是钩形的一端开口，另一种是两端均连接于锭子上的封闭圈式，这两种的作用原理基本相同，前者操作时接头方便，后者在机械制作上方便，动平衡性能较好。

图 6-13（d）所示为消极式的假捻器，在空心锭子上没有假捻器，它以空心锭顶端作为"假捻"手段，原理与棉纺粗纱锭翼顶端刻槽的作用相同，假捻器的大小与锭子的转速、锭端的材料、表面形状、摩擦系数及前罗拉输出的纤维须条与锭子孔轴线的夹角有关。采用这种形式的主要是国产 FZZ008 型平行纺纱机，该夹角一般为 15°。

图 6-13（e）所示是将图 6-13（c）、图 6-13（d）两种假捻器的优点结合起来而开发的一种假捻器，性能优良，使用方便，国产 FZZ031 型平行纺纱机采用该假捻器。其特点是它具有两个假捻点，纺一般平行纱时可不穿过假捻钩；在纺花式纱时，可将两个假捻点同时使用，以加强假捻的作用。一般情况下，纺包缠纱和花式纱时，要用假捻器，在纺制具有某些特殊松弛结构要求的纱线时，可不用假捻器。

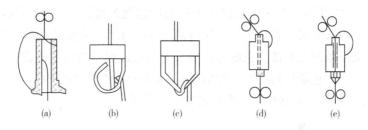

（a）　　　　（b）　　　　（c）　　　　（d）　　　　（e）

图 6-13　平行纺纱假捻器的形式

（2）假捻器作用效果。假捻对平行纱强力的影响见表 6-3。从表 6-3 中可知，加装假捻器后平行纱强力和强力不匀指标明显提高，对减少断头和飞花有利。在平行纱加工过程中，假捻可以使芯纱须条结构紧密，提高须条纤维之间的凝聚力，能够抵抗纺纱张力，减少飞花和断头产生的概率。如果不采用假捻，空心锭子的高速回转会使须条也产生假捻作用而实现包缠，但其包缠纱结构松散，强力低，毛羽多。纺圈圈纱时，圈圈有时大，有时小，排列不匀。

表 6-3　假捻对纱线强力的影响

纱线线密度 （tex）	不装假捻器			装假捻器		
	捻度（捻/10cm）	强力（cN）	强力 CV 值（%）	捻度（捻/10cm）	强力（cN）	强力 CV 值（%）
36	40	666.6	12.33	40	707.1	9.41
36	47	696	11.17	47	688.3	8.21

纱条所受摩擦力矩随须条张力和须条与假捻器的摩擦系数及摩擦包围角增大而增大；随须条的离心力增大而减小。如果须条粗，假捻大，则需要较大的摩擦力矩来平衡条子的扭矩。增加摩擦力矩的方法：一是增加张力和摩擦系数；二是增加摩擦包围角。影响包围弧的因素很多，如假捻钩的形状、粗细、须条穿过假捻钩的方法等。如须条的纤维刚度大，须条又粗，而假捻钩又细小，有可能造成假捻"逃失"，使纱条质量不稳定。因此，在加工不同线密度或纤维性能相差很大的纱线时，假捻器也要做相应的改变。

三、平行纺纱工艺及纱线结构与性能

（一）平行纺纱工艺控制

平行纺纱机的空心锭子纺纱时，长丝退绕出来环绕着短纤须条中心回转，从而将短纤维包缠成纱。这种成纱过程的实质是：短纤维本身没有捻度，是由长丝包覆包缠紧压短纤维而构成结实的纱线。包缠丝对纱线包缠效果的影响因素主要包括成纱的包缠捻度、长丝的包缠张力、包缠纱线密度、长丝的类型和线密度等工艺参数。

1. 包缠捻度

平行纱的包缠捻度可根据不同的产品情况而确定，平行纱的强度随着外包长丝的包缠捻度增加而提高。如果使用的短纤维长度较长，线密度较低，则单位成纱的包缠圈数可少一些；反之，如果使用的短纤维长度较短，线密度较高，则单位成纱的包缠圈数应多一些。要获得包缠捻度，长丝筒管的卷绕方向必须与所需要的纺纱的捻向相对应，退绕时该方向须与锭子转动方向相同，这样才能起到包缠作用，此时空气阻力的作用方向是逆着退绕方向，有助于减小长丝气圈直径的作用，使其贴附于卷装表面；否则将会使气圈变得越来越大，直到断裂。

采用便携式频闪测速仪测得锭子转速和长丝回转速度见表6-4。从表面上看，似乎锭子转一转，长丝就包缠短纤维一圈，也就是说加上一个捻回，但实际上长丝退绕速度要高于锭子转速，根据锭子转速得到的计算包缠捻度要小于根据长丝退绕速度得到的计算包缠捻度。包缠捻度的实测数值和长丝回转速度与引纱速度的比值更接近。但在实际应用中，一般在估算包缠捻度时，可沿用环锭纺捻度计算式：

$$包缠捻度=锭子转数/引纱速度 \tag{6-15}$$

包缠捻度单位为捻/m，锭子转数单位为r/min，引纱速度单位为m/min。

一般包缠纱的捻度数值与传统环锭纱捻度相同，或略高一些。试验得知，包缠捻系数在纺制长丝纤维时为75~85，纺制长纤维时为90~115，纺制短纤维时包缠捻系数在120以上较为适宜。

表6-4 锭速与包缠捻度的关系

项目	纺纱线密度（tex）		
	24.3	29.2	36.4
实测锭子转速 N（r/min）	19955.83	11774.5	11656.2
实测长丝回转转速 N'（r/min）	20331.62	12070.2	12075.3
按锭子转速计算包缠捻度（$T=N/v$）（捻/m）	477.64	450.2	253.7
按长丝回转转速计算包缠捻度（$T=N'/v$）（捻/m）	486.16	461.47	263.4

续表

项目		纺纱线密度（tex）		
		24. 3	29. 2	36. 4
实测包缠捻度（捻/m）		482. 72	460.8	261.6
前罗拉	直径（mm）	35	35	35
	转速（r/min）	380	238	417
备注		20 锭平均数 FZZ031 型	4 锭平均数 小样机	4 锭平均数小样机

2. 包缠张力

纺纱过程中，长丝的包缠张力是平行纺纱技术中的一项重要工艺参数。影响包缠张力的因素主要有空心锭子速度、引纱速度和长丝退绕的气圈张力等。当锭速增高时，不仅长丝退绕时形成的气圈张力较大，而且也影响着在假捻处短纤维的假捻捻度，同时也使长丝包缠张力增大，引纱速度高，长丝包缠张力大。如果不用假捻器，则短纤维须条从空心锭子芯部出来，会产生一个离心的气圈，锭速越高，气圈越大，张力也越大。

在纺纱时为获得质量优良的平行纱，一般常用的包缠纱要求长丝将短纤维包缠至一定的紧密程度，并保持均匀的节距，使长丝与短纤维须条之间的张力处于一定的平衡状态。不同包缠张力下，长丝包缠形态如图 6-14 所示。在生产过程中要获得正常的包缠纱线，空心锭下方的输出罗拉速度一般比前罗拉速度大，两者的比值一般控制在 1.02~1.05。

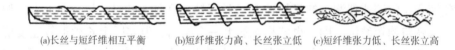

(a)长丝与短纤维相互平衡　　(b)短纤维张力高、长丝张立低　　(c)短纤维张力低、长丝张立高

图 6-14　不同张力下的包缠形态

3. 包缠长丝的类型、线密度及使用比例

包缠长丝的类型、线密度及长丝的使用比例（用量）都与成纱质量有一定的关系。平行纱的强力来自长丝，在一定张力下，长丝向短纤维须条施加径向压力，使短纤维之间产生必要的摩擦力。

长丝的弹性模量直接影响平行纺纱的强力，弹性模量越高，则纱的强力也越高。因此，在实际生产中，为获得高强度的平行纱，可使用高模的长丝，以减少包缠捻度，不仅可提高纺纱线速度，而且也可以增加产量，降低生产成本。一般情况下，锦纶长丝和涤纶长丝均可使用，要尽可能选择与短纤维化学成分相近的长丝。在纺细线密度平行纱时，宜采用细线密度长丝；纺粗线密度纱时，宜使用粗线密度长丝。通常情况下，为了提高成纱质量，在选用相同线密度的长丝时，复丝比单丝包缠性能要好。

如果外包长丝线密度增加，则意味着长丝直径变粗，在一定质量下长度变短，长丝用量增加，因而在成纱中所占比例增加，这不仅增加了成纱的成本，在经济上很不合算，因此，长丝重量一般要控制在成纱总重量的 1%~5%。一般在保证平行纱获得一定强力的前提下，尽量采用线密度细的长丝。平行纱外包长丝所占百分率见表 6-5。

表6-5 平行纱中外包长丝所占百分率

纱线密度（tex）	外包长丝/各种线密度长丝所占百分率（%）			
	2. 22tex	3. 33tex	5tex	8. 33tex
100	2. 2	3. 3	5	8. 3
62	4. 5	5. 4	3	13. 4
42	5. 3	7. 9	11. 9	19. 8
26	8. 5	12. 8	19. 2	—

  一般情况下，长丝的延伸性较低，适合加工包缠纺纱用。如果延伸性较高的长丝，在纱线受到应力时，短纤维之间会明显滑移，表现为条干略差，故要采用高强低伸型的涤纶或锦纶长丝。而由于染色长丝及变形长丝价格较高，除加工有特殊需要的纱线外，一般不使用。

（二）平行纺纱线结构与性能

1. 平行纱的两种类型

  平行纱因其结构不同可分为普通平行纱和结构平行纱两种类型。

  （1）普通平行纱。在纺制普通平行纱时，纺纱张力应适当选择。普通平行纱的纱芯纤维呈平行排列，不施加捻度，长丝在短纤维外面作螺旋状包绕，包绕长丝嵌入（陷入）短纤维束的程度较浅，使长丝相对较轻地绕在短纤维上。

  （2）结构平行纱。结构平行纱则是由普通平行纱转化而成的，一方面结构效应主要是从蒸纱和染色过程中产生的，它是利用纺制用的平行纱长丝和短纤维两种成分不同的缩率，进行包缠纺成普通平行纱，再将普通平行纱进行蒸纱处理，长丝与短纤维相比，长丝产生了较大的缩率。另一方面在实际生产过程中，还可以通过选择可收缩的长丝，进一步增强花式效应，采用汽蒸加工得到额外收缩，这样不仅提高了纱线的蓬松性，而且还使长丝嵌入短纤维束的程度较深，促使短纤维束向纱的轴心线形成屈曲，使平行纱呈螺旋形状或珍珠状外观，并且在纺纱过程中还可以增强这种效果，纱的截面得到最大的增容，这种纱被称为结构平行纱，它属于一种花式纱类。

2. 平行纱的结构

  平行纱的结构不同于环锭纺纱和气流纺纱，平行纱是利用空心锭子和假捻作用生产纱芯为短纤维、外包长丝的包缠纱。平行纱具有明显的双层结构，它是由无捻平行排列的短纤维须条（纱芯）和外包长丝组成，其中长丝以螺旋形包缠在短纤维束上，将短纤维束缚在一起而形成平行纱。长丝通过对短纤维施加径向压力，使单纤维之间产生必要的摩擦力，增强纤维间抱合力，从而使平行纱具有相应的强力。当平行纺纱受到张力作用时，纤维之间的摩擦力就会增加，在常规平行纱中的长丝包缠捻度与同样线密度环锭纱上的捻度大致相同。

  平行纱的横截面为圆形，当纱不承受张力时，纱条轴向会呈现轻微的起伏现象，表现出一种稍有波形的特征，当受轻微的局部压缩作用时，这种长丝的波动使短纤维变成螺旋状圆形，但平行纱一旦织入织物中，这种特征就变得不明显了。

3. 平行纱的性能

  由于平行纱具有特殊的内部结构和外观特征，所以在纱的性能方面又有许多独特之处。在成纱强力上，平行纱的强力与同样原料、同样线密度的环锭纱相比，平行纱的强力高于环锭纱,其成纱强力与包绕长丝的纤度有关,即长丝的纤度越大,则纱的强力越大;在成纱条干方面,平行纱的条干均匀度与同样原料、同样线密度的环锭纱相比,条干要好。这是因为纤维条子在牵伸系统中进行高速牵伸所致,纤维之间的移距偏差要比传统牵伸系统的慢速牵伸均匀得多;由于纱中短纤维不加捻,因此平行纱的蓬松性好,特别是经过汽蒸后,纱的截面增大,纤维原有的卷曲性能在平行纱中能充分显示出来,给人一种饱满的感觉,其织物仿毛感好。另外,平行纱的毛羽比环锭纱少,在后道工序加工时,纤维的散失明显减少,这将有利于设备的清洁和生产效率的提高。此外,因纱的毛羽少且不易起毛球,所以产品的耐磨性也有所提高。由于平行纱具有良好的蓬松性,使平行纱的毛细管效应好,具有良好的吸湿性能。

四、平行纺纱适纺性与产品开发

(一) 平行纺纱的适纺性

平行纺纱适用原料较广,芯纱可使用天然纤维(如棉、毛、麻等)、合成纤维(如涤纶、腈纶、锦纶、丙纶等)及混合原料(如涤/黏、棉/麻、涤/腈、毛/涤、兔毛/羊毛等),纤维长度为棉型、中长型和毛型,最大长度为220mm。外包长丝可用锦纶弹性丝、涤纶丝、黏胶长丝、柞蚕丝、氨纶弹性丝、可溶性维纶长丝及各种短纤维纱等。在实际生产过程中,芯纱和外包长丝可选用不同原料进行灵活组合,可产生不同结构效应,以便加工特殊用途的纱线。

平行纺纱时,对原料的选用应注意短纤维与长丝的适当组合。尽量考虑色泽的鲜艳性和染色的匀整性,几种纤维的收缩率要适当配合。平行纱的强力主要来自长丝,长丝价格高,故长丝重量应该控制在成纱总重量的1%~5%。如果短纤维较长,线密度低,则单位长度成纱的包覆圈数可以少些。起绒织物用的长丝,可用高收缩型,通过汽蒸后,长丝会陷入短纤维中,起绒后长丝的可见度小。平行纱织成的织物强力高,缩水率小而稳定,耐磨性好,外观丰满,色差横档少,手感柔软,纺毛感强。

平行纺纱机型不同,适纺性能也不同,Parafil 1000型平行纺纱机加工纤维长度为60~90mm,适纺棉型、中长型纤维,而Parafil 2000型平行纺纱机加工纤维长度为100~220mm,适纺毛型纤维。

(二) 平行纺线开发优势

平行纺纱适合于加工以前由传统纱制成的产品,在许多情况中,由于生产平行纺纱的经济效益好,因此,市场占有率高,超过以前由环锭纺纱和转杯纺纱所占领的领域。在加工具有特殊性能产品方面,平行纺纱占明显的优势,即纤维的平行排列使其成品具有技术上的优点,因此,平行纺纱尤其适用于加工割绒织物,它不必解开平行纺纱的任何捻度就可实现规律优良的绒头,成品具有优美外观和光洁的手感。由平行纱织制的毛巾,其吸水性比普通毛巾高20%左右,毛巾厚实、柔软。

平行纱截面中的纤维根数少,纱体细而平滑,可减少与综筘、针眼等的摩擦,相对而言,织造过程中断头较少;由于平行纱不加捻,故其纤维并不像传统纱那样因为加捻而缩短;一般来说,平行纱与类似的加捻纱相比,其有较小的伸长能力,降低了其在后道加工或成品生产中的难度,且平行纱的伸长和高强力的结合满足了所有产品加工的需要;平行纱能方便地采用手工或机械式打结器接头,也可采用空气捻接器接头,空气捻接头的平均强度一般为纱线平均断裂强度的 90% 以上；平行纱并不实时加捻，而是在后道工序和成品中进行加捻，其成品在许多方面类似于传统加捻的纱。对于平行纱而言，常常可不需要并线或并捻，但对于环锭纱来说，这是必不可少的。为了某种特殊应用，平行纱可以纺制成相当于并合过的环锭纱同样粗细的纱线。当然，平行纱也可并捻，即将两根无捻的单纱捻合在一起，并使单纱没有内部捻度。

（三）平行纺纱的产品开发

平行纱的应用比较广泛，不论是普通平行纱还是结构平行纱，都可用于线密度较粗的机织物、针织物、经编织物簇绒毛毯和割绒织物，尤其适合加工拉绒和起绒织物，织物的表面能获得良好的绒毛。

1. 机织物

平行纱在机织物中用作经纱，类似股线，毛羽少，可不经上浆工序。利用平行纱加工机织物，可使织物表面覆盖性好、布面濡润丰满、每单位面积织物的用纱量要比用其他纱的用量少，织物重量轻。利用平行纱毛羽少、松软的特点，可开发麻类混纺产品，以改善织物的手感和柔软性。此外，特别适用生产机织拉绒织物，织物外观均匀，手感柔软。平行纱可代替双股捻线用作起绒纱。

2. 针织物和经编织物

利用平行纱加工的针织物因纱线承受张力时拉紧，使织物显得特别光滑平整，针迹清晰、手感柔软，用捻线编织可省去捻线工序，可降低生产成本。

3. 簇绒和割绒织物

利用平行纱加工簇绒和割绒织物，如毛毯等，最能体现平行纱的结构特点，所织的毛毯要比用环锭纱加工的毛毯耐用，外观匀整，手感柔软。生产地毯等割绒织物具有起绒方便、绒面丰富的特点。

4. 其他用途产品

利用平行纱还可以生产毛巾织物、贴墙布。生产毛巾用的平行纱，可以用聚乙烯醇长丝包绕。后整理时可以将聚乙烯醇长丝溶掉，这样的毛巾手感舒适，吸水性好，是传统毛巾无法比拟的。采用不同线密度、不同长度、不同色彩的短纤和特殊的高收缩长丝、特殊光泽的长丝，使织物墙布或装饰布增添艳丽的色彩。利用纺织废料（原料为羊毛、腈纶、涤纶等），经过撕松、混合、梳理工序，做成的条子可供平行纺纱机纺 200tex 左右的平行纱，用作织造地毯、装饰织物。

第三节　喷气纺纱

一、喷气纺纱概述

（一）喷气纺纱发展概况

喷气纺纱是继转杯纺、摩擦纺纱之后发展起来的一种新型纺纱方法，它是借助压缩空气在喷嘴内产生螺旋气流对牵伸后的纱条进行假捻并包缠的一种新颖独特的成纱方法。喷气纺纱线由两部分组成：一部分是"平行"纤维的纱芯，另一部分是包缠在纱芯外部的包缠纤维。包缠纤维将向心的应力施加于芯纤维上，给纱体必要的聚合力以承受外部应力。喷气纺纱基本原理是应用了两只气流方向相反的喷管，纤维条经高速牵伸后，喂至位于牵伸区前罗拉和成纱输出罗拉之间两只串联喷嘴。第一只喷嘴将纤维开松，并使开松了的自由端纤维包缠在纱芯纤维束外；第二只喷嘴起假捻作用。离开输出罗拉的成纱表层呈现纤维包缠，而纱芯纤维则无捻度。通过调节两只喷管的气压来调节纱的结构和强力。

喷气纺纱最早是由杜邦（DuPont）公司在20世纪60年代提出的，由缠绕纺纱发展而来，它是利用空气涡流假捻原理的一种包缠纺纱方法，即喷气纺纱的雏形。1963年，美国杜邦公司发表喷气加捻包缠纺纱的专利。以后，德国绪森（Susseen）以及日本东丽（Toray）、丰田（Toyota）、丰和（Howa）、村田（Murata）等公司陆续研究发展了各种形式的喷气纺纱机械。1981年，日本村田公司在大阪国际纺织机械展览会上首次推出适于纺制38mm纤维的MJS NO. 801型60头喷气纺纱机。喷气纺纱机的发展，先后经历了单喷嘴、双喷嘴、三罗拉牵伸、四罗拉牵伸、五罗拉牵伸等形式。我国自20世纪80年代初期起，也先后有东华大学、天津纺织研究所、天津工业大学、上海新型纺纱技术中心、上海第六棉纺厂、上海第十二棉纺厂等单位开始对喷气纺纱的研究，分别在旧细纱机上改造或设计生产了简易的喷气纺纱样机，对有关的工艺参数如喷嘴、牵伸以及纺纱质量、产品等作了较多的探索。由于其假捻包缠成纱原理，造成加工产品时对原料的局限性，因此，20世纪90年代东华大学提出将其包缠假捻的非自由端成纱原理改变成自由端加真捻的成纱原理，以适合长度较短的纤维（如纯棉）纱的自由端喷气纺纱加工方法。

（二）喷气纺设备构造与特点

喷气纺纱机由喂入牵伸、加捻和卷绕三部分组成。它是利用压缩空气在喷嘴内产生螺旋气流对牵伸后的纱条进行假捻并包缠成纱。喷气纺纱的工艺流程如图6-15所示。

棉条从棉条筒中引出后，进入牵伸装置进行牵伸。由于喷气纺纱由棉条直接牵伸成细纱，而且所纺纱线密度小，所以牵伸倍数很大，一般在150倍左右。喂入熟条经一定牵伸后，达到纱线所要求的细度后，被吸入喷嘴。在喷嘴上通有压缩空气，由空气压缩机供给的压缩空气喷入喷嘴内。在喷入的旋转气流作用下，自须条中分离出来的头端自由纤维紧紧包缠在芯纤维的外层，因而获得捻度。成纱后由引纱罗拉引出，经电子清纱器后卷绕到纱筒上，直接绕成筒子纱。

1. 喷气纺纱牵伸机构

（1）牵伸形式。喷气纺纱牵伸机构与环锭超大牵伸细纱机相仿。牵伸形式大都是四罗拉（也有三罗拉和五罗拉）双短胶圈或长短胶圈牵伸，并设有断头自停装置，如图6-16所示。中罗拉和

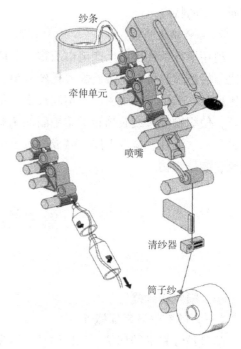

图6-15 喷气纺纱的工艺流程示意图

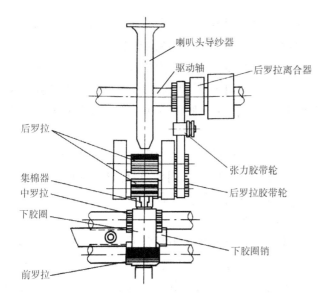

喇叭头导纱器

驱动轴

后罗拉离合器

后罗拉

集棉器

中罗拉

下胶圈

前罗拉

张力胶带轮

后罗拉胶带轮

下胶圈销

图6-16 牵伸机构及传动示意图

前罗拉直接与驱动箱相连，后罗拉靠电磁离合器作用，正常纺纱时回转，纱断头时停止转动。

NO. 801 MJS型喷气纺纱机采用三罗拉双短胶圈、弹簧摇架加压的超大牵伸，牵伸倍数通常在150倍左右，纺纱速度为120~180m/min。

NO. 802H MJS型喷气纺纱机采用四罗拉双短胶圈牵伸装置，最大牵伸倍数为300倍，纺纱速度高达360m/min。

（2）牵伸特点。

①超大牵伸倍数。由于在牵伸的过程中，纤维间相对滑动是由与其他纤维间的相互摩擦力带动的。根据摩擦传动理论，在较低的速度下，纤维会产生爬行的现象，从而造成纱条的不匀，这样就要求有较高的速度来消除这一现象，从而为喷气纺纱机的超大牵伸倍数提供了可能。No. 802H MJS型喷气纺纱机总牵伸倍数为50~300，后区牵伸倍数为2~5，前区牵伸倍数达40以上。

②高牵伸速度。喷气纺气流的旋转速度可达到 $(2~3) \times 10^5$ r/min，前罗拉的输出速度高达150~300m/min，可见前罗拉的线速度一般为环锭纺的10倍，后罗拉的表面线速度可达2m/min。纤维间的相对运动速度与罗拉的速度成正比，粗略估计，喷气纺纱牵伸区中纤维运动的相对速度为环锭纺的5倍以上。

③没有横动。由于喷气纺特定的成纱原理，为确保前钳口输出的须条吸入加捻器，牵伸须条不能做横动。

④牵伸纤维束急剧扩散。高牵伸速度和超大牵伸倍数使纤维束在罗拉高速回转的附面层气流作用下极易扩散。罗拉表面的高速回转所产生的附面层气流，使前罗拉钳口输入侧（内侧）产生高压，输出侧（外侧）产生低压。气流在钳口的阻碍下，将沿罗拉的长度方向向两侧流动，这样不但加速须条的扩散，同时也干扰了前钳口处须条中纤维的整齐排列，使纤维变得杂乱，使成纱中的纤维排列恶化，最终使成纱强度受到影响。

（3）牵伸机构。

①罗拉。喷气纺纱机的锭距一般在215mm以上，前、中罗拉每两头组成一节，后罗拉为适应断头自停的需要，每头单独自成一节。前、后罗拉表面有56条与轴平行的等距沟槽，中罗拉表面为菱形滚花。各罗拉表面均用硬铬镀层，加工精度高，罗拉径向跳动小于0.005mm，以适应前罗拉2000r/min以上的高速回转。

②胶辊。胶辊在高速度、重加压、对牵伸须条无横动的条件下回转，其表面温度可高达80℃以上，导致胶辊迅速起槽中凹。因此，喷气纺对胶辊的要求，除需满足传统纺纱所要求的光、滑、燥、爽的表面，具有抗静电、吸放湿性能、一定的摩擦因数和弹性以外，更需要具有较高的耐磨性能和抗压缩变形性能，以延长使用寿命。

③胶圈。喷气纺使用的胶圈厚0.8~1mm，由内外两层组成，外层厚0.2mm，要求质硬耐磨，胶圈与罗拉的接触面为1mm×1mm的菱形纹路，用以降低胶圈的滑溜程度。

④下销。下销为上托式曲面形。其后部呈弧形曲面，使下胶圈中部上凸，紧贴上胶圈达到几乎密合的程度，其最高点上托1.6mm。下销工作面长度为27mm左右。中罗拉上抬2mm，形成紧隔距、零钳口前区的特殊牵伸工艺，可防止下胶圈在中罗拉与下销间的间隙处打顿，形成中凹的不良现象。

⑤导条管。为使纤维间有适当的联系力且牵伸过程纤维运动稳定，必须使喂入各牵伸区的须条具有一定的紧密度和良好的形态进入各牵伸区，则需采用导条器。MJS型喷气纺纱机采用胶木喂入导条管，其通道长度达150mm，截面逐渐收缩。导条管的截面积的变化可根据纺纱线密度、喂入线密度以及集束压力的要求进行优化设计。

⑥集束器。为了防止须条牵伸时过分扩散和保持纤维间的相互联系力，应使须条具有一定的紧密度和良好的形态进入前牵伸区，故在后区设有集棉器，起到在第三罗拉和中罗拉之间规范供给棉条宽度的作用，其截面形状为封闭狭长形，截面由入口向出口逐步缩小。出口截面配有多种规格，当纺纱较粗时，使用截面开口尺寸大的集束器。可根据条子不同定量和纺纱线密度选择不同的规格。

⑦后罗拉单独传动及断头自停机构。在高速纺纱的情况下，必须配有后罗拉单独传动及断头自停机构，否则断头后会产生绕罗拉、引起故障和浪费现象。后罗拉传动轴，通过电磁离合器及齿形同步皮带，传动后罗拉。正常运转时，后罗拉随电磁离合器一起转动，一旦发生断头，电子清纱器发出信号，使电磁离合器断开，即停止喂给。在离合器同侧设有棘轮和掣子，当离合器断开时，掣子有效地制止罗拉的滑动，防止继续喂给。虽然后罗拉停止了喂给，但牵伸区内原有的须条经牵伸输出，仍有部分纤维进入吸风管。

⑧下胶圈横动机构。喷气纺喷嘴的安装位置对纺纱质量影响甚大，喷嘴安装后，前罗拉输出的纤维条必须对准其吸口。因此，不能采用传统的纱条横动装置来保护胶辊和胶圈。MJS系列机器均采用下胶圈慢速横动的方法来保护胶圈，延长其使用寿命。传动机构较为简单，在车尾部分有单独电动机传动偏心轮和往复杆，往复杆上固定胶圈卡子，卡住下胶圈，使之随杆慢速横动。

2. 喷嘴

（1）喷嘴构造。喷气纺纱机的加捻是在喷嘴内完成的。根据喷嘴的数量和配置方法的不同，喷气纺纱可分为双喷嘴双进气、双喷嘴单进气和单喷嘴单进气三种，目前大都采用双喷嘴双进气形式。双喷嘴结构图如6-17所示，它实际上是由两个独立的喷嘴串接而成，靠近前罗拉的称第一喷嘴（又称前喷嘴），靠近输出罗拉的称第二喷嘴（又称后喷嘴）。第一喷嘴设有开纤管（又称中间管），中间管长度约为

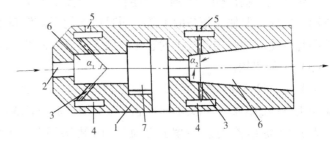

图6-17 双喷嘴结构示意图
1—壳体 2—吸口 3—喷射孔 4—气室
5—进气管 6—纱道 7—开纤管

5mm。第二喷嘴纱道为喇叭形。喷射孔与纱道内壁成切向配置，纺 Z 捻纱时，第一喷嘴为左切配置，第二喷嘴为右切配置；纺 S 捻纱时则反之。

（2）喷嘴结构参数。

①喷射孔。喷射孔与纱道内四周相切，并与纱道轴线成 α 夹角。压缩空气由喷射孔射入纱道的速度为 ν_J，在纱道中形成旋转气流，这个气流可分成一个沿纱道轴向的分气流 ν_s 和垂直于纱道轴向的分气流 ν_t，即压缩空气的切向速度。可知：$\nu_t = \nu_J \sin\alpha$，$\nu_s = \nu_J \cos\alpha$。纱条在纱道中受 ν_t 作用而产生旋转加捻，受 ν_s 作用而沿纱道输出，并使吸口处产生负压。因此，随着 α 夹角的增加，ν_t 增加，对纱条的加捻作用增强，而 ν_s 减小，使吸口处负压减弱，不利于纱条输出。

②喷射角。喷射角 α 减小，气流在纱道中的轴向速度分量 ν_s 增大，轴向吸引力增大，但切向旋转的速度分量 ν_t 则减小，对纱条加捻不利。为了既要有一定的吸引前罗拉输出纤维的能力，又要有较大的旋转速度，第一喷嘴的喷射角一般在 45°~55° 范围内变化。第二喷嘴的喷射角一般在 80°~90° 范围内变化。一定的供气压力及喷孔直径条件下，为了提高第二喷嘴的假捻作用，二级喷嘴的喷射角应大些，一般应大于 75°，常可接近 90°。

③喷射孔的直径及孔数。设喷射孔的直径与纱道直径之比的倒数为气流的切向效率，则：

$$\rho = \frac{1}{d/D} \tag{6-16}$$

式中：d 为喷射孔直径，mm；D 为纱道直径，mm。

d/D 越小，则切向效率越高，如流量保持一定，欲提高 ρ 值，就必须增加喷射孔数。显然，喷孔直径与孔数相互制约，因为当流量保持恒定时，增加孔数就意味着要减小孔径。保持流量不变的情况下，适当增加喷孔数不仅有利于纱条气圈转速的稳定，而且气圈转速略有提高。然而喷孔直径过小，对气流的纯净度要求更高，对喷孔的加工精度要求也高。根据经验，喷嘴纱道截面积与喷射孔总截面积之比一般不能小于 5，否则纱道中流速过高，不利于纺纱。因此，一般地，喷孔直径与纱道直径之比不大于 1 : 4，通常以 1 : 6 左右较为合适。第一喷嘴喷孔直径 0.3~0.5mm 时，喷孔数 2~6 个；第二喷嘴喷孔直径 0.35~0.5mm 时，喷孔数 4~8 个。

④纱道直径及长度。根据喷气纺纱喷嘴的纱道中旋转流场的测定数据，得出纱道各截面上的切向速度沿半径的变化在相当大的范围内类似刚体涡的速度分布，因此，空气的旋转速度 n 可以近似按下式计算：

$$n = \frac{\nu_t}{\pi D} \times 60 \times 1000 \tag{6-17}$$

式中：ν_t 为压缩空气的切向速度，m/min；D 为纱道直径，mm。

a. 纱道直径。为了获得较高的纱条气圈转速，尽量选择较小的纱道直径 D。但是还要考虑到所纺纱的线密度大小，使纱条在纱道内有足够的空间旋转。线密度小的纱，纱道直径可小些；线密度大的纱，纱道直径应大些。

第一喷嘴的纱道直径一般为 2~2.5mm。为了使纱条在喷嘴内形成稳定的气圈，提高包绕效果，减小排气阻力，则第二喷嘴的纱道截面积应逐步扩大，设计成一定的锥度，一般进口端直径为 2~3mm（喷射孔截面处），出口端直径为 4~7mm。

b. 纱道长度。以稳定涡流和气圈为原则。第一喷嘴纱道长度为 10~12mm，第二喷嘴纱到长度为 30~50mm。

⑤喷嘴吸口。喷嘴吸口不仅需要保持一定的负压，以利于吸引纤维和纱条，而且也起控制和稳定气圈的作用。喷嘴吸口内径一般为 1~1.5mm，第一喷嘴吸口长度为 6~15mm，第二喷嘴吸口长度也常需大于 5mm。

⑥开纤管。在实际纺纱时，气压的波动、条干的不均匀都能引起气圈的不稳定。为了减小排气阻力和增加周向摩擦阻力，增加对气圈的撞击作用，使之有利于前钳口处须条扩散成头端自由纤维，所以中间管内壁设计成沟槽状态。沟槽形式有直线式和螺旋式等。直线式沟槽数 3~8 条不等，常采用 4 条，槽深 0.5mm，槽宽 0.5mm。中间管内径为第一喷嘴纱道直径的 80%~90%。中间管总横截面积大于纱道横截面积，以利于排气。中间管长度以 5mm 左右为宜。喷孔至中间管的距离为 3~6mm，以保证漩涡完整。

因此，开纤管有两个作用：一是抑制并稳定气圈的形态，消除第二喷嘴气流旋转形成的气圈对第一喷嘴气圈的影响；二是阻止捻度传递，阻碍第二喷嘴旋转加捻的捻回向第一喷嘴前传递。

⑦第一喷嘴与第二喷嘴间距。两喷嘴的间距大小会影响气圈的稳定性，影响包缠状态及成纱强度。如果两级喷嘴是分离式，可适当调整两者的间距，使第一喷嘴的气流向外排出而不干扰第二喷嘴，达到正常纺纱的目的，同时也有利于提高第二喷嘴的加捻效率。但第一喷嘴与第二喷嘴间距一般变化范围不大，可在 4~8mm 范围内变动，通常采用 5mm。

⑧气压控制。第一喷嘴和第二喷嘴的气压对成纱质量和包缠程度有较大的影响，对压缩空气的消耗也有直接影响。第一喷嘴和第二喷嘴的压缩空气分别由独立气室供给，因而可单独调节各喷嘴的气压，以适应不同线密度的纱和不同的工艺需要。

二、喷气纺纱原理

(一) 捻度获得

喷气纺纱加捻过程如图 6-18 所示。

第一喷嘴流场中心为负压，将纤维束吸入。第一喷嘴至前罗拉钳口的一段纱条本应随第一喷嘴气流作左旋转，获得 Z 捻，但由于第二喷嘴气流是右旋，且旋转力量又远大于第一喷嘴，就迫使前罗拉到第一喷嘴间的纱条解捻并很快变为 S 捻。

第二喷嘴到前罗拉整段纱条，沿第二喷嘴的回转方向高速回转，形成 S 捻纱芯。第一喷嘴的作用是解开第二喷嘴施加的捻度，使前罗拉到第一喷嘴间的须条成为不断的弱捻状态须条。由于前罗拉钳口到第一喷嘴的距离小于纤维主体长度，纤维头端到达第一喷嘴时，其尾端仍被前罗拉控制，因此是非自由端加捻。

从前罗拉输出的须条有一定宽度，纱条受喷嘴内气流作用产生抖动，处于前罗拉钳口的部分边缘纤维头端会变成半自由飘浮状态，称为开端纤维。开端纤维在须条被吸入喷孔时不能及时吸入，未被加捻包入纱芯。当开端边缘纤维进入喷孔内时，会随第一喷嘴的旋转气流以 Z 方向包覆在有具有 S 捻的纱芯上。当纱条通过第二喷嘴输出时，纱芯 S 捻由于是假捻而进行退捻，要做逆向回转，促使外表 Z 方向包覆纤维更紧密地包缠在纱芯上，成为具有 Z 捻包缠的包缠纱。边缘纤维的包缠，加大了纤维的向心压力，增加了纱芯纤维间的摩擦力，阻止了纤维滑移，形成具有一定强力的喷气纱。

（二）喷气纺纱的必要条件

双喷嘴加捻的必要条件有两个：第一，在前罗拉出口处要均匀地产生相当数量的开端边缘纤维，因此，前罗拉输出的须条要有一定的宽度；第二，第二喷嘴气流旋转方向必须与第一喷嘴的方向相反，且旋转的能量和速度要大于第一喷嘴，两者转速要相匹配。

（三）两个喷嘴的主要作用

第一加捻喷嘴的主要作用：一是产生高速反向的气圈，控制前罗拉处须条的捻度，在前罗拉钳口处形成弱捻区，以利于外缘纤维的扩散和分离；二是使头端自由纤维在第一喷嘴管道中做与纱芯捻向相反的初始包缠；三是产生一定的负压，以利于引纱。

第二加捻喷嘴的主要作用：对主体纱条（纱芯）起积极的假捻作用，使整根主体纱条上呈现同向捻，在须条逐步退捻时获得包缠真捻。

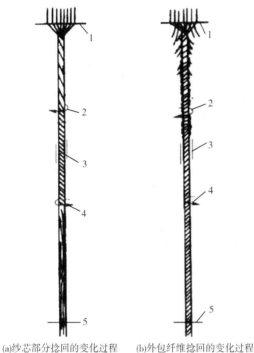

图6-18 喷气纺纱加捻过程示意图
(a)纱芯部分捻回的变化过程　(b)外包纤维捻回的变化过程
1—前罗拉钳口线　2—第一喷嘴气流的旋转方向　3—开纤管
4—第二喷嘴气流的旋转方向　5—引纱罗拉钳口线

（四）捻度分布

喷气纺纱由于是非积极握持式加捻，存在捻度传递行为，加捻点所加捻度可通过另一加捻点向前传递，造成这一现象的原因在于：设B对纱条作顺时针转动（从纱条输入端看），在AB段所加捻向为Z，C对纱条作逆时针转动，在BC段所加捻向为S。但因B处无积极握持，B的转速较低，而C的转速较高，使AB段纱条是S向捻而非Z向捻，尽管气圈作顺时针（Z向）转动（此时头端自由端纤维Z向包缠纱条），而主体纱捻度却仍然是S捻。CD段纱条作逆时针转动形成气圈，BC段捻度向CD段传递，到达加捻区终止点D时，才接近退尽。喷气纱捻度分布如图6-19所示，AB纱段的S向捻度沿纱线输出方向逐渐增加；BC纱段的S向捻度增幅减缓，到C点捻度最大；CD纱段的S向捻度沿纱线输出方向逐渐减少，直到D点处为零。

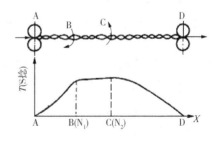

图6-19 捻度的分布

三、喷气纺纱工艺及纱线结构与性能

(一) 喷气纺纱工艺控制

1. 喷气纺纱原料选择

喷气纱的强力与头端自由纤维的根数及包缠状态有关，头端自由纤维根数越多，包缠越紧，则成纱强力越大。纤维的线密度、纤维的长度、前罗拉输出须条的宽度影响头端自由纤维数量的多少。一般说来，纤维越细，成纱截面内纤维根数越多，产生的头端自由纤维数量也相应增多，所以纤维的线密度，与喷气纱的强力关系密切。喷气纱不同线密度的纤维适纺纱的线密度不同，以涤纶为例，1.65dtex（1.5旦）涤纶适纺15~40tex纱，1.375dtex（1.24旦）涤纶适纺12~30tex纱，1.1 dtex（1旦）涤纶适纺8.5~20tex纱，0.88 dtex（0.8旦）涤纶适纺7.5~12tex纱。如果纤维长度短，则纤维的头端多，可供包缠用的头端自由纤维根数也相应增多，但每根包缠纤维包缠的圈数少，以致纤维间抱合力小，成纱强力偏低。反之，纤维长度长，则纤维的头端少，可供包缠用的头端自由纤维根数也相应减少，但每根包缠纤维包缠的圈数多，摩擦力大，纤维间抱合力大，成纱强力提高。输出须条的宽度较宽，有利于头端自由纤维的产生；但过宽，纤维容易散失，一般以为5mm为宜。

此外，由于罗拉隔距所限，喷气纺纱适纺38mm以下棉型化纤，可以化纤纯纺或化纤与棉混纺。喷气纱对原料的短绒率、整齐度及单纤维强力要求较高，否则成纱强力难以保证。

2. 牵伸工艺及特点

（1）合理配置牵伸形式与分配牵伸区。喷气纺采用双短胶圈曲线牵伸，双短胶圈前牵伸区上销和下销的布置使胶圈呈曲线状，加强了对纤维运动的控制，使纤维稳定变速。下销与前罗拉有0.5mm隔距，使前罗拉、前胶辊产生的附面层气流不会相互冲击，破坏下销前缘至前罗拉钳口处的纤维层的结构，使纤维顺利地进入前罗拉钳口。因此喷气纺应充分利用胶圈积极控制纤维的运动能力，发挥前区牵伸的作用，后区的牵伸不宜过大。MJS系列喷气纺纱机中，在三罗拉牵伸时，主区牵伸倍数为20~40倍，后区牵伸倍数一般为5倍以下；在四罗拉牵伸时，新增加的辅助后牵伸区的牵伸倍数一般为2倍；在五罗拉牵伸时，与四罗拉牵伸时相比多增加一个辅助后牵伸区，该后区牵伸倍数一般也为2倍。

（2）紧隔距。MJS系列喷气纺纱机的前区中心距与环锭纺相似，而后区中心距明显要小。由于用棉条喂入，牵伸倍数大，尤其是后区牵伸倍数高达5倍，而后区为简单罗拉牵伸，所以加大胶辊的压力及缩小后区的中心距就显得尤为重要。

（3）强钳口。喷气纺纱机的前牵伸区应形成强钳口，即加大上胶圈紧贴于下胶圈的钳口压力。因为经过后区大倍数牵伸后，进入前区的须条中纤维很分散，并且须条中没有环锭纺中的粗纱带来的残留捻度，纤维间的抱合力较差，其运动的绝对速度高。只有加大钳口压力，并减小其隔距，才能加强对纤维束的控制，使其运动稳定，变速均匀，提高成纱条干和强力。

（4）重加压。喷气纺牵伸区中，前中后胶辊的压力都有所加重。在后区，因牵伸倍数大、隔距小，故加压不足会使胶辊打滑而产生粗节。前胶辊加压量比环锭纺约增加50%，这是因为前罗拉速度高，由后区喂入的纤维量多且胶圈钳口隔距小，从而使前区牵伸力增大所致。中胶辊的加压也比环锭纺纱机重1~2倍。

（5）选择适宜的集合器。由于超大牵伸喂入与输出纤条的宽度相差悬殊，而且经过后区

3~5 倍牵伸后，须条变薄变宽，纤维间的联系力变小，纤维运动不能保持稳定，会导致牵伸不匀。因此，需要集合器来规范棉条宽度，适当增加集合器宽度，有利于须条变宽，厚度变薄，易形成头端自由纤维。集合器宽度过小则须条易出硬头，堵塞喷嘴而造成断头。集合器的宽度必须与所纺纱条定量相适应，要兼顾牵伸和头端自由纤维的形成。

（6）喂入品要质量好、定量轻。喷气纺纱对喂入条子的质量要求比环锭纺纱更高，如要求条子条干均匀，纤维伸直度好，疵点、杂质及棉结少。另外，喂入条子的定量应偏轻掌握，以减轻牵伸负担，特别是后区的牵伸负担。

3. 加捻成纱工艺

喷气纱的强力与两个喷嘴的空气压力差有关，第二喷嘴的空气压力稍大于第一喷嘴，纺出的纱线强力才高。因为第一喷嘴的作用是使第二喷嘴施加于加捻管至前罗拉的一段纱条上的捻回解捻，并使该纱段产生必需的自由端纤维。当两个喷嘴的空气压力差值小，第一喷嘴气流的旋转速度高，解捻作用强，可使该纱段捻回较低，在确保纱条不断头的前提下，因纱条的气圈转速快、离心力大，产生较多的头端自由纤维，有利于提高成纱强力。如果第一喷嘴空气压力过低，则气流旋转速度低，解捻作用不充分，气圈的离心力小，产生的头端自由纤维少，将降低成纱强力。一般情况下，若第二喷嘴的空气压力为 392kPa（4kg/cm²），第一喷嘴应控制在 245~294kPa（2.5~3kg/cm²），不宜过低。

4. 超喂比和卷绕张力

引纱罗拉表面速度与牵伸前罗拉表面速度之比称为超喂比，一般控制在 96%~98%。喷气纺纱在加捻过程中，如果引纱罗拉的表面速度与牵伸前罗拉的输出速度相等或稍大，则纱条承受张力，容易断裂，或因纱条紧张，而影响加捻效率。因此，引纱罗拉的表面速度要小于前罗拉输出速度，才能正常纺纱。

为了保持筒子成形良好，引纱罗拉与卷绕罗拉间有适当的卷绕张力；同时，卷绕张力大小控制以减少纱线断头的前提下使筒子卷绕紧密为宜。

（二）喷气纱结构

喷气纱结构如图 6-20 所示，纱线由芯纤维和包缠纤维两部分组成，主要是由于喷气纺成纱机理采用假捻包缠原理。研究表明，一般情况下，喷气纱中，包缠部分的纤维比例占 20%~25%，芯纱部分的纤维占 50%~70%，不规则纤维占 10%~25%。其中，喷嘴气压以及主牵伸倍数对纤维的包缠程度有较大的影响。由于喷气纱主要是包扎成纱，喷气纱的密度小，结构较蓬松，同线密度的喷气纱直径较粗，因此，手感较粗糙，同线密度纱的直径比环锭纱粗 4%~5%。

图 6-20 喷气纱结构

（1）芯纤维。位于纱芯的芯纤维拥有很少的捻度，只剩下少量假捻。纱芯纤维束由存在少量 S 向、Z 向倾斜和大多无捻向的平行纤维构成。

（2）包缠纤维。包缠纤维的包缠具有随机性，呈多样化的形态构象，可归纳为螺旋包缠、无规则包缠和无包缠三类。螺旋包缠又可分为螺旋紧包缠、螺旋松包缠及规则螺旋包缠三种；无规则包缠可分为捆扎包缠和紊乱包缠两种；无包缠可分为螺旋无包缠和平行无包缠两种。

（三）喷气纱及其产品性能

1. 喷气纱性能

喷气纱与环锭纱的性能对比见表 6-6。环锭纱拥有最高的成纱强度、柔软的手感、相对较差的外观质量，喷气纱的成纱强度较低，一般为环锭纱的 60%~80%，条干较环锭纱好，3mm 以上的毛羽较环锭纱少，但 1mm 的毛羽相对较多，这是由于喷气纱蓬松度较好，表观直径较粗。喷气纱的耐磨性具有方向性，沿纱线输出方向的耐磨性大于反向的耐磨性，总体耐磨性优于环锭纱。

表 6-6　喷气纱与环锭纱的性能对比

纱线种类	内在质量			表面性能					外观质量		
	强度	强度不匀	伸长	刚度	手感	表面摩擦系数	耐磨性	蓬松度	粗细节	均匀性	毛羽
环锭纱	高	大	小	小	软	低	差	紧	多	劣	多
喷气纱	低	小	大	大	硬	高	好	松	较少	优	少

对于某一特定的纤维，喷气纱的性能主要是由喷气纱的结构所决定。喷气纱强力大小很大程度取决于包缠纤维的数量、纤维长度以及包缠捻回角的大小。包缠纤维对纱芯产生向心压力，增加纤维间的摩擦力和抱合力，使纱条获得强力。包缠纤维的数量太少，则芯纤维的结合松散，成纱强力就低；包缠纤维的数量太多，承受强力的芯纤维数量就会太少，成纱强力也低。此外，包缠纤维的数量和包缠状态（如包缠角度、间距等），也决定了成纱的手感，包缠纤维数量多，则手感硬。因此，应根据成纱用途和要求，适当选择包缠纤维数量。

包缠纤维与成纱强力利用系数的理论关系式如下：

$$\varphi = 1 - A \times \cos\alpha_0 \times A \times \frac{1 + e_y}{1 + e_f} - \frac{\pi(1 + e_f)(1 - A)^2}{4\mu y A \sin\alpha_0 \cos\alpha_0 (1 + e_r)^2} \tag{6-18}$$

式中：A 为包缠纤维占总纤维数量的比例；α_0 为外包纤维的螺旋包缠角；e_y 为纱线断裂伸长率；e_f 为纤维断裂伸长率；e_r 为纱线断裂时的径向应变，$e_r = -e_y$；μ 为纤维的摩擦系数；y 为纤维的长径比。

由式（6-18）可知：对于某一特定的纤维，影响成纱强力的主要因素是包缠纤维占总纤维数量的比例 A 和包缠角 α_0。从理论上来看，当包缠纤维比例增加到 15%，包缠角增加到 25° 时，成纱强力有望达到较大值，再进一步增加 A 和 α_0 时，成纱强力的增加很有限。此外，纤维的长径比 y 大，表面摩擦系数 μ 大时，对成纱强力的提高有利。因此，由于包缠成纱的机理所限，喷气纺纱难以加工出成纱强力高的纯棉纱，其他纤维品种的喷气纱强力也相对较低。这成为研究与大力推广喷气涡流纺纱技术的根本原因，这也将导致未来喷气纺的市场占有额逐渐下降，或被喷气涡流纺纱技术取代。此外，相关试验也表明，芯纤维和包缠纤维的长度分布，其实对成纱强力有较大的影响，芯纤维的长度和强力对成纱强力的影响远大于包缠纤维的长度和强力对成纱强力的影响。

2. 喷气纱织物性能

（1）抗起球性能好。喷气纱织物布面光洁，抗起球性好，可达 3.5 级以上。原因在于喷气纱的双重结构大大减少了纤维尾端、头端的游离数，成纱 3mm 以上毛羽数大幅度降低。

（2）耐磨性能好。喷气纱织物的耐磨性要比环锭纱织物高 30% 以上。原因在于喷气纱外层为包缠纤维，纤维定向明显，纱摩擦系数大，织物内纱与纱间摩擦抱合性好，不易产生相互滑移，耐磨性提高。

（3）透气性好，易洗快干。喷气纱织物透气性好，经有关测试透气性约提高 10%，同时洗涤后干燥速度快。原因在于喷气纱结构较为蓬松，芯纤维几乎呈平行状态，纤维间间隙较大，纤维间结构较为松散。

（4）硬挺度大。由于喷气纱为包缠结构，因而与环锭纺比在同线密度时蓬松度好而显粗一些（约粗 4%），且其纱圆整度好，刚性大，在相同经纬密条件下，织物中纱与纱之间排列紧密，纱在织物中弯曲困难，致使硬挺度增大。

（5）染色性能好，上浆率低。喷气纱织物的匀染度、色牢度、色花色差等均好于环锭纱织物。原因在于喷气纱结构蓬松，织物染整时染色吸色性好，色彩偏深但光泽较差，同时可节省染料。此外，喷气纱织物吸浆能力大，浆液易于渗透，因而上浆率降低 1% 左右。

（6）拉伸强力略高，撕破强力低。经纬纱都采用喷气纱的织物的拉伸强力不低于经纬纱都采用环锭纱的织物，而且喷气纱织物的纬向强力还略大于环锭纱织物。主要原因在于织物的强力不仅取决于单纱强力，还取决于纱线间的摩擦性能。喷气纱条干均匀，强力不匀率低，而且摩擦系数大，织成织物后，纱与纱之间抱合性能好，拉伸时摩擦阻力较大。喷气纱织物的撕破强力较环锭纱低，这主要是因为当纱条侧面受力时，体现为纱条内单根纤维的承受力，喷气纱芯纤维呈平行状态，纤维之间的抱合力差。

四、喷气纺纱适纺性与产品开发

（一）喷气纺纱适纺性与特点

喷气纺纱特别适合纺中、低线密度的纱线，对原料的要求是，具有一定长度，刚性不宜过大，能起到足够的包缠效果，适合棉型化纤及 51mm 以下的中长纤维纯纺，以涤纶为佳，混纺可为涤/黏、涤/腈、涤/棉，注意涤纶与棉混纺，棉纤维的比例极限一般为 40~60。喷气纺具有以下显著特点。

（1）工艺流程短。喷气纺纱较环锭纺省略了粗纱、络筒两道工序，因而可节约厂房面积 30%，减少用工约 60%，降低机物料消耗约 30%，能源费、维修保养费及维修工作量也大幅度减少。

（2）生产能力较高。喷气纺纱采用旋转涡流假捻成纱，无高速回转机件（如环锭纺中的锭子、钢丝圈等），可以实现高速纺纱，纱条加捻转速可达 20 万~30 万 r/min。纺纱速度高达 300m/min，每头产量相当于环锭纺单锭产量的 10~15 倍。因此，采用 10 台喷气纺（每台72 头）约相当于环锭纺 10800 锭的产量，且生产效率高，可达 95%。

（3）制成率高、劳动条件好。喷气纺纱工序减少，又有断头自停装置，回花下脚少，制成率比环锭纺高 2%左右；喷气纺车间含尘一般仅为 0.3g/m³，噪声约为 84dB，值车工劳动强度及工作环境均比环锭纺要好；喷气纱粗节和 3mm 以上的毛羽少，强力 *CV* 值较环锭纺纱低，特别适用于剑杆织机和喷气织机等新型织机的织造，织机效率可提高 2%~3%。

（二）喷气纺纱产品开发

喷气纱具有硬挺，毛羽短、少且具有方向性，织物厚实，透气、透湿性好，耐磨，染色深等特点；同时喷气纱的结构决定了股线质量比环锭合股线好，股线均匀、强度高，合股后强度增值比环锭合股的强度增值大。喷气纺纱在纺包芯纱时比环锭纺有更大的优势，喷气包芯纱的包缠牢度、包覆程度均优于环锭包芯纱。喷气纺也可纺制花色纱，如用纯棉作内纱，外纱用一根强力很弱的带颜色的人造丝喂入，由于人造丝强力很低，经罗拉牵伸易被拉断成段，片段色纱均匀分布包缠在纱的外层，形成花色纱。因此，喷气纱产品开发用途广泛，适宜开发的主要产品类别如下。

（1）家用纺织品。利用喷气纱织物布面平整、均匀，手感厚实、挺括，吸湿、透气性强，耐磨性好的优点，可用于床单、被套、床罩、枕套、台布和窗帘等产品开发。喷气纺可将两根不同原料同时喂入纺制包芯纱，如用短涤作芯纱外包纯棉的织物经烂花处理后，花型突出丰满、光泽柔和，适宜制作窗帘、台布等，而且此类产品价格比用长丝包芯纱成本低很多。

（2）衬衫。可用作厚型色织布或薄型色织府绸等产品开发，前者利用喷气纱厚实、毛型感强的特点，后者利用喷气纱硬挺、可纺细线密度涤/棉混纺纱的特点。

（3）仿毛、麻产品。喷气纱织物厚实丰满、短毛羽多，有一定的毛型感，如涤/棉与长丝交并，制成仿毛花呢，色泽鲜艳，毛型感强，也可用涤/黏喷气纱制成仿毛花呢。此外，由于喷气织物手感硬、表面糙，透气、吸湿好，可用于仿麻织物开发。

（4）磨绒产品。利用喷气纱织物厚实、毛羽有方向性、易磨起绒等特点可织制磨绒产品，并可弥补其织物表面毛糙、光泽差的不足。

（5）外衣或风雨衣。利用喷气纱织物的良好透气性，可用作外衣或风雨衣的开发，风雨衣开发需要经防水处理。与环锭纺织物相比，此类喷气纱织物具有厚实、透气性好、耐磨性好的优点，也拥有良好的手感与外观。

（6）针织品。利用喷气纱包缠捻度稳定，且纱线残余扭矩小等优势，可用于针织物产品的开发，具有针织物歪斜小、条干好、条影少等优点，宜开发运动衣和外衣。缺点是用于内衣等产品手感较硬，需要软化处理。

第四节　静电纺微纳米纤维纺纱

一、静电纺丝概述

（一）静电纺丝发展概况

目前，静电纺丝技术是纺制微纳米纤维最重要的方法。这一技术的核心是：使带电荷的高分子溶液或熔体在静电场中流动与变形，然后经溶剂蒸发或熔体冷却而固化，得到纤维状物质，这一过程称为静电纺丝，简称静电纺或电子纺。早在 1934 年，Formhals 就报道了利用高压静电纺制人造长丝的方法，随后申请了一系列专利。关于静电纺的理论研究应追溯到 20 世纪 60 年代，1969 年，Taylor 研究针头末端的液滴在施加电场的情况下的变化情况，研究发现液滴被拉伸到制高点时呈锥形，后来学者称这种锥形为"泰勒锥"，对不同的黏流体进行研究，给出了临界电压与聚合物性能的关系式，当锥角在 49.30° 时，电场力与聚合物的表面张力及黏弹力达到平衡。

随后陆续有一些关于静电纺工艺和理论的研究，专家聚焦于纳米纤维的结构形态研究和结构特征与工艺参数的关系。1971 年，Baumgarten 首次报道了制备直径在 500~1100nm 的聚丙烯腈纳米纤维，提出纤维直径变化与溶液黏度和电导率有关。Larrondo 和 Mandley 利用熔融体制备聚乙烯和聚丙烯纳米纤维，得到的纳米纤维直径比溶液纺丝制备的纳米纤维直径大很多，他们研究了纤维直径与熔体温度的关系，当熔体温度增加时，纤维直径减小，并且通过增加两倍的电压将纤维直径减小了 50%，表明外加电压对纤维结构特征的重要意义。

随后的几十年中，关于静电纺技术的研究都不多。随着纳米科技的发展，静电纺技术重新受到关注，2000 年以后国内外学者才真正开始热衷于静电纺技术，至今仍然处于静电纺的热潮中。

目前的纳米纤维主要以纤维任意分布的非织造布形式存在，往往存在较低的力学性能，其应用领域也具有较大局限。为了扩充纳米纤维的应用范围，由无序的结构向有序排列的方向发展，三维结构的纳米纤维纱的制备应运而生。作为制备纳米纤维的一种简单有效的方法，如何用静电纺技术制备微纳米纤维纱也成为研究的热点。纳米纤维纱的发展基本上经历了从短纳米纤维束、短纳米纤维纱、长纳米纤维束、长纳米纤维纱的过程，其主要加工形式如图 6-21 所示。

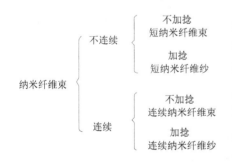

图 6-21　纳米纤维纱的主要形式

关于短纳米纤维束的研究开始比较早，但短纳米纤维束没有捻度，强力低，限制了其应用，所以后来没有过多的研究。借鉴普通纱线加捻可增强纤维间的抱合和摩擦，提高纤维束机械强力。科研工作者们开发了短纳米纤维束加捻的各种方法，大致可分为两种，一种是后处理加捻法，另一种是直接加捻法。后处理加捻法先收集纳米纤维，并使纤维或多或少会有一定排列顺序，然后对移出纤维加捻形成纱线。直接加捻法是在静电纺的过程中给纳米纤维束加捻得到纳米纤维纱，关于这方面的研究比较多。短的纳米纤维束或者纳米纤维纱不仅在制备速率上受到限制，而且在应用方面受到制约，连续纳米纤维束的研究相继出现。连续纳米纤维束的研究最早开始于 2005 年，纤维束成形方法有：静态水浴法、共轭法、金属针诱导纳米纤维自集束法和 AC 静电法等，但这些方法制备的纳米纤维束没有捻度，强力低，应用受到限制。从研究取向纳米纤维开始，研究者们就致力于连续纳米纤维纱的研究。

（二）静电纺丝设备构造与特点

2004 年，捷克 ELMARCO 公司成功制造出世界上第一台可批量化生产纳米纤维的商用静电纺丝机（纳米蜘蛛），大大促进了静电纺丝技术的商业化发展。

典型的静电纺丝装置示意图如图6-22所示，主要由高压电源、计量泵、纺丝液容器、喷丝头、接收器等部件组成。静电纺的高压电源有 DC/DC 和 AC/DC 两种，前者是指将一个固定的直流电压变换为可变的直流电压，也称为直流斩波器；后者是指交流输入直流输出。在纺丝试验中，普遍使用的高压电源为

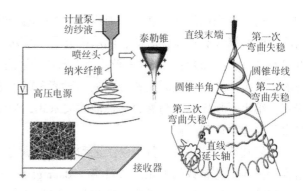

图 6-22　静电纺丝装置示意图

AC/DC。喷丝头是指装有高聚物溶液或熔体的容器的毛细管部分，纺丝时将其与高压电源正极相连。纤维接收装置顾名思义便是一种收集喷丝头喷出的纤维的装置，一般情况下用导线将收集装置接地作为负极。由于静电纺本身的不稳定性、纤维直径过小、极易发生断丝等因素，静电纺微纳米纤维成纱存在一定困难。纤维定向排列、纱线加捻、长时间连续成纱都是静电纺微纳米纤维成纱的研究重难点。静电纺微纳米纤维成纱途径主要可以分为改变接收装置、增加磁场或添加辅助电极等。目前的成纱方法多为改变接收装置，接收装置可分为固体接收装置和液体接收装置两种。固体接收装置成纱通常以固态的接收板或滚筒作为纤维收集装置，液体接收装置成纱则是利用纺丝溶液与液体表面的相容性，以液体表面作为纤维的凝固浴。以上成纱装置大多都可以制备有一定取向的纳米纤维纱，但普遍存在纤维定向排列程度低、纱线无捻度、成纱时间短等问题，所以静电纺微纳米成纱设备大多在实验室研究阶段，商用设备仍未面世。长时间连续成纱装置有待进一步研究与开发。

为得到平行排列且加捻的纳米纤维纱，通常要改变静电纺的纤维接收装置，如选择空心圆筒、水浴、漏斗、喇叭口等方法实现对纤维束的收集，并配置加捻卷绕装置，以实现纳米纤维纱的加捻和卷绕。

二、静电纺微纳米纤维纺纱原理

（一）静电纺微纳米纤维纺纱原理

静电纺的基本方法是在喷射装置和接收装置间施加高达万伏的静电场，从纺丝液的锥体端部形成射流，并在电场中被拉伸，最终在接收装置上形成非织造布状的纳米纤维。

静电纺是指将带电的高分子溶液或熔体置于稳定的电场中，在电场力的作用下发生一系列复杂的鞭动，在此过程中伴随着溶剂蒸发或熔体固化，得到纳米级的纤维。纺丝的大致过程为：将聚合物纺丝液置入连接计量泵的针头中，在针头与接收装置之间施加高压静电，使针头和接收装置之间产生一个稳定的电场力。纺丝液从针头端挤出，液滴表面就带有大量的静电电荷，随着电荷的累积及其之间的相互作用，达到某一临界值时，液滴形成泰勒锥。随着电场强度增大，电场力使溶液表面分子克服表面张力，向外喷射出来，并沿着电场的方向高速运动。此过程喷射出的带电射流在其轴上受到电场力的高度拉伸，形成一个短距离的稳定运动。射流经过短距离的稳定运动之后，就进入不稳定运动阶段。在此阶段内，射流被进一步拉伸，直径急剧减小，同时射流中的溶剂快速挥发，最终形成直径分布在几纳米至几微

米的纤维。此阶段内，由于射流的表面电荷、流速和半径等不同，这种不稳定性会沿射流轴向传递并扩大，表现为不同的不稳定模式。大体分为三种：两种轴对称的不稳定性和一种非轴对称的不稳定性。其中，第一种轴对称不稳定性（又称瑞利不稳定性），由表面张力决定，在电场力大大超过表面张力的情况下可以忽略；第二种轴对称不稳定性均由电本质引起，因为电本质在高电场强度下对射流的电导率较表面张力敏感；另外，非轴对称的不稳定性在较高电场强度下能够促使不稳定的射流劈裂成更细小的射流。射流运动状态如何，处于何种不稳定模式，取决于这三种不稳定性哪一种居主导地位。

静电纺丝射流运动是一个复杂的电子流体动力学过程，典型的静电纺丝射流运动即高聚物溶液从喷射孔流出到最终纤维落到收集板，可分成三个过程：

①泰勒圆锥形液滴的形成及射流的伸长；

②射流的分裂及不稳定；

③溶剂挥发及形成纤维的流动。

1. 射流的形成

Reneker 等认为液体流从滴管口喷出后，在电场力的作用下，快速向阴极板的方向加速，在加速的初始阶段，由于表面张力和自身黏弹性远远大于电场力，所以液体流不断地被拉长变细并保持直线轨迹。当液体流被拉长（延长）至一定距离后，液体流将发生力学松弛，发生力学松弛时液体流的长度与外加电场的强度成正比，而一旦发生力学松弛，液体流所带电荷的不同部分，尤其是表面电荷的相互作用，将导致液体流的不稳定，使液体流发生分裂或非直线的螺旋运动。

从表面现象的观察可知，毛细管顶端的液滴将成为凸形的半球状。在液滴表面施加某一电位，液滴曲面的曲率半径将逐渐改变，当电位达到某一临界值 V_c 时，半球状液滴会转变为锥形（即泰勒锥），其锥形的角度为 49.3°，临界电位值 V_c 由下式确定：

$$V_c^2 = 4 \frac{H^2}{L^2} \left(\ln \frac{2L}{R} - 1.5 \right) (0.117\pi R\gamma) \tag{6-19}$$

式中：H 为毛细管与地极之间的距离；L 为毛细管长度；R 为毛细管半径；γ 为液体的表面张力。

对于悬在毛细管端的半球状液滴，可以发生静电喷涂时的电压 V 与式（6-19）的 V_c 相似，其值由下式确定：

$$V = 300 \sqrt{20\pi\gamma r} \tag{6-20}$$

式中：r 为悬滴的半径。

在式（6-19）和式（6-20）的推导中，均假定液滴周围是空气，液滴内的流体是稍有导电性的简单分子。随着电场强度增加，泰勒锥沿直线拉伸变形，当电场力达到一定值时，带电荷的射流从泰勒锥顶端喷出，射流在电场中沿直线加速运动，射流直径不断减小。电荷通常表现为离子形式，离子在聚合物溶液中漂流的速度比射流的轴向速度小，可把所受的电场力传递到聚合物溶液。与此电场力抗衡的是射流的伸长黏性力，两者的合力产生纵向的拉力，使射流在初始阶段保持稳定的直线运动。这样经过一段距离之后，静电纺射流开始经历拉力松弛。这段距离的长短由电压决定，增大电压，距离也将随之增加。

2. 射流的拉伸

当曝光时间在毫秒级时，在 PEO 水溶液静电纺过程中，射流在电场中直线运动几厘米后，又出现一个锥状体为"倒锥体"，形成不稳定区。Shin 等采用高倍摄像机，曝光时间为 18ns 时，观察到"倒锥体"实际是由"鞭动"不稳定性造成的，它不是由细流的分支组成的，而是由流体中心线的快速波动引起的，这是多级螺旋高速行进引起的光学错觉。Reneker 等用高速摄影机拍摄纺丝过程中发现，所形成纤维的方向，并不是从喷丝口到接收屏的方向，而是与这个方向垂直。也就是说，纤维飞行的路径，是环绕这个方向的螺旋。这些高速摄像和理论计算的结果说明，从纺丝口到接收器之间，纤维是连续的，呈大小不等的多级螺旋状。

3. 射流固化收集阶段

收集区是射流运动停止的区域。射流中溶剂挥发或熔体固化后成为纤维，纤维的收集可以视情况选择，如金属板、水浴、机械卷鼓和空气动力流体等。

（二）静电纺微纳米纤维纺纱原理

为顺利成纱，静电纺微纳米纤维需要取向排列。在控制电纺纤维空间取向的研究中，采用特殊的接收装置是直接、有效的方法。静电纺纤维取向排列并加上一定捻度后，即可形成连续纳米纤维。常见的静电纺微纳米纤维纱的过程与原理简要介绍如下。

滚筒法制备碳纳米管增强的 PLA 和 PAN 纳米纤维纱，如图 6-23（a）所示，纤维先通过一个空气调节空心圆筒，再通过滚筒牵伸，最后集束、加捻、卷绕，但没有详细的纱线加捻情况报道。

Eugene Smit 等最先提出了利用水作为纤维凝固浴进行纳米纤维纱的收集，如图 6-23（b）所示。这种成纱装置充分利用液体的表面张力及其流动性，纱线的形成可以分为三个阶段：纳米纤维在水面沉积聚拢；人工将第一束纤维引导到卷绕辊上；纤维在水的表面张力作用下抱合并定向排列。刘红波等在此基础上增加了张力导向装置。共聚物长丝纱经过一定的牵伸后卷绕到收集辊上，该方法可持续时间长，纺丝时间达到 12h 无断头，得到的纱线中纤维具有一定的取向度。但该方法存在缺陷，如使纱线中的纤维定向排列的动力只有水的表面张力和卷绕装置的牵伸力，故形成的纱线中存在许多折叠的纤维，且纱线没有捻度，成纱速度缓慢且易因为纺丝速率低而发生断头等。

动态水浴法也可对静电纺纤维进行收集，如图 6-23（c）所示，制备得到连续纳米纤维纱，与静态水浴法相比，动态水浴法利用液体从浴槽底部开的小孔向下流动形成的漩涡对纤维进行加捻、拉伸、集束，最终卷绕得到连续的纤维纱，因而纱线具有一定的捻度。

自集束法是在收集系统中引入一根接地的针，这样由于很强的静电力场集中于针尖，就会引导生成的纤维向针尖运动，从而形成集束作用，之后通过一定转速的收集辊将生成的纤维束连续地收集起来，如图 6-23（d）所示。

双喷头法利用两个带相反电荷的喷头，如图 6-23（e）所示，这种方法的卷绕装置比较复杂。

机械加捻法依靠电动机控制接地的以一定间距垂直放置的铜片收集纳米纤维，如图 6-23（f）所示，两个厚度不同且旋转着的铜盘以一定间距垂直放置，铜片分别由两个电极控制且接地。纺丝过程中，纤维在圆盘 M1 和 M2 间定向排列，圆盘 M1 旋转给纱线加捻，圆盘 M2 同时旋转对已经加捻的纱线进行卷绕收集。这种方法能得到纤维取向度高且具有捻度的纱线。但最大的缺点是持续纺丝时间短，最佳纺丝时间只有 2min，且纺丝过程中纤维极易受到除铜盘外的其他金属器件（如电动机的金属外壳等）的影响。

漏斗加捻法是用一个旋转的"漏斗"对收集到的纳米纤维加捻，可制备 PLA 纳米纤维纱，如图 6-23（g）所示，射流以一定的倾斜角度射出飞向接地的漏斗，漏斗的直径为 9cm，深度为 5.5cm，漏斗的旋转给纳米纤维加捻。

喇叭口加捻法是用两个相反电荷的喷头和高速旋转的喇叭口制备连续的纳米纤维纱，如图 6-23（h）所示。这些方法制备的纳米纤维纱连续，且有一定的捻度。

三、静电纺微纳米纤维纺纱工艺及纱线结构与性能

（一）静电纺微纳米纤维纺纱工艺控制

从静电纺原理和过程可知，整个静电纺丝过程由多个可变化的参数调控。Doshi 和 Reneker 将影响静电纺丝过程的参数归纳为溶液的性质、可控变量和周围参数。溶液的性质包括溶液的黏度、传导性、表面张力、聚合物分子量、偶极距和介电常数。可控变量包括流量、电场力、针头与接收屏之间的距离、针头的形状、接收屏的材料成分和表面形态。周围参数包括温度、湿度和风速。

一般而言，对静电纺纤维束给予一定的捻度，可提高静电纺微纳米纤维纱的强力，捻度越高，强力提升越大。不同的收集方式影响静电纺微纳米纤维纱中纤维的排列与取向，从而影响纳米纤维纱的强力。纳米纤维束收集方式的结构与性能除受纳米纤维束收集方式与加捻程度影响外，最显著的影响是静电纺的工艺配置，静电纺工艺参数对纳米纤维纱中纤维的形态、尺寸的影响较大。

下面就静电纺不同工艺参数对纺丝过程的影响分别进行阐述，但是实际上很难将溶液的各种特性清楚地区分开，因为改变一个常数通常会引起溶液其他特性的改变，例如，改变溶液的传导性将引起溶液黏度的改变。

1. 黏度和浓度

溶液的黏度（由聚合物的浓度决定）是影响纤维直径和形态的最主要因素。在低浓度下，喷射出的溶液通常会在接收屏上形成珠子和小液滴。整个过程可以看作是电喷而不是电纺。除此之外，还会出现交织、打结现象，提示射流束在落到接收屏上时溶剂未完全挥发。一般来说，通过增加聚合物的浓度可以得到直径比较一致的纤维。当溶液的浓度过大时，液滴在没有掉落的时候就已经干了，也会影响纺丝的进行。

电纺纤维的直径也随溶液浓度的提高而增加。例如，当溶液的浓度为 1wt% 时，PLIA 的直径为 100~300nm；当浓度为 5wt% 时，直径为 800~2400nm。另外，当浓度从 1wt% 增加到 5wt% 时，PVA 的直径从（87±14）nm 增加到（246±50）nm。另外纤维直径的增加与接收屏的面积反比相关。

研究人员一直希望能够确定纺丝溶液的浓度与所得到的纳米纤维之间的关系。但是迄今还不能给出普适性的结论，研究结果基本是针对某些具体的材料。例如，如果增加明胶溶液的浓度，就会得到直径比较粗的纤维；对于相对分子质量分布比较窄的聚氨酯材料来说，纤维的直径与浓度的三次方之间存在正比关系；而对于有些溶液来说，高分子的链长度和支化程度对纤维直径的影响并不显著。

2. 传导性溶液的电荷密度

获得表面光滑且均匀的纳米纤维是研究人员追求的主要目标之一，但是如果纺丝条件不

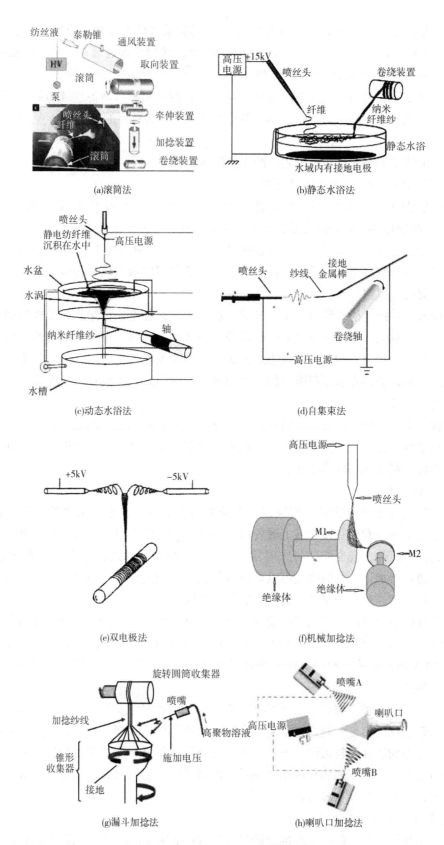

图 6-23　静电纺微纳米纤维纺纱原理示意图

适当，经常会得到表面粗糙、粗细不均的纤维，而且纤维上还分布很多珠子。很多研究结果显示，通过增加溶液的电导性或电荷浓度，有助于形成直径更加均匀的纤维，并可减少珠子的形成。

　　一种增加溶液传导性的方法是在溶液中添加一些盐的成分，通过增加溶液中盐的含量，可以使聚氧化乙烯（PEO）、I型胶原与PEO的复合物、聚丙烯酸（PAA）、尼龙6和聚乳酸（PDLA）等材料获得理想的纺丝效果。在PLLA溶液中添加吡啶甲酸盐也会显著增加PLLA溶液的导电性，减少纤维中的珠子。一般认为这种易挥发的有机盐很少残留在纤维中，不会影响纤维的性能。

　　研究人员还发现，通过在聚羟基丁酸—戊酸共聚物（PHBV）溶液中添加乙醇也可以达到增加溶液传导性的作用，从而形成更加光滑且均匀的纤维；依此类推，添加四氯化碳则会降低溶液的传导性，使得纤维上形成较多的珠子。阳离子表面活性剂的加入也有助于减少珠子的形成，而添加非离子活性剂Triton-X-405则没有这种作用。由此推测，离子表面活性剂可以增加溶液的传导性，从而形成结构均匀、性能均一的纤维。

3. 表面张力

　　表面张力对纤维的形态和直径也有明显的影响，但是还没有找到统一和明确的规律。例如，通过在溶液中添加三乙基苯氯化铵可以获得具有表面张力不同、传导性相似的PHBV溶液，结果发现，纤维中是否形成珠子与溶液的表面张力相关。在PEO和PVA溶液中加入乙醇都可以降低溶液的表面张力，对于PEO溶液，得到的纤维中具有较少的珠子；但是对PVA溶液而言，纤维中反而具有较多的珠子。产生这种不同的原因是PVA和PEO在乙醇中的溶解性不同。另外，通过加入聚二甲基硅氧烷可以降低聚氨酯溶液的表面张力，但是对纤维的形态却没有明显的影响。

4. 聚合物的相对分子质量

　　许多研究结果已经阐明了聚合物相对分子质量与电纺丝纤维的形态和直径之间的关系。有报道称随着聚合物相对分子质量的增大，纤维中所形成的珠子明显减少。此外，相对分子质量分布比较窄的PMMA可以在相对较低的浓度下得到均匀的纤维，而相对分子质量分布比较宽的PMMA则需要更高的浓度来得到均匀的纤维。

　　对于壳聚糖的醋酸溶液，壳聚糖的相对分子质量低时，得到的电纺丝纤维强度很低，同时纤维上有很多珠子；当壳聚糖的相对分子质量高时，可以得到很细的电纺丝纤维，但是纤维表面比较粗糙。有研究人员配制了PEO与壳聚糖的混合溶液来进行静电纺，他们发现在相当大的范围内改变溶液中PEO的相对分子质量不会对电纺丝纤维的直径产生影响。对于N-异丙基丙烯酰胺来说，降低分子量可以使电纺丝纤维的直径减小，所得到的纤维材料比较致密。对于尼龙6，改变聚合物相对分子质量对电纺丝纤维直径产生的影响依赖于聚合物溶液的黏度。

5. 偶极矩和介电常数

　　迄今对偶极矩和介电常数与纺丝纤维特性之间关系的研究还比较少。因为这两个常数很难与其他参数相区分。将聚苯乙烯溶于18种不同的溶液中，进行高压静电纺，只有在溶剂具有高偶极矩时，才可获得电纺丝纤维。聚苯乙烯纺丝纤维的产量（单位时间内产生的纤维）也与偶极矩和介电常数相关。

6. 电场电压强度

在不同参数对电纺丝过程影响的研究中，最多研究的参数是电场强度。纺丝电压的大小直接决定了喷丝头能否顺利出丝、喷出的射流能分裂到多细以及得到的纤维形貌是否有缺陷等。在适当的电压或电场下，液滴通常会悬挂在针尖处。在喷嘴处形成泰勒锥，可以纺出没有珠子的纺丝薄膜。一般认为，随着电压的增大，射流表面电荷密度增大，静电斥力增加，带电纤维在电场中产生更大的加速度，这就更有利于射流形成，纤维长径比得以增大，即电压越大，单纤维直径越小。随着电压的增加，在针尖部聚集的液滴变小，形成的泰勒锥后退，液体表面喷射点退缩到针尖的内部，纺丝纤维会出现大量的珠子。当电压继续增加时，喷射点围绕针尖处旋转，在这种情况下会形成大量的珠子。迄今对纤维直径和电压之间的关系还没有清楚的认识，一般来说与材料的种类有关。例如，对 PDLA 和 PVA 来说，高电压纺丝会形成直径较粗的纤维，然而对蛋白质纤维来说，纤维的直径会随着电压的增加而减小。

7. 接收距离

接收距离是指喷丝头与接收装置间的直线距离。实际上电纺纤维的结构形态最容易受到接收距离的影响，因为接收距离决定了纤维飞行的时间、溶剂挥发的时间以及鞭动不稳定段的长度。改变接收屏和针头之间的距离是控制纤维直径和形态的手段之一，溶剂在较小的接收距离内挥发不彻底导致最终纤维产物存在着许多的串珠状纤维且纤维较湿润。与使用挥发性更好的溶剂相比，增大接收距离更容易得到干燥的纤维，最小距离应允许纤维在喷射到接收屏之前溶剂完全挥发。当接收屏的距离过远或过近时，纺丝纤维均会出现珠子。

8. 喷丝头直径

喷丝头直径即盛装高聚物溶液的容器（如注射器）孔径大小，直接决定了溶液在喷丝口处形成的液滴形状、大小等。当其他纺丝条件固定不变时，静电纺所得单纤维平均直径随喷丝头直径的增大而增大，且单纤维直径分布越来越宽。因为喷丝头直径大小和给液速率共同决定了静电纺的体积流速，体积流速增大，单纤维直径增大。

9. 推进速率

在针头式静电纺中，溶液注射速率即为注射器中的高聚物溶液的推进速率，根据纺丝要求不同通常设置为 0.1~10mL/h。溶液注射速率不仅对纤维的微观形态有着显著的影响，对纤维宏观堆积结构也有一定的影响。注射速率过低则纺丝射流不连续，堆积结构不规整；注射速率达到一定大小则可以形成规整的纤维堆积结构，再继续提高注射速率对纤维宏观堆积结构影响不大。

10. 纺丝环境

纺丝环境主要包括纺丝过程中的环境温度、相对湿度和气流速度等，虽然相比上文介绍的高聚物溶液性质和纺丝工艺条件，纺丝环境对静电纺的影响要小很多，一些实验甚至将其影响忽略不计，但并不代表纺丝环境对纺丝过程没有影响。静电纺的过程想要流畅、可重复，就不得不考虑纺丝环境的温湿度。环境湿度低于 40% 时对纤维的宏观形态影响不大，湿度大于 50% 对纤维形态的影响逐渐明显，超过 80% 时，甚至出现了自集束的现象。射流在飞行过程中溶剂不断挥发，溶剂的挥发吸热导致周围环境温度下降，环境中的水蒸气则凝结在射流表面成为射流表面电荷迁移的通道。因此，环境的温湿度直接影响了射流上电荷的分布；湿度过低时，水分子难以在射流表面凝结，射流表面的电荷因没有连续的通道而无法快速迁移，大量同种电荷堆积并相互排斥，导致纤维分布形成中心少两边多的不均匀现象；湿度过高时，水分子在射流表面凝结作用显著，针头附近的射流（射流上端）与接近接收装置的射流（射流下端）因分别带有大量异种电荷而相互吸引、纠缠，极易出现自集束的现象。

11. 接收屏的成分组成和几何结构

接收屏采用的材料和几何结构都会对纤维形貌产生影响，是重要的控制因素之一。目前纤维收集装置多种多样，形成纱线的结构和性能也各不相同，但总体来说，形成的纤维束长度有限，纤维束的平行性往往较好，但是捻度一般较低，因此纤维间缺乏一定的抱合力。图 6-24 列出了几种静电纺微纳米纤维纱的 SEM 图，相对而言，双圆盘形成的 PAN 微纳米纤维纱的加捻效果较明显，纳米纤维得到很好的加捻，螺旋包缠效果明显。

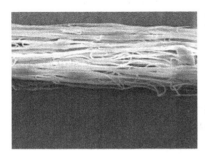
(a)动态水浴形成的PAN微纳米纤维纱

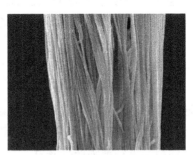
(b)自集束系统形成的PAN微纳米纤维纱

(c)静态水浴形成的PAN微纳米纤维纱

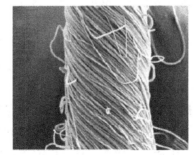
(d)双圆盘形成的PAN微纳米纤维纱

图 6-24　静电纺 PAN 微纳米纤维纱的 SEM 图

（二）静电纺微纳米纤维纱的结构性能特点

（1）纱中纤维直径可达到亚微米级。目前，经过静电纺的各种高聚物纤维直径都明显小于用常规方法得到的纤维。由于这种纤维直径小，其形成的非织造布在吸附性等方面具有优良的性能。有的纤维直径甚至达到纳米级，Qiu 等人用静电法纺制聚对乙烯基苯（PPV），纤维直径可达 4nm。Park 等人纺制出了直径为 20nm 的聚乙炔纤维。

（2）纱线比表面积大。纱中纤维直径减小 1～2 个数量级，比表面积将增大几个数量级。Deitzel 等人纺制的 PEO 纤维比表面积可达 $10\sim20m^2/g$。大的比表面积使静电纺超细纤维的应用更广。

（3）纱线和纤维具有高吸附性。静电纺超细纤维的比表面积大，使其具有很好的吸附性。无毒、吸附性好的高聚物制成纳米纤维非织造布，可用作生物医用材料，作为细胞培养基体。

四、静电纺微纳米纤维纱适纺性与产品开发

（一）静电纺微纳米纤维纱适纺性

静电纺微纳米纤维纱的可纺性主要受纺丝溶剂和聚合物相对分子质量、溶液浓度和黏度、电导率、表面张力以及纺丝电压、毛细管口与接收屏之间的距离、收集方式等影响。同时静电纺微纳米纤维纱规模化制备要求纺丝过程获得类似于短纤或者连续的纳米纤维束，取向纤维的制备为解决该问题提供了一条有效的途径，但是距离目标还有不少差距，今后的工作就要设法通过改良喷头、接收装置以及添加辅助电极等使纤维尽可能伸直并取向排列，获得综合性能优异的取向纤维阵列。再者，针对纳米纤维纱中纳米纤维尺寸、形貌的可控制备还需要进一步研究，且其大规模生产受到装置限制，主要体现在以下几个方面。

（1）成纱装置多为单或为数不多的针头纺丝，导致纺丝效率低，成纱量小，成本高，难以实现产业化。

（2）所得纱线捻度少甚至无捻度，纱线中纤维取向度低，不能很好地改善纱线外观及强力。

（3）大多数成纱装置难以实现长时间连续成纱。

（4）静电纺过程中存在难以消除的不稳定性。

（二）静电纺微纳米纤维纱产品开发

静电纺可获得微纳米尺度的纤维，由于微纳米纤维本身的特殊性质，在生物医用材料、过滤、防护、催化、能源、光电、食品工程及化妆品等领域发挥着巨大作用。至今，研究者们主要关注于微纳米纱线的制备方法，但也开始有人关注对微纳米纤维纱线应用的研究，在超级电容器、生物医用材料、气敏传感器等领域具有极大的应用价值。

1. 超级电容器的电极材料

碳材料因拥有诸多的微观结构和较大范围的实用性，已成为超级电容器电极的主要材料。一般来讲，碳纳米纤维的电极都是非织造布的结构，这样在传输电流时就需要通过很多的搭界边界，造成内阻增大。因此，提高电流的传输速度、降低内阻是非常必要的。有研究表明，取向很好的电极可提供无数多的通道，可以更快地浸润电解液和传输电流，从而提高电极性能。碳纳米纤维纱线拥有很好的取向纤维阵列，具备提供无数多的电流通道的能力，从而可以期望成为新型的、高效的超级电容器电极材料。

2. 生物医用材料

纳米纤维连续长纱在生物医学领域有着广泛的应用前景。纳米纤维在生物医学上的应用包括药物载体、药物控释、组织工程、人工器官、组织修复等。静电纺纳米纤维束和纱线用于组织修复的潜力已被充分认识。例如，Xu 等人以 P（LLA—CL）为原料通过静电纺制备了纳米纱线，并将其制成三维网络结构，用于组织工程支架，模仿了肌腱组织的细胞外基质，试验表明，该结构适用于肌腱组织工程上。使用纳米纤维束和纱线开发新一代医用纺织品和组织支架，尽管处于初级阶段，但在促进细胞的附着能力，指导和控制扩散以及渗透性能方面，纳米纤维束和纱线已展示了独特的潜力和多功能性。

3. 气敏传感器

Byoung-Sun Lee 等人首先将 PAN 纺成纱线，然后通过原子层沉积技术，将 SnO_2 包缠在

PAN 纱线表面，最后将该包缠纱线进行烧结形成 SnO_2 碳纳米管纳米纱线。该纱线可用于 H_2 传感器，且由于其稳定、可逆性高，易于加工处理等优势，使得该纱线可以用于多功能气敏传感器。静电纺制得的纳米材料比表面积较大，易于气体与材料表面接触，广泛应用于气敏传感器领域。迄今为止，利用纳米纤维薄膜作为传感器材料构成的超灵敏气相传感器已经被用来检测 NH_3、H_2S、CO、NO_2、O_2、CO_2 等和有机挥发性污染物，如 CH_3OH、C_2H_5OH、$C_5H_{10}Cl_2$、$C_6H_5CH_3$、C_4H_8O、$CHCl_3$、$C_2H_2Cl_2$、C_3H_6O、C_3H_7NO、C_2HCl_3、N_2H_4、$(C_2H_5)_3N$ 和 C_6H_{14} 等气体。并将气敏检测极限提高到了新的水平。现有的静电纺纳米纤维气体传感器主要是电阻式传感器。由纳米纤维纱构成的气敏传感器具有明显优势和广阔发展前景。首先，纳米纤维纱是由纳米纤维构成，纱线会保持原有纳米纤维比表面积大的优势；其次，纳米纤维纱克服了传统纳米纤维膜力学性能弱的缺点，强力明显提高，并可以进一步编织、复合、功能化，可以制成各种结构材料、复合材料、特殊功能材料，织造不同结构的二维或三维织物，实现将无规则或取向纳米纤维等纳米材料向宏观材料的转变，可以提高材料功能稳定性，以及材料的使用寿命，可广泛应用于气敏传感器领域。此外，纱线可以有效控制传感器的电阻，电阻一般都决定于组分和结构，例如，在随机排列的 SnO_2 纳米管，其单个纳米管的横截面积可以由 ALD 控制，然而在两个电极之间的每个纳米管的长度却由于取向角不同而无法控制，但是微型纱线可以通过控制加捻的角度等条件来保证获得相同长度的材料来控制电阻。

然而，除了这些应用外，取向纤维束和纱线在电学、光学元件、复合材料方面也有很好的发展前景，微纳米纤维纱的可塑性将会把静电纺微纳米纺推向更广阔的前景。

第五节　色纺纱

一、色纺原理

色纺起源于 19 世纪的欧洲，20 世纪中叶，转移至日本、韩国和中国台湾，到 20 世纪 90 年代初期，色纺纱被引入中国大陆。色纺纱一般是指经特定工序混合加工纺制而成的含有两种及两种以上不同色泽纤维的纱线，具有特定外观色彩风格的纱线。色纺纱采用"先染色、后纺纱"的加工模式，改变了"先纺纱、后染色"的传统生产方式，用其织成的织物无须再进行染整加工，既缩短了加工工序又减少了环境污染，是环保节能产品。

色纺纱不同于筒子纱染色，也不是对 100% 的染色纤维进行加工开发，而是纺纱过程中混入部分染色纤维。色纺纱的混合工序通常有四类：第一类是传统混合工序，是指棉包混棉，将一种及以上不同颜色的散纤维经预混、开清棉工序进行混合，以确保本白纤维与有色纤维的充分混合，具有较均匀的混合效果，但原料混合比例控制不够准确，且清车困难；第二类是棉条混棉，即将本白棉条与有色或含有染色散纤维的棉条，或筒子纱、长丝进行混合，该方法能较准确地控制原料混合比，但混棉的立体效果较前者稍差，混合的均匀程度不够，不利于加工高档的色纺纱；第三类是利用不同混色风格的条子与粗纱或长丝或筒子纱在粗纱工序进行混合；第四类是利用不同混色风格的粗纱或条子与粗纱或长丝或筒子纱在细纱工序进行混合。不同的混合方式与工序将使色纺纱具有不同的结构与色彩风格效应。

二、色纺纱产业的优势与面临的问题

(一) 色纺纱产业的优势

色纺纱因为产品的时尚性、环保性和科技性，其需求增长速度呈逐年上升趋势，随着消费结构的升级将以高出普通纱线 2 倍的速度增长。未来随着人们服装品位的提升，以及对自然色的追求，色纺纱在纺织面料中的应用比例将逐步提高，具有广阔的发展空间。目前，我国色纺纱生产产能已达 600 万锭以上，其快速增长得益于色纺产业的如下优势。

(1) 在节能、减排、环保上具有明显优势。色纺纱是通过将部分色纤维混纺获得彩色的纱线，可大幅度减少废水排放，再者运用原液着色纤维纺线的制作工艺则完完全全实现零废水污染排放。

(2) 多品种小批量生产。色纺纱企业订单很大一部分来自于终端快时尚品牌，而以 Zara 为代表的快时尚品牌追求"快、少量、多品种"，因此，色纺企业订单量一般不会太大，企业也不会过多生产造成浪费。同时相较于印染，色纺纱本身也更适合小批量生产，综合导致了行业小批量多品种生产的特性。

(3) 产品外观时尚感强。色纺纱在同一根纱线上显现出多种颜色，色彩丰富、饱满柔和，用色纺纱织成的面料具有朦胧的立体效果，手感柔和。适合运用于中高端材质衣服。

(二) 色纺纱产业面临的问题

尽管近年来我国色纺纱产业取得了诸如色纺企业不断壮大、色纺产品多样化及产品品质日趋稳定等可喜成绩，但仍然面临如下几方面的问题需要引起重视。

(1) 缺乏对色纺过程进行有效监控与管理。色纺产业面临工序多、生产批量小、品种繁多、变化频繁等问题，同一车间常涉及不同混配比、不同色系的多品种色纺纱生产，稍有疏忽，就会导致飞花的产生、批号间混杂错乱，造成大面积疵品的产生，有效提高色纺产品的质量稳定性，对色纺企业加工过程进行有效监控与车间的现场管理，尤其对分批、分色管理提出了更高的要求。

(2) 技术投入不足、设计水平低下。色纺因着色后纤维的性能发生变化，如导致纤维强力损伤、可纺性变差等；再者散纤维染色工艺及过程稳定控制较难，致使色牢度不高，易使各批次的色纤维存在色泽色光差异，导致各批次色纺纱存在色差。这些因素使色纺加工的过程控制较本色纱生产难度大，然而面对如此复杂的色纺加工，我国色纺企业技术投入不足，绝大多数企业未建研发机构，对散纤维染色工艺稳定控制与优化没有足够的重视，不清楚色纺过程中有色纤维的加入对可纺性的影响规律，没有系统研究多元组分色纺纱最优组分搭配与工艺优化。此外，色纺企业"重硬件轻软件，重引进轻开发"现象比较普遍，导致创新能力不强，设计水平低下。

(3) 色纺纱新产品标准滞后。随着纺纱技术领域及差异化品种色纺纱开发的深入，现有的色纺纱标准已经无法作为判断与评价所有色纺纱品质的依据，如现已成功开发出喷气涡流纺色纺纱，但是并没有相应的产品标准。对于各类新开发的差异化品种也没有相应的标准，这对色纺产品质量的稳定与提高产生了不利影响。

(4) 缺乏色纺纱及其终端产品品牌优势。色纺纱作为半成品，国内以纱线形式出口为主，缺乏与相应的具有市场竞争力的终端产品，不利于我国色纺纱品牌的发展。

三、色纺纱特点与典型产品开发

(一) 色纺纱特点

色纺纱是自然颜色,在纺纱过程中,把不同颜色的纤维经过充分、均匀地混合后,纺制成具有独特混色效果的色纱,呈现出"空间混合"的效果,色彩透明、丰富,并且有层次的变化,富于立体感,从而产生一定的艺术效果。色纺织物做成服装后颜色含蓄、自然,具有较强的朦胧感,这种自然的、返璞归真的风格受到欧美国家以及国内高生活品质、时尚人士的喜爱,广泛应用于服装、家纺领域,体现个性化、多样化、时尚化的消费需求。此外,色纺纱开发与应用过程中,结合流行色的演绎,能够提供源源不断的创新产品,将给服饰品牌带来无限的创新空间。

(二) 色纺纱产品开发

1. 均一结构色纺纱开发

均一结构色纺纱产品是指含两种及两种以上不同色泽的纤维在开清棉工序混棉或在并条工序混条后纺制而成,色纤维均匀分散在纱体内外,且具有传统纱线均匀一致的形态结构特征,如麻灰纱、雪花纱。该类色纺纱加工的关键在于控制不同色泽纤维混合均匀。开清棉机上的棉包(棉堆)混棉方式可使各种色泽纤维分布在纱线的各个部位,具有立体混棉效果;而并条机上棉条混棉方式使各种色泽纤维在纵向发生混合,能较好地控制各种纤维的混合比,但混棉的立体效果稍差。

均一结构色纺纱除常见的纯棉色纺纱、涤/棉色纺纱外,开始越来越多地注重多组分和功能性色纺纱开发。近年来,丰富及多样化的再生纤维素纤维(如天丝、莫代尔、竹纤维、木浆纤维、芦荟黏胶、Viloft 等)、再生蛋白纤维(如大豆蛋白纤维、牛奶蛋白纤维、蚕蛹蛋白纤维等)、差别化合成纤维(如扁平涤纶、蜂窝涤纶、玉石纤维、冰凉云母纤维等)及功能性合成纤维(如吸湿排汗纤维、抑菌纤维、抗菌纤维、中空纤维、复合纤维、竹炭纤维、咖啡碳纤维等)品种为多组分和功能性色纺纱的开发提供了素材,丰富了色纺纱品种,同时提高了产品附加值。然而,如何通过纤维组分的合理搭配,使各种纤维优势得到充分显现,以确保优质的多组分色纺纱开发,是色纺纱开发的重要方向。目前,市场上多组分色纺纱很少对各种纤维最佳混纺比进行深入研究,常常易受利益的驱动加入较少的新型、功能性纤维,以吸引消费者眼球而无视产品品质。此外,对于多组分色纺纱加工过程而言,因各组分纤维性能差异导致生产工艺过程控制较难,如何针对不同原料组合搭配制订合适的工艺对产品质量提升至关重要。

2. 差异化结构色纺纱开发

随着消费者追求面料个性化、时尚化及多样化的需求,传统均一结构色纺纱已无法满足市场需求,出现了开发差异化结构色纺纱的热潮。差异化结构色纺纱是指通过控制色纺加工工艺过程使纱线色彩、结构呈现随机或规律性的差异化或显著变化,如粗纱赛络色纱、AB 双色纱、AB 竹节色纱、丝雨色纱、隆纹色纱、段彩色纱、彩虹色纱、彩点色纱等。

粗纱赛络色纱是在粗纱阶段采用传统细纱赛络原理,即单粗纱须条与末道条子一同喂入粗纱机,然后获得一根粗纱须条后经细纱机纺制而得,纱线条干不规则性较大,适合生产布面粗犷的流行织物,生产工艺流程应加强监管和控制,防止出现大的质量变异。

AB 双色纱是指两根不同颜色的粗纱同时喂入细纱机直接纺制而成的纱，具有股线的双色效应，与其他色纺纱如混色纱相比，色差更难控制。

AB 竹节色纱是利用了 AB 双色纱与竹节生产原理，使纱线既具有 AB 色纱的风格，又具有竹节的效果，与 AB 双色纱一样，纺制的难点在于过程监控，防止单根粗纱断裂后纺纱仍在进行。

丝雨色纱是利用不同转速的罗拉对植入并条机的有色纱线进行牵伸，获得的彩色纱线片段与条子并合后经粗纱、细纱工序纺制而成，最终使纱体中含有多段沿纱线长度方向随机间或出现的彩色纱段。丝雨色纱的风格可通过改变喂入的纱线/棉条线密度、定重、色彩、根数、牵伸罗拉的胶辊加压量、牵伸罗拉间的隔距来改变丝雨色纱中彩色纱线片段的粗细、色彩、稀疏和长短。

隆纹色纱是利用隆纹粗纱纺制而得，隆纹粗纱是通过具有一定色彩对比度的辅助细纱与粗纱在粗纱入口处汇合而形成。隆纹色纱呈现条干不均匀，外观卷绕附着有一定色彩对比度的断断续续的细纱线条，形如卧蚕。

段彩色纱是采用两种以上原料，通过主体粗纱，从细纱机中罗拉后喇叭口处连续喂入，辅助粗纱，从细纱机后罗拉喇叭口处间断喂入（后罗拉是间歇运转的），辅助粗纱和主体粗纱在中、后罗拉间混合，经牵伸后而形成，沿纱线轴向色彩呈现断断续续的分布，立体感强，开发过程预防色差及减少粗纱断裂导致的少股是关键。

彩虹纱是利用段彩色纱的生产原理进一步开发而成的，区别在于采用了两个、三个或多个颜色条子，使纱线每个颜色逐渐递变，颜色间巧妙渐接，形成一种若隐若现的幻彩外观，符合当今崇尚自我张扬个性的潮流。

彩点纱可通过两种方式获得，第一种方式是通过对普通色纺纱梳棉机进行改造，并进行工艺调整，制备出彩色点子，然后在清棉工序混入一定比例的彩色点子，最后按常规成纱工序纺制而成；第二种方式是将带有颗粒状点子的条子与色条子并条后纺制而成，最终使得五彩斑斓的点子附着在纱线上，将斑驳怀旧感和时尚感有机结合起来。点子纱制备的关键是点子的大小、均匀度及在纱线中附着牢度的控制。

随着技术加工水平的不断提高，各种新型差异化结构的色纺纱正在逐渐诞生，将使色纺产品更加多姿多彩。

四、色纺纱产业的技术发展需求

1. 新型纺纱技术的应用需求

目前，色纺纱大多采用环锭纺纱机纺制，然而各类新型纺纱技术的出现为色纺纱产品拓展提供了技术支持，或能提高色纺效率与色纺纱品质，或能纺出区别于传统环锭纺的色纺纱风格，使色纺产品种类更加多样化，从而满足了现代消费者个性化、时尚化的需求，这成为色纺领域发展新型纺纱技术的应用需求。

转杯纺、喷气纺、喷气涡流纺开发色纺纱，集粗纱、细纱、络筒、卷绕于一体，筒子采用大卷装形式，生产效率高，且产品风格区别于环锭纺色纺纱。例如，转杯纺纱可在清梳工序和纺纱转杯中两度除杂，开发的色纺纱具有条干均匀、纱疵少、色差小、色泽均匀的特点，同时纱线耐磨性好、毛羽少（相对环锭纺）以及织物抗起毛起球性好；喷气涡流纺拥有目前最高的纺纱速度，大幅提高了色纺纱生产效率，且3mm以上的有害毛羽相对环锭纺色纺纱而言大幅减少或基本消除，面料具有抗起毛起球等级高、耐磨性好及针织物纬斜得到较好控制等优势；集聚纺是在环锭纺基础上的一项重大创新，纺制的色纺纱的最大特点是毛羽显著减少，强力提高，耐磨性能改善，将其运用于半精纺纱线生产中能显著改善针织物的抗起毛起球性，从而集聚纺技术在高档色纺纱与半精梳纺纱线中有良好的应用前景，且成纱强力的进一步提高有利于扩大色纺纱在机织物领域的应用。

尽管这些新型纺纱技术应用的效果及前景较好，但仍需探索不同新型纺纱的适纺性能、产品工艺过程稳定控制与优化以及适宜的产品应用领域，同时积极开发其他新型纺纱技术（如低扭矩纺纱技术、嵌入式复合纺纱技术等）在色纺领域的应用，以进一步拓展色纺纱种类、提高产品质量、降低产品生产成本。

2. 色纺专用机械的开发需求

色纺纱在生产过程中存在混棉不匀、色差、色结（白星、棉杂、棉籽壳）及成纱强力较低等不容忽视的质量问题。为了从根本上解决这些问题，我们需要针对色纺某特定工序开发专用机械，以生产出高质量的色纺纱。

色纺采用多种颜色纤维混合纺纱，通常的棉纺混合技术不适应小批量品种，且混合不够均匀，对纤维损失较大，色纺采用多种颜色纤维混合纺纱，通常的棉纺混合技术不适应小批量品种，且混合不够均匀，对纤维损失较大；另外，手工预混合劳动强度大，工作环境恶劣，生产效率低下，质量不稳定。桂亚夫等针对色纺混纺这一现状，设计并开发一种色纺专业混棉机，已在华孚色纺成功应用于生产，该混棉机集成平铺直取、换向混合等多种混合原理，明显改善了工作环境，简化了操作管理，提高了色混的效率和质量，降低了色差，利于纺制高质量的产品，亦能使资源消耗大幅下降，降低企业的生产成本。在清棉工序中，为了方便小批量的原料喂入，最好采用单头成套组合排列的开清棉机械，并且用喂棉帘子机械代替抓棉机。此外，为满足差异化结构纱开发需求，需要设计相应的色纺专业机械，例如，为纺制色彩变化且颜色变化过渡区效果明显的彩色棉条，要求改造或重新设计并条机，采用多组牵伸喂入机构，分别喂入不同颜色的棉条，使各组颜色能准确地作交替变化与比例变化，从而生产出符合客户或市场需求的色纺纱产品。

3. 色纺专用器材的开发需求

差异化结构色纺纱的开发，常常需要开发与配置相应的专用配件及零部件。例如，喇叭口需根据不同产品类型的成纱原理进行专门设计；彩点纱在彩点制备过程需要对梳理机的针布进行专门处理与改造，以保证差异化结构色纺纱的风格得以实现。此外，色纺业所需的常规配件品质的提升与使用成本的降低也是色纺企业开发的方向，如使用过程中具有良好的抗卷绕性、稳定的硬度和良好的回弹性的胶辊开发对色纺纱质量提高与品质稳定至关重要。

思考题

1. 叙述自捻纺纱、平行纺纱纱、喷气纺纱、静电纺微纳米纤维纱和色纺纱的纺纱原理。
2. 简述自捻纺纱、平行纺纱纱、喷气纺纱、静电纺微纳米纤维纱和色纺纱的工艺流程。

3. 简述自捻纺纱、平行纺纱纱、喷气纺纱、静电纺微纳米纤维纱和色纺纱的必要条件。

4. 简述自捻纺纱、平行纺纱纱、喷气纺纱、静电纺微纳米纤维纱和色纺纱的主要工艺参数如何影响成纱质量。

5. 试述自捻纺纱、平行纺纱纱、喷气纺纱、静电纺微纳米纤维纱和色纺纱的产品特点和主要用途。

参考文献

[1] 李成龙, 郁崇文. 喷气纺纱技术的进展与产品应用 [J]. 纺织导报, 2003 (1): 33-36.

[2] 肖丰. 新型纺纱与花式纱线 [M]. 北京: 中国纺织出版社, 2008.

[3] 谢春萍, 徐伯俊. 新型纺纱 [M]. 2版. 北京: 中国纺织出版社, 2009.

[4] 王万秀, 王中珍. 喷气纺纱及其产品的特点与应用 [C]. "经纬股份杯"纱线质量技术论坛, 2004.

[5] 狄剑锋. 新型纺纱产品开发 [M]. 北京: 中国纺织出版社, 1998.

[6] 杨锁廷. 现代纺纱技术 [M]. 北京: 中国纺织出版社, 2008.

[7] 吴文英. Parafil1000/2000型平行纱纺纱机的纺纱特性 [J]. 国外纺织技术, 1997, (7): 8-10.

[8] 李杰新. 空心锭子搓捻包缠纱成纱工艺研究 [J]. 青岛大学学报, 1999, (12): 29-32.

[9] 李鑫. 空心锭纺包缠纱工艺研究 [J]. 上海纺织科技, 2000, (10): 20-22.

[10] 宋绍宗. 新型纺纱方法 [M]. 北京: 纺织工业出版社, 1983.

[11] 崔红. 自捻纺纱纱结构及其力学性能研究 [D]. 上海: 东华大学, 2012.

[12] 崔红, 郁崇文. 几种自捻纺纱的加捻方式分析 [J]. 上海纺织科技, 2011, 39 (1): 22-24.

[13] 王小娥. 静电纺纳米纤维纱线的制备研究 [D]. 天津: 天津工业大学, 2014.

[14] 杨大祥, 李恩重, 郭伟玲, 等. 静电纺丝制备纳米纤维及其工业化研究进展 [J]. 材料导报, 2011, 25 (15): 64-68.

[15] 吴清鲜. 静电纺丝法制备聚丙烯腈基纳米纤维纱及预氧化 [D]. 天津工业大学, 2014.

[16] OCONNOR R A, MCGUINNESS G B. Electrospun nanofibre bundles and yarns for tissue engineering applications: A review [J]. J Engineering in Medicine, 2016, 230 (11): 987-998.

[17] WEI L, QIN X. Nanofiber bundles and nanofiber yarn device and their mechanical properties: A review [J]. Textile Research Journal, 2016, 86 (17): 1885-1898.

[18] 许海燕, 王琛. 纳米生物医学技术 [M]. 北京: 中国协和医科大学出版社, 2009.

[19] 蒲丛丛, 何建新, 崔世忠, 等. 静电纺纳米纤维成纱方法的新进展 [J]. 材料导

报，2012（5）：153-157.

[20] 贾开飞. 纳米纤维纱线的制备与应用研究 [D]. 天津：天津工业大学，2013.

[21] 郭秉臣. 非织造材料与工程学 [M]. 北京：中国纺织出版社，2010.

[22] WU S, ZHANG Y, LIU P, et al. Polyacrylonitrile nanofiber yarns and fabrics produced using a novel electrospinning method combined with traditional textile techniques [J]. Textile Research Journal, 2016, 86 (16)：1716-1727.

[23] 张悦. 静电纺取向纳米纤维纱线在气敏传感器中的应用与研究 [D]. 上海：东华大学，2016.

[24] 林晓阳. 静电纺微纳米纤维/棉纤维复合纱线制备及释药研究 [D]. 上海：东华大学，2014.

[25] 章友鹤. 我国色纺纱线的生产现状与发展趋势 [J]. 纺织导报，2005（5）：79-81.

[26] 钱爱芬. 色纺纱产品特点及调配色原理 [J]. 棉纺织技术，2010（11）：66-68.

[27] 许庆利. 多组分色纺纱线的开发 [C]. 第十六届全国花式纱线及其织物技术进步研讨会，2010：61-65.

[28] 赵善兵. 吸湿排汗纤维棉有色涤纶混纺纱的研制 [J]. 棉纺织技术，2007，35（8）：34-36.

[29] 唐佩君，刘东升，韩共进，等. 新型粗纱"赛络"纱线的研制及性能分析 [J]. 现代纺织技术，2011（2）：1-3.

[30] 李秋英. AB 双色纱纺纱中的色差控制 [J]. 现代纺织技术，2000，8（3）：9.

[31] 桂亚夫，何为民，刘真真. 一种丝雨纱 [P]. 实用新型专利：CN 202072841 U，2011.12.14.

[32] 练向阳. 色纺彩缎纱的纺制及对传统细纱设备和原件的新要求 [C]. 2010 年全国现代纺纱技术研讨会，2010：53-56.

[33] 杨志清. 运用传统棉纺工艺设备纺制彩色结子纱 [J]. 现代纺织技术，2008（1）：24-25.

[34] 程四新，阮浩芬. JC18.5tex 彩色点子纱的生产实践 [J]. 现代纺织技术，2010（2）：21-22.

[35] 第十六届全国花式纱线及其织物技术进步研讨会. 2012：18-19.

[36] 伍枝平，洪新强. 转杯纺生产色纺纱的工艺技术探讨 [J]. 现代纺织技术，2010（4）：25-26.

[37] YANG K, TAO X M, XU B G, et al. Structure and properties of low twist short-staple singles ring spun yarns [J]. Textile Research Journal, 2007, 77 (9)：675-685.

[38] 桂亚夫. 一种新型色纺专利混棉机简介 [J]. 上海纺织科技，2010，38（1）：57-59.

[39] 蔺卫滨. 提高色纺纱质量的技术措施 [C]. 全国现代纺纱技术研讨会，2010：196-199.

[40] 沈晓飞. HZ-52A 彩色并条机介绍与应用 [C]. 第十三届全国花式纱线及其织物

技术进步研讨会，2006：193-196.

[41] 崔红，高秀丽，张伟，等.自捻纱的拉伸力学性能 [J].纺织学报，2017，38（3）：44-48.

[42] 金亚琪，邹专勇，许梦露，等.色纺纱产品开发现状及技术发展需求 [J].棉纺织技术，2012，40（12）：65-68.

[43] 方斌，邹专勇.色纺纱生产与质量控制 [M].中国纺织出版社，2016.